山东省沿海警戒潮位核定

刘清容　曹丛华　江崇波　著

海洋出版社

2018年·北京

图书在版编目（CIP）数据

山东省沿海警戒潮位核定/刘清容，曹丛华，江崇波著. —北京：海洋出版社，2017. 10
ISBN 978-7-5027-9950-2

Ⅰ. ①山… Ⅱ. ①刘… ②曹… ③江… Ⅲ. ①沿海-海洋-潮位-水文观测-山东 Ⅳ. ①P731

中国版本图书馆 CIP 数据核字（2017）第 247038 号

责任编辑：鹿　源
责任印制：赵麟苏
海洋出版社　出版发行

http://www.oceanpress.com.cn
北京市海淀区大慧寺路 8 号　邮编：100081
北京朝阳印刷厂有限责任公司印刷　新华书店北京发行所经销
2018 年 1 月第 1 版　2018 年 1 月第 1 次印刷
开本：889mm×1194mm　1/16　印张：12.75
字数：320 千字　定价：70.00 元
发行部：62132549　邮购部：68038093　总编室：62114335

《山东省沿海警戒潮位核定》编写人员名单

主 要 著 者：

刘清容　曹丛华　江崇波

参与编写人员：

郭敬天　李　健　袁本坤　闫忠辉　商　杰

焦　艳　阮成卿　高　松　张　薇　黄　蕊

黎　舸　连喜虎　刘桂艳　冀承振　李昊倩

刘爱超　高　山　温连杰　任林凯　吕富良

钟　山　于建生　王立鹏　张栋梁　付　迪

赵一丁　马海静

前　言

警戒潮位是指防护区沿岸可能出现险情或潮灾，须进入戒备或救灾状态的潮位既定值。警戒潮位的高低与当地防潮工程紧密相关。当潮位达到这一既定值时，标志着防护区沿岸可能出现险情，须进入戒备状态，当地政府和有关部门开始进入防御潮灾的警戒状态，采取一切应急措施，最大限度地减轻损失。警戒潮位的核定是做好风暴潮预警报和风暴潮灾害监测的基础工作，能够为各级政府开展风暴潮防灾减灾工作提供技术支撑和决策依据。

山东沿海是易受风暴潮影响的区域之一，风暴潮每年均会造成人员和经济损失，已严重地影响山东沿海的生产活动和人民的生命安全。特别近几年随着海洋开发、经济产值的增加，风暴潮等海洋灾害造成的经济损失日趋加重，因此要做好沿海地区开发建设的海洋防灾减灾保障，必须做好风暴潮等海洋灾害的预警报工作，而准确核定山东省沿海警戒潮位是发布风暴潮预警报的基础性工作，也是建设沿海防灾减灾应急体系中的一项具体且重要的工作。

根据《警戒潮位核定规范》（GB/T 17839-2011）要求，警戒潮位应每五年核定一次，若发现与防潮减灾不相适应的应及时重新核定。山东沿海现用警戒潮位核定的时间最早是 1992 年，距今已有 20 余年，还有部分岸段是 1998 年核定的。警戒潮位的颁布实施在防灾减灾、城建规划和防潮设施建设中发挥了重要作用，取得了明显的社会效益和经济效益。然而，近年来随着沿海海洋开发、沿海功能区的高速建设，山东沿海原来的岸段和类别已有所改变，原警戒潮位已很难适应社会发展的需求。因此，有必要根据山东沿海最新的海岸带防潮能力和风暴潮特征、沿海地区发展定位和产业布局，科学合理地确定警戒潮位值，为风暴潮预警和沿岸堤防、工程建设提供科学依据，这对于提升山东省沿海的海洋灾害预警报水平，提高山东省的防潮决策技术支持能力，积极应对海洋灾害可能带来的损失具有十分重要的意义。

山东省警戒潮位核定工作严格遵守《警戒潮位核定规范》（GB/T 17839-2011）、《海滨观测规范》（GB/T 14914-2006）、《海港水文规范》（JTJ 213-2013）、《科技报告编写规则》（GB/T 7713. 3-2009）、《海堤工程设计规范》（SL 435-2008）等技术规范和《风暴潮、海浪、海啸和海冰灾害应急预案》等有关规定，并始终坚持尊重灾害自然规律、满足潮灾防御要求和统筹兼顾、综合考虑的核定原则。

全书共分 6 章，章节划分按照警戒潮位核定顺序进行，并基本满足《警戒潮位核定规范》的要求。其中，第 1 章总结分析山东省各市、县区域概况、人员分布和社会经济等社会信息，并根据市、县概况划分了核定范围；第 2 章介绍影响山东省沿岸自然环境、致灾因子以及当地防潮设施等资料的收集、整理情况；第 3 章采用统计分析和数值模拟等多种方法对各类资料进行分析，获得警戒潮位核定需要的要素；第 4 章进行警戒潮位核定并给出各核定区域取值说明；第 5 章是利用实际发生过程对核定结果进行验证，确保核定结果真实有效；第 6 章给出了核定结果和建议。

书中内容根据各相关市、县级人民政府及其海洋主管部门和山东省统计局、山东省国土资源厅、山东省水利厅、山东省发展和改革委员会、山东省交通运输厅港航局、山东省气象局，青岛市交通运输委员会港航管理局、青岛市水利局、青岛市城市管理局、青岛市规划局等单位的反馈意见进行修改完善，并多次通过专家评审。

本书在进行现场调研、测量、资料收集和编写期间，得到山东省各级海洋行政主管部门的大力支持，在此一并致谢。

本书尚有诸多不完善之处，敬请广大同行和读者给予批评指正。

编者

2017 年 7 月

目　录

第1章　核定区域划分及社会经济概况

1.1　核定范围和岸段划分

根据《警戒潮位核定规范》（GB/T 17839-2011）要求，以县级单位为基础，对山东省沿海区域进行合理划分，具体核定岸段和对应验潮站见表1-1和图1-1。

表1-1　山东省沿海核定岸段和代表验潮站及资料时限

所属市	核定岸段	代表验潮站	资料时限
滨州市	无棣县	滨州港海洋站	2013年7—12月
	沾化县	滨州港海洋站	2013年7—12月
东营市	河口区西部	新户临时验潮站	2014年10月30日至12月14日
	利津县	新户临时验潮站	2014年10月30日至12月14日
	河口区东部	黄河海港验潮站	2008年1月至2011年12月，2012年4月至2013年12月
	垦利北部	垦东验潮站	2013年7—12月
	垦利南部	小岛河临时验潮站	2006年4月至2007年10月
	东营区	小岛河临时验潮站	2006年4月至2007年10月
	广饶县	小岛河临时验潮站	2006年4月至2007年10月
潍坊市	寿光市	羊角沟水文站	1952年1月至2012年12月
	寒亭区	潍坊港验潮站	2008年1月至2012年12月
	昌邑市	下营临时验潮站	2011年9月21日至2011年10月22日
		下营港水文站	1975年1月至1997年12月
烟台市	莱州市	海庙临时验潮站	2012年12月11日至2013年1月16日
	招远市	滨海度假村临时验潮站	2012年12月11日至2013年1月16日
	龙口市	龙口验潮站	1960年1月至2012年12月
	蓬莱市	蓬莱验潮站	1997年1月至2012年12月
	长岛县	长岛乐同临时验潮站	2012年12月12日至2013年1月30日
	福山区（烟台经济技术开发区）	八角码头临时验潮站	2012年12月25日至2013年1月29日
	芝罘区	芝罘岛验潮站	1960年1月至2012年12月
	莱山区、烟台高新区	芝罘岛验潮站	1960年1月至2012年12月
	牟平区	牟平临时验潮站	2012年12月25日至2013年1月29日
	海阳市	海阳东港临时验潮站	2012年12月19日至2013年1月24日
	莱阳市	莱阳穴坊临时验潮站	2012年12月23日至2013年1月24日

续表

所属市	核定岸段	代表验潮站	资料时限
威海市	环翠区	小石岛验潮站	2012 年 1—12 月
	荣成市北	成山头验潮站	1981 年 1 月至 2012 年 12 月
	荣成市南	石岛验潮站	1989 年 1 月至 2012 年 12 月
	文登市	文登验潮站	2012 年 1—12 月
	乳山市	乳山口验潮站	1977 年 1 月至 1985 年 12 月
青岛市	市南区	小麦岛验潮站	1993 年 1 月至 2012 年 12 月
	黄岛区东北部	五号码头验潮站	1991 年 1 月至 2012 年 12 月
	黄岛区东南部	董家口验潮站	
	崂山区	小麦岛海洋站	1993 年 1 月至 2015 年 12 月
	市北区	五号码头验潮站	1991 年 1 月至 2015 年 12 月
	李沧区	五号码头验潮站	1991 年 1 月至 2015 年 12 月
	城阳区	五号码头验潮站	1991 年 1 月至 2015 年 12 月
	胶州市	五号码头验潮站	1991 年 1 月至 2015 年 12 月
	即墨市	田横验潮站	2014 年 1 月至 2015 年 12 月
日照市	东港区	日照验潮站	1982 年 1 月至 2013 年 12 月
	岚山区	岚山港验潮站	2003 年 7—12 月

图 1-1　山东省警戒潮位核定区域示意图

1.2　区域概况和社会经济

山东省地处中国东部、黄河下游，位于北半球中纬度地带。陆地南北最长约 420 km，东西最宽约 700 km，面积 15.7×10^4 km^2。境域东临海洋，西接大陆。水平地形分为半岛和内陆两部分，东部的山东半岛突出于黄海、渤海之间，隔渤海海峡与辽东半岛遥遥相对。庙岛群岛（又称长山列岛）屹立在渤海海峡，是渤海与黄海的分界处，扼海峡咽喉，成为拱卫首都北京的重要海防门户。西部内陆部分自北向南依次与河北、河南、安徽、江苏 4 省接壤。

截止 2012 年，山东省下辖 17 个地级市、140 个县（县级市、区），沿海有滨州、东营、潍坊、烟台、威海、青岛和日照 7 个地级市，共 36 个县（县级市、区）。

2012 年全省出生人口 114.97 万人，出生率 11.90‰；死亡人口 67.14 万人，死亡率 6.95‰；自然增长率 4.95‰。年末常住人口 9 684.87 万人。其中，0～14 岁人口占总人口的 16.05%，15～64 岁人口占 73.53%，65 岁及以上人口占 10.42%。

2012 年全省实现生产总值（GDP）50 013.2 亿元，比上年增长 9.8%。其中，第一产业增加值 4 281.7 亿元，增长 4.7%；第二产业增加值 25 735.7 亿元，增长 10.5%；第三产业增加值 19 995.8 亿元，增长 9.8%。人均生产总值 51 768 元，增长 9.2%。

1.2.1　滨州市

滨州市位于山东省北部、黄河下游、鲁北平原，地处黄河三角洲腹地，北临渤海湾，东与东营市接壤，南和淄博市毗邻，西同德州市和济南市搭界，西北与河北省隔漳卫新河相望，是山东的北大门。现辖滨城区、惠民县、阳信县、无棣县、沾化县、博兴县、邹平县六县一区和滨州经济开发区、滨州高新技术产业开发区、滨州北海经济开发区，版图面积 9 600 km^2。

2010 年第六次全国人口普查数据，滨州市常住人口为 374.85 万人，同第五次全国人口普查 2000 年 11 月 1 日零时的 356.41 万人相比，10 年共增加了 18.44 万人。增长 5.17%，年平均增长 0.51%。

2012 年，全市实现生产总值 1 987.73 亿元，按可比价格计算，增长 10.8%，高出全省平均水平 1 个百分点，高出全国平均水平 3 个百分点，列全省第九。全年经济缓中企稳，经济社会发展稳中有进的态势基本确立。

1.2.2　东营市

东营市位于山东省北部黄河三角洲地区，黄河在东营市境流入渤海。东营市地理位置为 36°55′—38°10′N，118°07′—119°10′E。东、北临渤海，西与滨州市毗邻，南与淄博市、潍坊市接壤。南北最大纵距 123 km，东西最大横距 74 km，总面积 7 923 km^2。

东营地势沿黄河走向自西南向东北倾斜。西南部最高高程为 28 m（大沽高程，下同），东北部最低高程 1 m，自然比降为 1/8 000～1/12 000；西部最高高程为 11 m，东部最低高程 1 m，自然比降为 1/7 000。海滩占东营市总面积的 27.05%，呈与海岸线平行的带状分布。

东营市第六次全国人口普查快速汇总结果显示：常住人口为203.53万人，与第五次全国人口普查公报2000年11月1日零时的179.32万人相比，10年共增加了24.21万人。

2012年实现生产总值3 000.66亿元，比2011年增长12.1%，超计划0.1个百分点。从三次产业看，第一产业增加值104.34亿元，增长4.0%；第二产业增加值2 126.02亿元，增长12.2%；第三产业增加值770.30亿元，增长13.1%。三次产业结构由上年的3.7∶71.6∶24.7调整为3.5∶70.8∶25.7，第三产业占GDP的比重比上年提高1个百分点。

东营港是黄河经济带连接东北亚最佳海陆通道中的枢纽。3个3 000吨级泊位正在扩建中，东营港将成为以石油、煤炭输出为主，具有综合功能的万吨港。到2015年，初步形成液体化工、精细化工、煤、散杂货等码头组成的港口集群，打造黄河三角洲对外的海上通道、东北亚国际航运综合枢纽。广利港区，加强与大企业战略合作，加快实施航道整治、码头建设和港区基础设施配套工程，建成集商港、旅游港和渔港等多功能于一体的综合性港口。到2015年，建成集装箱、散杂货、件杂货、液体化工以及滚装码头等泊位20个，货物吞吐能力达到1 200×10^4 t，形成综合性港区。利北、广北港区及其他小型港点，实施扩建改造工程，发展成为具有件杂货、散货运输功能的小型港区及对外物资交流的节点，提供以生产生活物资为主的散杂货运输服务。

1.2.3 潍坊市

潍坊市位于山东半岛中部，是风筝的发祥地，是举世闻名的风筝之乡，为国际风筝联合会组织总部所在地，也是“国际风筝会”（又称“风筝节”）庆典活动的固定举办地点，又被称为“世界风筝之都”，也称作鸢都。潍坊市是中国人居环境奖城市、国家环保模范城市、国家卫生城市、国家园林城市。拥有全国著名的两个蔬菜基地，为中国北方大型的蔬菜生产地之一。潍坊位于山东半岛中部，东邻青岛市、烟台市，西接淄博市、东营市，南连临沂市、日照市，北濒渤海莱州湾。潍坊地扼山东内陆腹地通往半岛地区的咽喉，是山东半岛的交通枢纽。胶济铁路横贯市境东西，潍坊港为国家一类开放口岸、羊口港为国家二类开放口岸。潍坊机场已开通北京、上海、广州、海口、重庆、大连等航线，是全国四大航空邮件处理中心之一。

截至2012年，潍坊市辖奎文、潍城、坊子、寒亭4个市辖区，潍坊滨海经济技术开发区、潍坊国家高新技术产业开发区、潍坊综合保税区、潍坊市峡山生态经济发展区4个功能区，昌乐、临朐2个县，代管青州、诸城、寿光、安丘、高密、昌邑6个县级市，58个街道，62个镇，9 495个自然村。

表1-2 潍坊市及沿海区、市的社会人口概况

行政区	面积	人口	驻地	辖区
潍坊市	16 140 km^2	908.62万人	奎文区	58个街道、62个镇
寒亭区	1 200 km^2	48.40万人（含滨海、经济区）	寒亭街道	7个街道
寿光市	2 072 km^2	113.94万人	圣城街道	5个街道、9个镇
昌邑市	1 578 km^2	60.35万人	奎聚街道	3个街道、6个镇

滨海区管理区域为寒亭区的央子、大家洼2个街道。

2012年，地区国内生产总值达到4 012.43亿元，按可比价格比上年增长10.6%。全市规模以上工业主营业务收入突破 10 000 亿，达到 10 737 亿元，成为山东省内第三个过万亿的城市。

潍坊是一个农业大市，是山东省农副产品集中产区之一。全市已形成粮食、棉花、油料、烟草、蚕茧、果品、水产品、蔬菜、食用菌、花卉、肉鸡等 16 个具有一定商品优势和市场潜力的技术产业重点产品，建成各类龙头企业 1 200 多家，建成了寿光蔬菜、诸城肉鸡、安丘蜜桃、青州食用菌、昌乐西瓜和肉鸡等一大批名优农产品生产基地。

1.2.4　烟台市

烟台市辖芝罘区、莱山区、福山区、牟平区、经济技术开发区、高新技术产业开发区、昆嵛山自然保护区、保税港区、金山港区（正在建设）、长岛县，代管龙口市、莱阳市、莱州市、蓬莱市、招远市、栖霞市、海阳市 7 个县级市。总共有 91 个乡镇、6 个乡、53 个街道办事处，585 个居民委员会、6 199 个村委会、6 864 个自然村。全市总面积 13 746.5 km^2，其中市区面积 2 722.3 km^2，烟台九区中，牟平区面积最大，个体工商户为 63.2 万户（2010 年统计）。

烟台市地处山东半岛东部，位于 36°16′—38°23′N，119°34′—121°57′E，辖 6 区 7 个县级市和长岛县。依山傍海，气候宜人，东连威海，西接潍坊，西南与青岛毗邻，北濒渤海、黄海，与辽东半岛对峙，与大连隔海相望，共同形成拱卫首都北京的海上门户。海岸线曲长 702.5 km，海岛曲长 206.62 km，人口 692 万，有少数民族 47 个。烟台是我国首批沿海开放城市之一，是环渤海经济圈内以及东北亚地区的国际性港城、商城、旅游城，中国经济 20 强城市，是中国最具投资潜力和发展活力的新兴经济强市之一。

烟台苹果，莱阳梨、大樱桃等享誉海内外；烟台是中国重要的黄金产地，黄金储量和产量均位居全国第一（县级市中招远和莱州产量位居前列），占全国的 1/4 以上，其他可开采的矿藏 30 多种。改革开放以来，烟台市社会经济各方面都取得了持续稳定的高速发展，经济实力与效益显著增强，社会结构趋向合理，人口素质和生活质量有了明显改善；城市基础设施较为完善，环境质量较高。从烟台的综合实力看，经济发展全国第 9，山东第 2，市区面积大，全国第 13；全市人均收入 36 803 元。烟台是自主创业及个体从业人员最多的地区之一，在全国名列前茅。1994 年，由中国城市评价中心评出的“中国城市综合实力 50 强”中，烟台名列 15 位。1996 年，烟台市在全国大中城市国内生产总值的排名中列第 17 位，1997 年全市下属县城升级为市。有 7 个县市区分别跨入全省和全国“经济强县”行列。

1.2.5　威海市

威海市为地级市，包括威海经济技术开发区（国家级）、威海进出口加工保税区（国家级）、威海火炬高技术产业开发区（国家级）、环翠区、工业新区、文登市、荣成市、乳山市。至 2011 年底，威海市共 49 个镇、22 个街道办事处、2 513 个村民委员会、396 个居民委员会。

根据威海市统计局公布的第六次人口普查的主要数据显示，威海市目前常住人口为 280.48 万人（其中东北人比例约为 30%~40%）。数据显示，该市常住人口比第五次全国人口普查时增加了 20.78 万人。

其中，环翠区常住人口为 36.39 万人，高技术产业开发区常住人口为 26.95 万人，经济技术开发区常住人口为 18.98 万人，工业新区常住人口为 8.50 万人，文登市常住人口为 60.97 万人，荣成市常住人口为 71.44 万人，乳山市常住人口为 57.25 万人。

2012 年，全市实现生产总值 2 337.86 亿元，按可比价格计算，比上年增长 9.4%。其中，第一产业实现增加值 180.11 亿元，增长 5%；第二产业实现增加值 1 249.3 亿元，增长 9.7%；第三产业实现增加值 908.45 亿元，增长 9.7%。三次产业结构由上年的 8.1：54：37.9 调整为 7.7：53.4：38.9。规模以上工业企业达到 1 657 家，实现增加值比上年增长 13.6%；固定资产投资保持较高增长。全年完成财政总收入 435.72 亿元，增长 20.4%。完成一般预算内财政收入 136.44 亿元，增长 15.4%，占 GDP 比重为 6.46%，比上年提高了 0.38 个百分点。全年完成一般预算内财政支出 200.59 亿元，增长 19.5%。全年共实现两税全部收入 207.33 亿元，增长 18%。其中，国税收入 109.64 亿元，增长 16.9%；地税全部收入 97.69 亿元，增长 19.2%；实现税收收入 202.13 亿元，增长 17%。

1.2.6 青岛市

青岛市，地处山东半岛东南部沿海，胶东半岛东部，东、南濒临黄海，隔海与朝鲜半岛相望。青岛拥有国际性海港和区域性枢纽空港，为山东省经济中心城市，全国首批沿海开放城市，是国务院批准的山东半岛蓝色经济区规划核心区域龙头城市，拥有一个国家级新区——青岛西海岸新区。

截止 2014 年末，青岛市辖 6 区 4 市，全市海岸线总长为 870 km，其中大陆岸线 730 km，海岸曲折，岬湾相间。青岛总面积为 11 282 km^2，其中沿海有市南区、市北区、李沧区、崂山区、黄岛区、城阳区、即墨市和胶州市，拥有海岸线的区市面积达 6 538 km^2，占总市区面积的近 58%。

2014 年全市常住人口 904.62 万人，比 2013 年增长 0.92%。其中市南区常住人口 56.74 万人，市北区常住人口 106.9 万人，李沧区常住人口 54.14 万人，崂山区常住人口 42.75 万人，黄岛区常住人口 148.42 万人，城阳区常住人口 68.8 万人，即墨市常住人口 119.42 万人，胶州市常住人口 87.1 万人，平度市常住人口 135.44 万人，莱西市常住人口 75.07 万人，红岛经济区常住人口 9.84 万人，拥有海岸线的区市常住总人口为 694.11 万人，达到总人口的 76.7%。

2014 年全市实现生产总值（GDP）8 692.10 亿元，比上年增长 8.0%。其中，第一产业增加值 349.62 亿元，增长 3.8%；第二产业增加值 3 890.41 亿元，增长 8.5%；第三产业增加值 4 452.07 亿元，增长 7.9%。人均生产总值 96 524 元，增长 6.9%。

青岛市是中国沿海开放城市之一，不仅是中国东部沿海重要的经济中心和港口城市，也是国家历史文化名城、风景旅游胜地和中国著名的“品牌之都”。

1986 年青岛市在国家计划中实行单列，赋予相当省一级经济管理权限。1994 年被列为全国 15 个副省级城市之一。经过 30 年的改革开放和产业结构调整，青岛现已形成了电子通讯、信息家电、化工橡胶、饮料食品、汽车船舶、服装服饰六大支柱产业。

青岛正在大力发展港口经济、海洋经济和旅游经济三大特色经济；建设家电电子、石油化工、汽车造船、新材料四大工业基地；培育家电电子产业群、石化产业群、汽车产业群、造船产业群、港口产业群。加快“五个中心”建设，即区域性的航运中心、物流中心、服务中心、金融中心、高新技术产业中心。在政策的支持与引导下，青岛的各个行业迅速崛起。目前已有一大批中国知名企业，如海尔集团、青岛啤酒股份有限公司、海信集团、澳柯玛集团、双星集团等。青岛啤酒已经拥有百年的生产历史；海尔集团是改革开放后迅速崛起的企业。

1.2.7　日照市

日照市位于 35°04′—36°04′N，118°25′—119°39′E 之间，地处中国大陆沿海中部、山东半岛东南部。东临黄海，西接临沂市，南与江苏省连云港市毗邻，北与青岛市、潍坊市接壤，隔海与日本、韩国相望。南北长约 82 km，东西宽约 90 km，总面积 5 359 km^2。

截至 2012 年底，日照市辖东港区、岚山区、莒县、五莲县、日照经济开发区、山海天旅游度假区，共 11 个街道、4 个乡、40 个镇、1 782 个村。

2012 年日照市全年实现地区生产总值（GDP）1 352.57 亿元，按可比价格计算，比上年增长 11.8%。实现蓝色经济增加值 596.51 亿元，增长 13.3%，占全市 GDP 的比重达 44.1%（《日照市国民经济和社会发展统计公报》）。2012 年年末日照市户籍总人口 288.1 万人，其中非农业人口 104.10 万人。

1.3　核定岸段等级划分

按照《警戒潮位核定规范》（GB/T 17839-2011）规定，根据各岸段的社会经济、人口密度和港口等资料，划分各岸段的重要程度。具体划分情况详见表 1-3。

表 1-3　本次核定县（县级市、区）和岸段重要程度等级

所在地级市	县（县级市、区）名称	岸段等级	划分依据
滨州市	无棣县	较重要	截止 2012 年底，核定区域总人口 429 569 人，面积 1 984 km^2，人口密度为 216.5 人/km^2，年经济产值（GDP）211.73 亿元，拥有重要港口：滨州港，目前吞吐量 25×10^4 t
	沾化县	较重要	截止 2012 年底，核定区域总人口 390 600 人，面积 2 116 km^2，人口密度为 184.6 人/km^2，年经济产值（GDP）147.05 亿元。主要产业：胜利油田（大王北油区），总投资 100 亿元。四矿有仓储转运基地一处，运输干线管网密布。渔港：沾化渔港
东营市	东营区	重要	截止 2012 年底，核定区域总人口 620 365 人，面积 1 155.62 km^2，人口密度为 537.8 人/km^2，年经济产值（GDP）322.01 亿元，耕地面积 283.41 km^2。渔港：广利渔港
	河口区	较重要	截止 2012 年底，核定区域总人口 215 146 人，面积 2 138.79 km^2，人口密度为 100.6 人/km^2，年经济产值（GDP）194.62 亿元，耕地面积 327.78 km^2，拥有重要港口：东营港，目前吞吐量突破 $1\ 000\times10^4$ t。主要产业：胜利油田（桩西油区、五号桩油区、孤东油区和黄河海港输油管道），总投资 100 亿元。四矿有仓储转运基地一处，运输干线管网密布。渔港：东营渔港
	垦利县	较重要	截止 2012 年底，核定区域总人口 219 618 人，面积 2 204.07 km^2，人口密度为 99.6 人/km^2，年经济产值（GDP）301.21 亿元，耕地面积 486.46 km^2。主要产业：胜利油田（垦东和新滩油区），总投资 100 亿元。四矿有仓储转运基地一处，运输干线管网密布
	利津县（刁口镇）	较重要	耕地 38 万亩①，盐田 5.8 万亩，养殖水面 8 万亩。地处油田开发腹地，境内有油田单位 5 个，油气井 800 多口。境内黄河三角洲国家级自然保护区内有一、二级保护动物 15 种，天然柽柳林 16 万亩
	广饶县	较重要	核定区域临海镇（丁庄镇）总人口 43 000 人，面积 363 km^2，人口密度为 118.5 人/km^2，2014 年经济产值（GDP）48.35 亿元，耕地面积 13 km^2

① 1 亩 = 1/15 hm^2。

续表

所在地级市	县（县级市、区）名称	岸段等级	划分依据
潍坊市	寒亭区	重要	截止2014年底，核定区域总人口42.41万人，面积1 575 km^2，人口密度为269.3人/km^2，年经济产值（GDP）170.27亿元，每km^2GDP为1 081.1万元
	寿光市	重要	截止2014年底，核定区域总人口120万人，面积2 180 km^2，人口密度为550.5人/km^2，年经济产值（GDP）701.28亿元，每km^2GDP为3 216.9万元
	昌邑市	较重要	截止2014年底，核定区域总人口68.3万人，面积1 578.7 km^2，人口密度为432.7人/km^2，年经济产值（GDP）326.5亿元，每km^2GDP为2 068.2万元
烟台市	芝罘区	特别重要	截止2014年底，核定区域总人口68.5万人，面积179.2 km^2，人口密度3 824.2人/km^2，年经济产值（GDP）325.5亿元，每km^2GDP为18 164万元
	福山区	重要	截止2014年底，核定区域总人口26.6万人，面积482.3 km^2，人口密度为551.6人/km^2，年经济产值（GDP）235.9亿元，每km^2GDP为4 891.3万元
	牟平区	重要	截止2014年底，核定区域总人口44.3万人，面积1 375.3 km^2，人口密度为322.1人/km^2，年经济产值（GDP）274.3亿元，每km^2GDP为1 993.9万元
	莱山区	特别重要	截止2014年底，核定区域总人口19.7万人，面积285.4 km^2，人口密度为691.7人/km^2，年经济产值（GDP）225.6亿元，每km^2GDP为7 904.4万元
	长岛县	重要	截止2014年底，核定区域总人口4.3万人，面积59.3 km^2，人口密度为720.0人/km^2，年经济产值（GDP）64.6亿元，每km^2GDP为10 909万元
	龙口市	重要	截止2014年底，核定区域总人口63.5万人，面积901.0 km^2，人口密度为705.1人/km^2，年经济产值（GDP）935.2亿元，每km^2GDP为10 379.4万元
	莱阳市	重要	截止2014年底，核定区域总人口86.7万人，面积1 730.6 km^2，人口密度为501.2人/km^2，年经济产值（GDP）303.2亿元，每km^2GDP为1 751.8万元
	莱州市	重要	截止2014年底，核定区域总人口85.4万人，面积1 928.0 km^2，人口密度为443.0人/km^2，年经济产值（GDP）642.7亿元，每km^2GDP为3 333.2万元
	蓬莱市	重要	截止2014年底，核定区域总人口44.9万人，面积1 136.3 km^2，人口密度为394.7人/km^2，年经济产值（GDP）457.6亿元，每km^2GDP为4 026.8万元
	招远市	重要	截止2014年底，核定区域总人口56.7万人，面积1 432.3 km^2，人口密度为395.8人/km^2，年经济产值（GDP）604.8亿元，每km^2GDP为4 222.5万元
	海阳市	重要	截止2014年底，核定区域总人口66.0万人，面积1 909.7 km^2，人口密度为345.4人/km^2，年经济产值（GDP）302.6亿元，每km^2GDP为1 584.4万元

续表

所在地级市	县（县级市、区）名称	岸段等级	划分依据
威海市	环翠区	重要	截止 2014 年底，核定区域总人口 10.5 万人，面积 275.7 km^2，人口密度为 380.9 人/km^2，年经济产值（GDP）243.0 亿元，每 km^2GDP 为 8 816.6 万元
	文登市	较重要	截止 2014 年底，核定区域总人口 22.3 万人，面积 1 614.6 km^2，人口密度为 138.1 人/km^2，年经济产值（GDP）561.7 亿元，每 km^2GDP 为 3 478.5 万元
	荣成市	较重要	截止 2014 年底，核定区域总人口 24.2 万人，面积 1 526.2 km^2，人口密度为 158.7 人/km^2，年经济产值（GDP）800.1 亿元，每 km^2GDP 为 5 242.2 万元
	乳山市	较重要	截止 2014 年底，核定区域总人口 21.1 万人，面积 1 664.9 km^2，人口密度为 126.9 人/km^2，年经济产值（GDP）369.3 亿元，每 km^2GDP 为 2 218.1 万元
青岛市	市南区	特别重要	2010 年，全区总人口为 54.85 万人（户籍人口）；市南区面积为 30.01 km^2，人口密度为 18 277.2 人/km^2；2011 年，全区实现生产总值（GDP）634.21 亿元
	黄岛区	特别重要	黄岛总面积约为 2 096 km^2，总人口为 139.26 万，人口密度为 664.4 人/km^2。黄岛新区国民生产总值达到 2 090.72 亿元
	崂山区	特别重要	截止 2014 年底，核定区域总人口 42.75 万人，面积 395.8 km^2，人口密度为 1 080 人/km^2，年经济产值（GDP）478.99 亿元，拥有著名景点：崂山风景区、石老人观光园、青岛极地海洋世界
	市北区	特别重要	截止 2014 年底，核定区域总人口 106.9 万人，面积 65.40 km^2，人口密度为 13 400 人/km^2，年经济产值（GDP）598.05 亿元。拥有重要港口：青岛港
	李沧区	特别重要	截止 2014 年底，核定区域总人口 54.14 万人，面积 98 km^2，人口密度为 5 524.5 人/km^2，年经济产值（GDP）302.71 亿元
	城阳区	特别重要	截止 2014 年底，核定区域总人口 68.8 万人，面积 553.2 km^2，人口密度为 1 243.7 人/km^2，年经济产值（GDP）834.66 亿元
	胶州市	重要	截止 2014 年底，核定区域总人口 87.1 万人，面积 1 324 km^2，人口密度为 657.9 人/km^2，年经济产值（GDP）916.17 亿元。拥有青岛胶东国际机场，工程总投资约 381.75 亿元
	即墨市	重要	截止 2014 年底，核定区域总人口 119.42 万人，面积 1 780 km^2，人口密度为 670.9 人/km^2，2014 年经济产值（GDP）1 025.98 亿元
日照市	东港区	重要	截止 2012 年底，核定区域总人口 693 300 人，面积 1 507 km^2，人口密度为 460.1 人/km^2，年经济产值（GDP）395.93 亿元，拥有重要港口：石臼港，目前吞吐量 1.5×10^8 t。渔港：日照渔港
	岚山区	较重要	截止 2012 年底，核定区域总人口 423 000 人，面积 1 984 km^2，人口密度为 213.2 人/km^2，年经济产值（GDP）488.78 亿元，拥有重要港口：岚山港，目前吞吐量 1.5×10^8 t。主要产业：（1）日照-仪征输油干线及配套码头：建设日照-仪征输油管线及配套 30×10^4 t 原油码头。（2）岚山港区液体化工仓储区：岚山港液体化工码头、孚宝仓储有限公司等。渔港：岚山渔港

第2章　资料收集整理

2.1　自然因子

山东的海岸线全长3 345 km，大陆海岸线占全国海岸线的1/6，仅次于广东省，居全国第二位。沿海岸线有天然港湾20余处；有近陆岛屿296个，其中庙岛群岛由18个岛屿组成，面积52.5 km^2，为山东沿海最大的岛屿群；沿海滩涂面积约3 000 km^2，15 m等深线以内水域面积约1.3×10^4 km^2，近海海域超过17×10^4 km^2。

山东省地处于温带区域，气候以温带季风为主，但由于受到半岛地形等多方面因素影响又形成多样化气象、海洋和水文特征。下面以山东省沿海各地级市为单元，从气象、河流和海洋水文方面对不同地区的自然因子分布状况等进行简要阐述（所用潮汐资料来源和时限详见表2-1；河流资料来源于山东省水文局，气象资料来源于沿海气象站和海洋站）。

表2-1　资料来源和资料时限

地名	岸段	潮汐资料	验潮站	波浪资料	波浪测站
滨州市	沾化县	2013年3月1日至 2013年12月31日	滨州港验潮站	（2006年9月至 2007年8月）	滨州港
	无棣县		滨州港验潮站		
东营市	河口区西岸	2013年10月30日至 2013年12月14日	新户验潮站		
	河口区东岸	1998—2012年	黄河海港验潮站		
	利津县	2013年10月30日至 2013年12月14日	新户验潮站		
	垦利县北部	2013年9月1日至 2013年12月31日	垦东验潮站		
	垦利县南部	2006年4月1日至 2007年10月31日	小岛河验潮站		
	东营区		小岛河验潮站		
	广饶县		小岛河验潮站		

续表

地名	岸段	潮汐资料	验潮站	波浪资料	波浪测站
潍坊市	寿光市	1952—2012 年	羊角沟水文站	1960—2011 年	龙口海洋站
	寒亭区	2008—2012 年	潍坊港验潮站		
	昌邑市	2011 年 9 月 21 日至 2011 年 10 月 22 日	下营临时验潮站		
		1975—1997 年	下营港水文站		
烟台市	莱州市	2012 年 12 月 11 日至 2013 年 1 月 16 日	海庙临时验潮站		
	招远市	2012 年 12 月 11 日至 2013 年 1 月 16 日	滨海度假村临时验潮站		
	龙口市	1960—2012 年	龙口验潮站		
	蓬莱市	1997—2012 年	蓬莱验潮站	1981—2011 年	芝罘岛海洋站
	长岛县	2012 年 12 月 12 日至 2013 年 1 月 30 日	长岛乐同临时验潮站		
	福山区（烟台经济技术开发区）	2012 年 12 月 25 日至 2013 年 1 月 29 日	八角码头临时验潮站		
	芝罘区	1960—2012 年	芝罘岛验潮站		
	莱山区、烟台高新区	1960—2012 年	芝罘岛验潮站		
	牟平区	2012 年 12 月 25 日至 2013 年 1 月 29 日	牟平临时验潮站		
	海阳市	2012 年 12 月 19 日至 2013 年 1 月 24 日	海阳东港临时验潮站	1980—2011 年	石岛海洋站
	莱阳市	2012 年 12 月 23 日至 2013 年 1 月 24 日	莱阳穴坊临时验潮站		
威海市	环翠区	2012 年	小石岛验潮站		
	荣成市北	1981—2012 年	成山头验潮站		
	荣成市南	1989—2012 年	石岛验潮站		
	文登市	2012 年	文登验潮站		
青岛市	市南区	1990—2012 年	小麦岛验潮站	1980—2015 年	小麦岛海洋站
	黄岛区东北岸段	1990—2012 年	五号码头验潮站		
	黄岛区东北岸段	1956—2012 年	大港验潮站		
	黄岛区东南岸段	2014 年 6 月 1—30 日	董家口验潮站		
	崂山区	1990—2015 年	小麦岛海洋站		
	市北区	1990—2015 年	五号码头验潮站		
	李沧区				
	城阳区				
	胶州市				
	即墨市	2014—2015 年	田横验潮站		
日照市	东港区	1977—2012 年	日照海洋站	1990—2012 年	日照海洋站
	岚山区	2004—2012 年	岚山港海洋站	2003—2012 年	岚山港海洋站

图 2-1　各验潮点位置示意图

2.1.1　气象

2.1.1.1　滨州市

滨州市属暖温带半湿润大陆性季风气候，降水集中，季风交替明显。其特点是：春季多风少雨，气候干燥，气温回升快；夏季气候温热，降水集中；秋季天高气爽，雨量骤减，气温急降；冬季雨雪稀少，气候干冷。其中降水主要集中在 6—8 月，约占全年降水总量的 66%，11 月至次年 3 月降水较少；多年平均气温 12. 85℃；风向以 WSW 和 SW 风为主；平均海雾天数是 16. 3 d；多年平均相对湿度为 65%。

2.1.1.2　东营市

东营市由于其地理位置原因，气候大致分为两种，其一是新黄河口以北大片滩涂海域，此区域属于北半球暖温带半湿润季风气候区，四季分明，降水集中，雨热同季，年均气温 12～13℃，年平均地温为 15. 0℃，年降水量为 580 mm 左右，年平均日照时数 2 800. 8 h，全年平均无霜期 234 d，冻土期 44 d。风以 S、SSW 和 NNE 向风为主。另一种是莱州湾西部沿岸，以季风型大陆性气候为主，虽濒临渤海，但大陆气候明显；基本的气候特征是冬季干冷，夏季温热，四季分明，雨热同季；沿海受季风型大陆性气候影响，历年平均气温 12. 6～13. 5℃之间；降水量历年平均 550 mm 左右，多集中在 6—9 月；全年主导风向为东南风；风向随季节有明显变化，冬季多吹西北风，春、夏季多吹东南风，初秋多吹东南风，晚秋多吹西北风。

2.1.1.3 潍坊市

潍坊地处北温带季风区，背陆面海，属暖温带季风型半湿润性气候。四季特点为：冬冷夏热，四季分明；春季风多雨少；夏季炎热多雨，温高湿大；秋季天高气爽，晚秋多干旱；冬季干冷，寒风频吹。潍坊市年平均气温 12.6℃，极端最高气温 40.7℃（1982 年 5 月 25 日潍城），极端最低气温-24.2℃（于 1985 年 12 月 9 日昌乐）。每年 1 月平均气温在-5.9~-0.5℃之间，7 月平均气温在 23.8~28.7℃之间。潍坊全市年平均风速 3.0 m/s，极大风速为 36.2 m/s，风力达 12 级（于 1978 年 7 月 9 日潍城）。

2.1.1.4 烟台市

烟台属温带季风气候，是中国少数几个北面临海的城市（其他有海口、台湾基隆，还有烟台下属的蓬莱），因而在夏季天气更加干爽凉快，冬季空气更加温润。全年平均气温 12℃左右，是我国北方著名的旅游避暑和休闲度假胜地。年平均降水量为 651.9 mm，年平均气温 12.7℃，年平均相对湿度 68%，年平均日照时数 2 698.4 h，太阳辐射总量年平均值 5 224.4 MJ/m^2，年平均风速内陆地区 3~4 m/s，沿海地区 4~6 m/s，全市平均无霜期 210 d。

2.1.1.5 威海市

威海市地处中纬度，属于北温带季风型大陆性气候，四季变化和季风进退都较明显。与同纬度的内陆地区相比，具有雨水丰富、年温适中、气候温和的特点。另外，受海洋的调节作用，又具有春冷、夏凉、秋暖、冬温，昼夜温差小、无霜期长、大风多和湿度大等海洋性气候特点。全市历年平均气温 11.9℃，历年平均降水量 730.2 mm，历年平均日照时数 2 538.2 h。

2.1.1.6 青岛市

青岛市属于北温带季风区域，具有海洋性气候特征——空气湿润，温度适中，四季分明，日温差小，气温升降平缓。根据 1898 年以来的资料，青岛年平均气温 12.7℃。最高气温高于 30℃的天数，年平均为 11.4 d；最低气温低于-5℃的天数，年平均为 22 d。年平均无霜期 251 d，比相邻地区长一个月。青岛市降水量年平均为 662.1 mm，年平均降雪日数只有 10 d。年平均气压为 1 008.6 hPa。年平均风速为 5.2 m/s，以东南风为主导风向。年平均相对湿度为 73%，7 月份最高，为 89%；12 月份最低，为 68%。青岛春季持续时间较长，气温回升缓慢；夏季较内陆推迟 1 个月到来，湿润多雨，但无酷暑，7 月平均温度 23℃；秋季天高气爽，降水少，持续时间长；冬季较内陆推迟 15~20 d 到来，气温低，但并无严寒，1 月平均日最低气温-3℃。

2.1.1.7 日照市

日照市处在我国南北方地理分界线附近，气候宜人，四季分明，雨热同季；冬无严寒，夏无酷暑。日照属暖温带湿润季风气候，年均气温 12.6℃，年均湿度 72%，无霜期 223 d，年平均日照 2 533 h。日照年均降水量 916 mm。空气质量为国家一级标准。

2.1.2 河流

2.1.2.1 滨州市

境内除过境黄河外，以黄河为界，南部为小清河流域，北部为海河流域。各河大致流向东北，注入渤海。黄河自邹平县西北部的苗家入境，东至博兴县老盖家村附近入东营市。境内河段长 94 km，南堤长 99.3 km，北堤长 91.6 km，两堤间滩区面积为 158.8 km^2。海河水系有徒骇河、德惠新河、马颊河、漳卫新河、秦口河、潮河 6 条主要河流。

2.1.2.2 东营市

黄河东营段上起滨州界，自西南向东北贯穿东营市全境，在垦利县东北部注入渤海，全长 138 km。东营市除黄河外共有骨干排水河道 30 条。以黄河为分界线，黄河以南属淮河流域，有小清河及其支流淄河、阳河、泥河子、预备河，支脉河及其支流小河子、武家大沟、广蒲河、五干排，广利河及其支流溢洪河、东营河、老广蒲河、五六干合排、六干排，永丰河及其支流三排沟、张镇河、小岛河 20 条河流；黄河以北属海河流域，有潮河及其支流褚官河、太平河、马新河、沾利河、草桥沟、草桥沟东干流、挑河，神仙沟及其支流新卫东河 10 条河流。

2.1.2.3 潍坊市

潍坊市共有大小河流百余条，其中主要为小清河、弥河、白浪河、潍河、胶莱河和虞河六大水系。由于受自然条件的限制，地表径流主要来自大气降水。地表径流总量多年平均 17.0×10^9 m^3。时间分布特征为年际与年内变化大，年内汛期径流量为全年径流量的 70%~75%。

2.1.2.4 烟台市

市域内，河网较发达，中小河流众多，长度在 5 km 以上河流 121 条，其中流域面积 300 km^2 以上的河有五龙河、大沽河、大沽夹河、王河、界河、黄水河和辛安河 7 条。主要河流以绵亘东西的昆嵛山、牙山、艾山、罗山、大泽山所形成的“胶东屋脊”为分水岭，南北分流入海。向南流入黄海的有五龙河、大沽河；向北流入黄海的有大沽夹河和辛安河；流入渤海的有黄水河、界河和王河。其特点，河床比降大，源短流急，暴涨暴落，属季风雨源型河流。

2.1.2.5 威海市

威海市河流属半岛边沿水系，为季风区雨源型河流。河床比降大，源短流急，暴涨暴落。径流量受季节影响差异较大，枯水季节多断流。全市有大小河流 1 000 多条，其中母猪河、乳山河、黄垒河 3 条较大河流贯穿于文登、乳山市境内，总流域面积 2 884 km^2，占全市土地总面积的 53%，母猪河流域面积最大，流域面积 1 278 km^2。境内河流长度大于 5 km 的有 94 条，其中大于 10 km 的有 44 条，黄垒河最长，全长 69 km。河网平均密度为 0.22 km/km^2。

2.1.2.6 青岛市

青岛市共有河流 224 条，分为大沽河、北胶莱河以及沿海诸河流三大水系。大沽河是胶东半岛最大的河流，干流 179.9 km，流域面积 6 205 km^2。年平均径流量 22.51×10^8 m^3（1956—1985 年）。即墨段河道宽 280~320 m，最大泄水量 5 474 m^3/s，建有地下水库。莱西产芝水库为胶东最大水库，库容 4×10^8 m^3。

2.1.2.7 日照市

境内河流纵横，分别归属沭河、潍河，除潍河流入渤海外，其余流入黄海。较大河流 18 条，总长 461.4 km，流域面积 5 222.7 km^2。沭河发源于沂山南麓，境内段长 76.5 km，流域面积 1 718.4 km^2；潍河贯穿五莲县、莒县，境内段长 121.4 km，流域面积 1 350.2 km^2；傅疃河是唯一的境内大河，全长 73.5 km，流域面积 1 060 km^2。日照无天然湖泊。人工湖泊有日照、青峰岭、小仕阳 3 座大型水库和马陵、巨峰、户部岭、峤山等 10 座中型水库，总库容 $95\ 913\times10^4$ m^3。

2.1.3 海洋水文

2.1.3.1 滨州市

滨州近海的潮汐类型数大约为 0.66，属于不规则半日潮海区，一昼夜两次涨落，一次略大，一次略小。滨州附近涨潮流流向主要集中出现在偏西南向，落潮流流向主要集中出现在东到东北向；涨潮流平均流速大于落潮流平均流速。滨州附近所受海浪以风浪为主，涌浪为辅，常浪向为 ENE 向。滨州附近海区每年 12 月上旬出现海冰，翌年 2 月下旬终冰，冰期约 90 d，其中初冰期约 18 d，盛冰期约 55 d，融冰期约 18 d 左右。

2.1.3.2 东营市

东营市附近海域由于存在无潮点，使得潮汐性质多样，除黄河海港附近为正规日潮外，其余区域以不正规日潮和不正规半日潮为主，潮差较小。东营市海水表层水温年平均 12℃；海水盐度一般为 22，汛期降至 15；潮汐由于存在无潮点，并受地形影响，多数地区属不规则半日潮，每日 2 次高潮，但潮高不等；潮流为来复流，潮差一般为 200 cm，潮汐流速平均为 1.1 n mile/h。东营市海岸主要为砂质海岸，黄河入海口处淤积严重。

2.1.3.3 潍坊市

潍坊市潮汐以正规半日潮为主，由于其位于莱州湾底部，风暴潮严重；海浪主要以风浪为主，常浪向为 NE 向。潍坊海岸线西起支脉河口，东至胶莱河口，全长 149 km，呈弧形曲线状。海岸属平原淤泥类型，滩涂、浅湾面积 2 446.7 km^2，其中浅海约 2 000 km^2，自然比降 1/2 000~1/8 000，海岸线海拔 3 m 左右。

2.1.3.4 烟台市

烟台由于横切山东半岛，分山东半岛北部和南部区域，但潮汐性质均以正规半日潮为主，不正规半日潮为辅，海浪以风浪为主，其中山东半岛北部区域以偏北浪向为主，山东半岛南部以偏南浪向为主。烟台全市海岸线长达 909.3 km，市北、西北部濒临渤海，东北和南部临黄海。有大小基岩岛屿 63 个，像一颗颗灿烂的珍珠镶嵌在大海之中。面积较大的有芝罘岛、南长山岛、养马岛、崆峒岛，有居民的岛 15 个，分别为长岛县的南长山岛、北长山岛、大黑山岛、小黑山岛、庙岛、砣矶岛、大钦岛、小钦岛、南隍城岛、北隍城岛，龙口市的桑岛，芝罘区的崆峒岛，牟平区的养马岛，海阳市的麻姑岛、鲁岛、买买菜。海岸主要分岩岸和砂岸两种，西起莱州市虎头崖，东至牟平东山北头，是曲折的岩岸，海蚀地貌显著，其余多为砂岸。海岸与海岛交相辉映，海光山色秀丽，名胜古迹众多，是游览避暑胜地。

2.1.3.5 威海市

威海近岸海域潮汐性质受到无潮点影响，以不正规半日潮为主，海浪受地形影响，常浪向多样，主要以向海面浪向为主。威海北、东、南三面为黄海环绕，海岸线总长 985.9 km，约占山东省的 1/3、全国的 1/18。海岸类型属于港湾海岸，海岸线曲折，沿海有大小港湾 30 多处，岬角 20 多个，并有众多优质海滩分布。全市大小海岛 168 个，其中，面积 500 m^2 以上的 98 个，有居民岛屿 6 个。

2.1.3.6 青岛市

青岛市潮汐以正规半日潮为主，海浪以风浪为主，涌浪为辅，主要以东南向为主，附近海湾内浪相对直接面向海区域浪小。海域面积 1.22×10^4 km^2；海岸线 870 km，其中大陆海岸线 730 km；海湾 49 处，较大的有胶州湾、胶南琅琊湾、鳌山湾、灵山湾、崂山湾、丁字湾等。海岛 69 个，面积最大的红岛（28 km^2）已经陆连为半岛，胶南灵山岛（海拔 514 m，面积 7.7 km^2）是我国北方海拔最高的海岛。

2.1.3.7 日照市

日照市潮汐均为正规半日潮，一天出现两次高潮和两次低潮，两次高潮的高度相差很小，潮差较大；海浪以东向为主；海岸以砂质海岸为主。日照海岸位于黄海中部，岬湾相连，北起甜水河口，南到绣针河口，全长 99.6 km，属于比较平直的基岩砂砾质海岸。海岸线上有石臼湾、佛手湾两大天然港湾与日照港、岚山港组成的日照港群。近陆岛屿有桃花岛、出风岛；远有平岛、达山岛和车牛山岛组成的“前三岛”，面积 0.321 km^2。沿海滩涂 7.6 万亩。浅海水域广阔，10 m 等深线面积有 30 万亩；20 m 等深线水域适宜养殖面积 100 万亩。海洋资源开发利用潜力很大。

2.2 防潮能力现状

海堤（包括河堤）是防御风暴潮的重要基础设施，其建设情况在一定程度上反映了当地防灾减灾能力水平。山东省目前海堤建设比较分散、建设标准较低（通常为 10 年和 20 年一遇标准）、企业自建较多，没有形成较为完善的堤防体系；但在重点区域，尤其是重大工程和港口等岸段堤防工程建设较为完善。

山东省海岸线总长度为 3 345 km，表 2.2 是山东省海岸线长度统计表。

表 2.2　山东省海岸线长度统计表

地市	岸线长度（km）	百分比（%）	岛屿（km）	合计（km）
滨州	272.8	8.1		272.8
东营	412.7	12.3		412.7
潍坊	140.7	4.2		140.7
烟台	702.7	21.0	206.62	909.32
威海	985.9	29.4		985.9
青岛	730.6	21.8		730.6
日照	99.6	3.0		99.6
总计	3 345.0		206.62	3 551.63

注：上述资料来源于山东省水利勘测设计院。

根据统计，山东省已建海堤（含河口海堤）总长度为 1 217.4 km。以现状防护要求评价，达标长度 453.8 km，达标率 37%，其中各市分布状况详见表 2.3。

表 2.3　山东省已建海堤、河堤长度统计表

地市	现状海堤长度（km）	达标海堤长度（km）	已建海堤达标率（%）	挡潮闸（个）
滨州	248	127.1	51	8
东营	200	135.0	68	5
潍坊	116.9	34.0	29	5
烟台	180.4	91.0	50	1
威海	149.4	32.8	22	2
青岛	162.2	111.5	50.7	5
日照	147.4	56.3	38	3
合计	1 217.4	587.7	48	29

注：上述资料来源于山东省水利勘测设计院。

2.2.1　滨州市

滨州市海堤建设情况详见表 2.4 和图 2.2。

表 2.4　滨州市各县（区）防潮设施

地市	县（区）	名称	位置	已建工程			
				沿海海堤		入海口海堤	
				长度（km）	标准（年）	长度（km）	标准（年）
滨州	无棣	漳卫新河-马颊河	38°21′51.67″N，117°50′59.47E	15.0	低于 50	30.0	低于 100
	沾化	套尔河-潮河	38°08′01.18″N，118°13′34.86″E	6.6	50	68.8	50

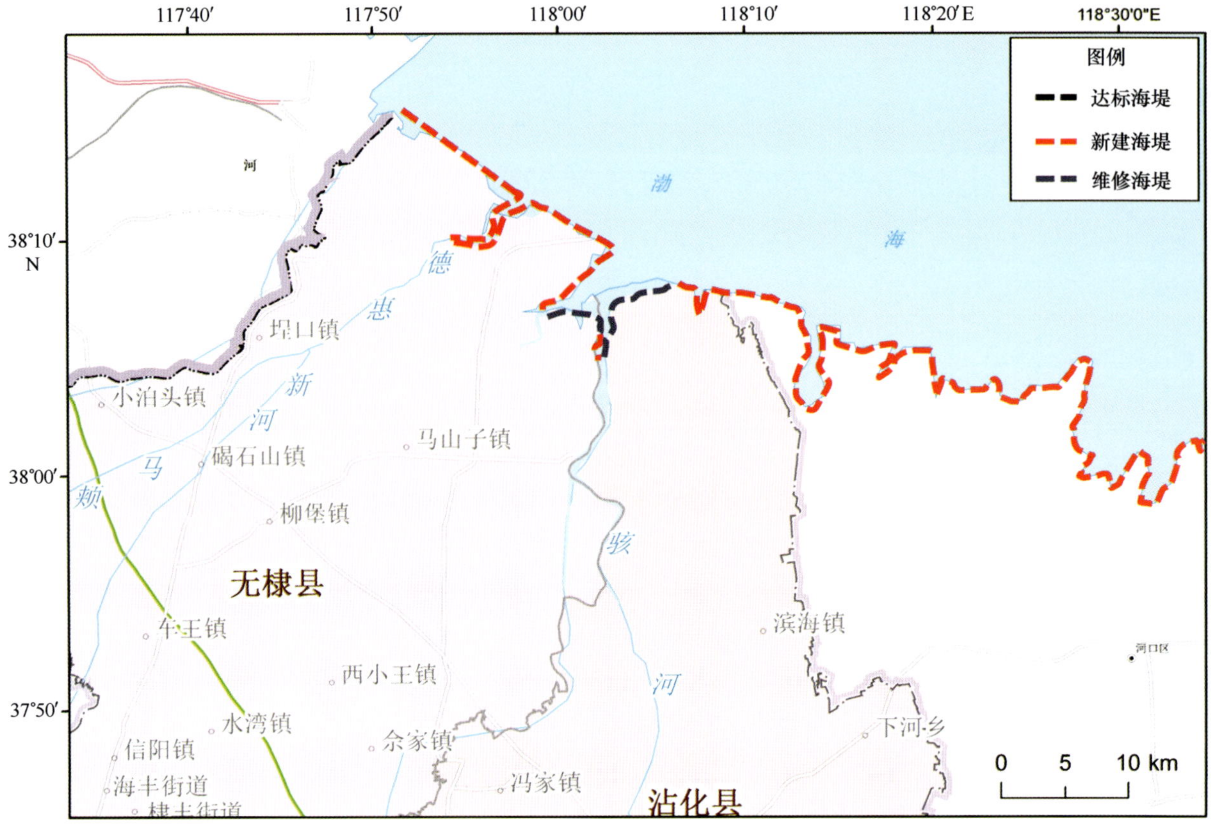

图 2.2　滨州市海堤工程建设总体布置图

2.2.2　东营市

东营市海岸线自潮河起经黄河至小清河北岸止，全长 412.7 km。近年来，经胜利油田和东营市政府的共同努力，已建成较高标准海堤（含海口河堤）200 km，其中孤北、孤东油田海堤 118 km，垦东海堤 40 km，城东海堤 42 km；达标段长度为 135 km，约占已建海堤总长度的 68%（图 2.3）。这些海堤的建设为胜利油田的开发和东营市沿海产业的开发与建设提供了安全保障，对区域内海洋经济的发展起到了良好的促进作用。

2.2.3　潍坊市

潍坊市目前已建海堤 116.90 km，其中寿光市 30.80 km，已达标堤段长 7.00 km；滨海经济开发区 40.50 km，已达标堤段长 19.50 km；昌邑市 45.60 km，已达标堤段长 7.50 km。

潍坊市现有挡潮闸 5 座，所在河道分别为弥河分流、白浪河、虞河、潍河、漩河。

图 2.4 为潍坊市沿岸海堤位置示意图。

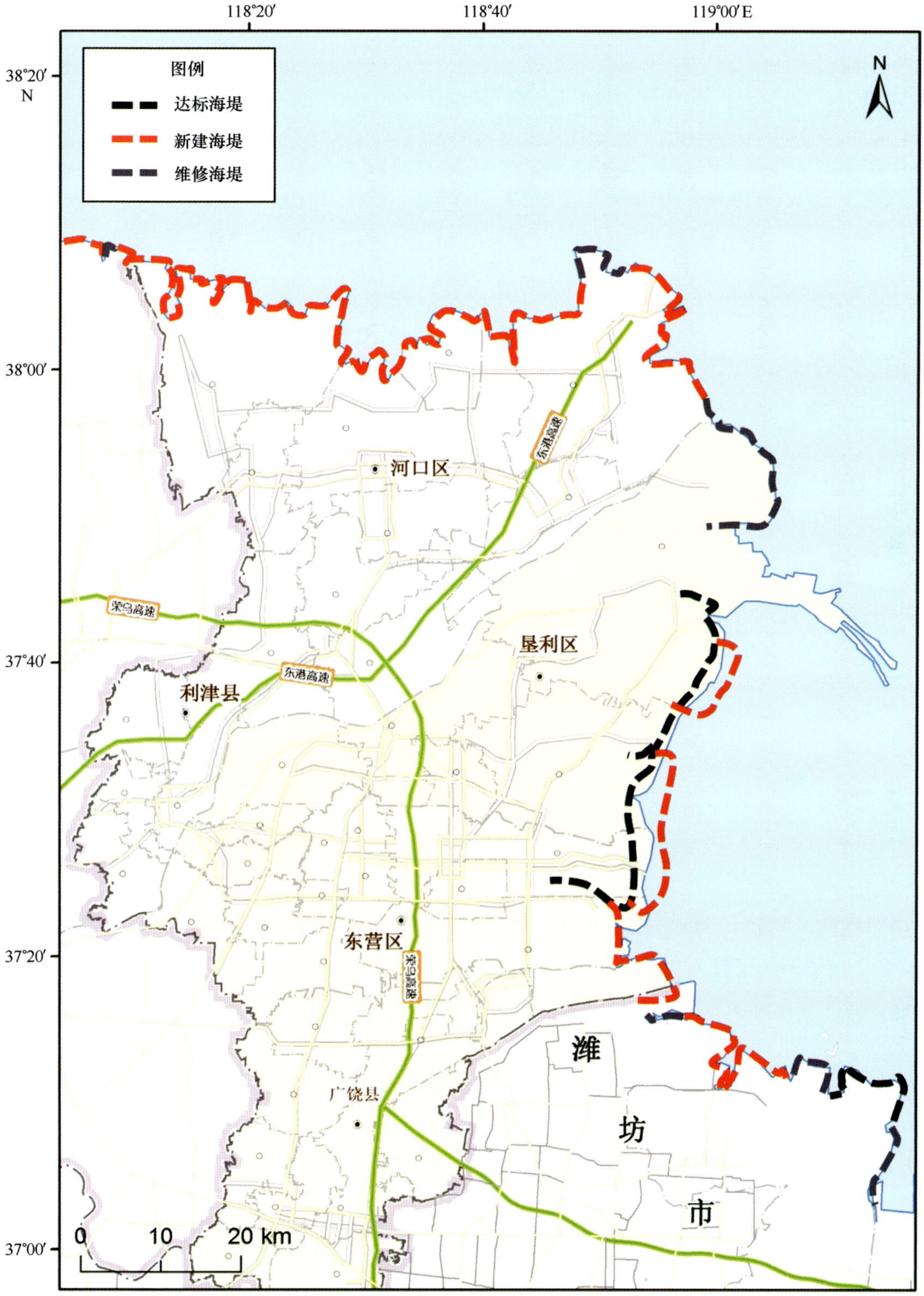

图 2.3 东营市海堤工程建设总体布置图

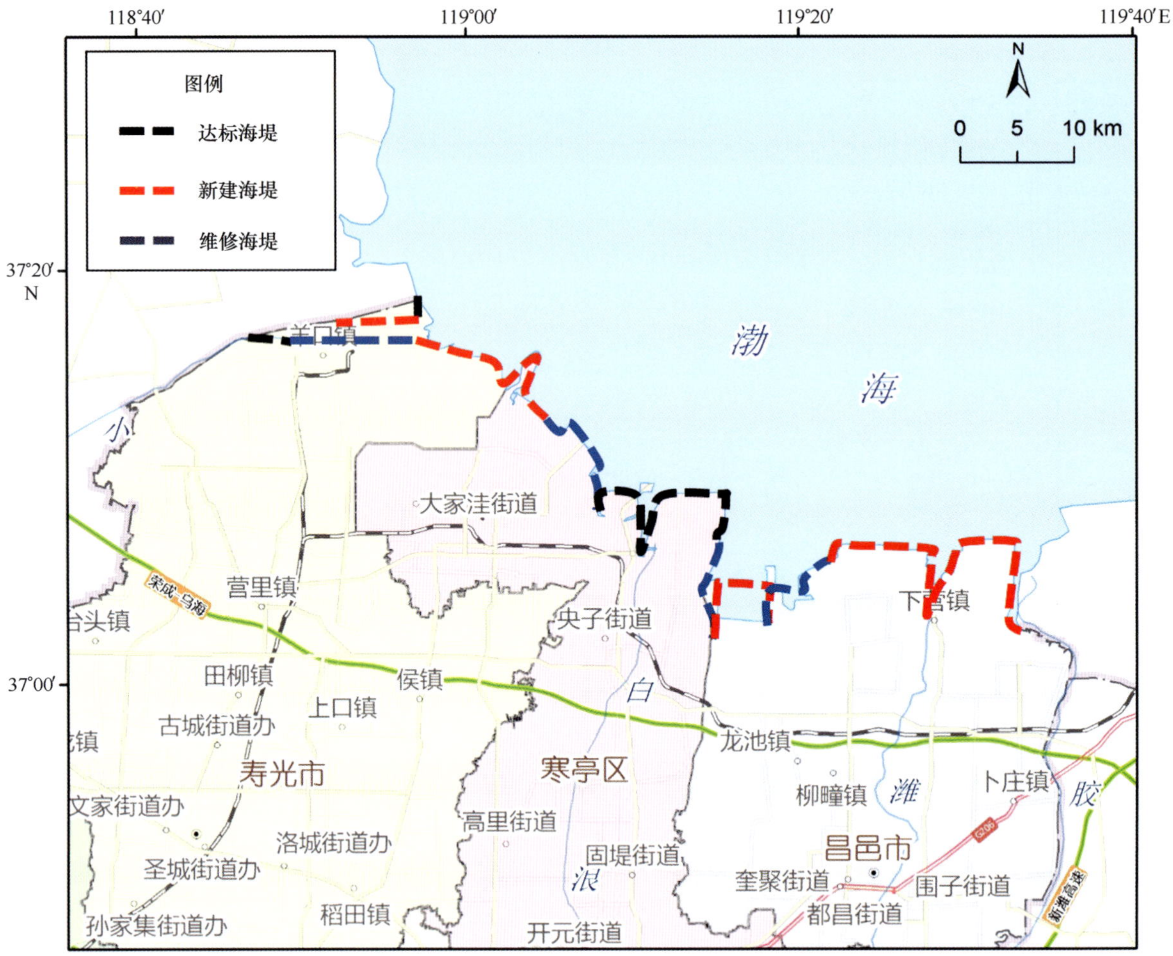

图 2.4　潍坊市沿岸海堤位置示意图

2.2.4　烟台市

烟台市海岸线长 909.12 km（含海岛 206.62 km），全市已建海堤总长 180.4 km，约占全市海岸线总长的 22.89%，初步形成了较为完整的防护体系。但龙口—烟台段砂质海岸年平均侵蚀率为 4.6 m/a，岸线退蚀问题严重。图 2.5 为烟台市部分海堤建设情况。

2.2.5　威海市

威海市海岸线长 985.9 km，沿海区域时常遭受风暴潮的袭击，给当地农业生产、水产养殖业、旅游业及城乡人民生活造成极大的威胁和危害。为抵御风暴潮带来的自然灾害，威海市自 20 世纪 50 年代开始修建海堤，70—80 年代随着沿海海水养殖业迅速发展，为保护虾池、鱼池等养殖业设施，海堤工程迅速增加，但大部分海堤标准较低。全市已建成海堤 149.4 km（含入海河口海堤），初步形成了较为完整的防台风体系。但目前达标岸段仅 32.8 km，约占全市海堤总长的 22%。威海市海堤以石质海堤为主，现状运行情况良好，其主要问题是高程不够，目前可正常运用的海堤约占海堤总长的 50.29%。

威海市有挡潮闸 2 座：荣成市小落河、乳山市白沙口。图 2.6 给出了威海市部分海堤分布情况。

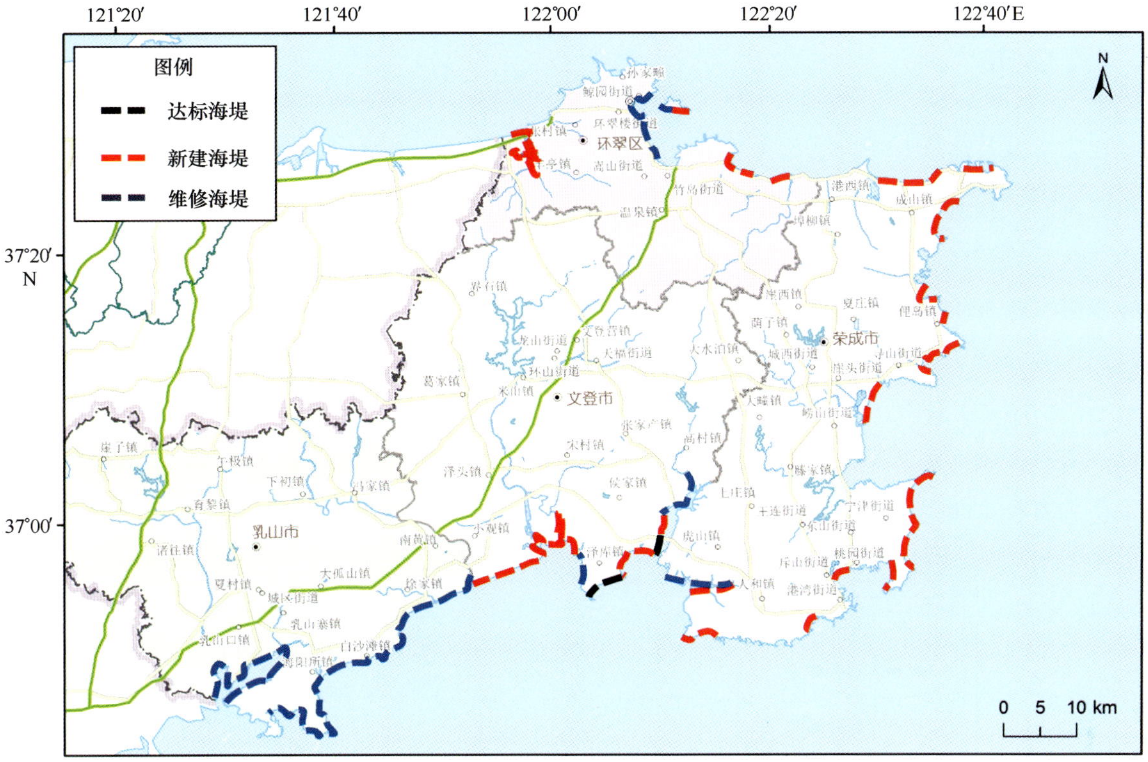

图 2.5　烟台市沿岸海堤位置示意图

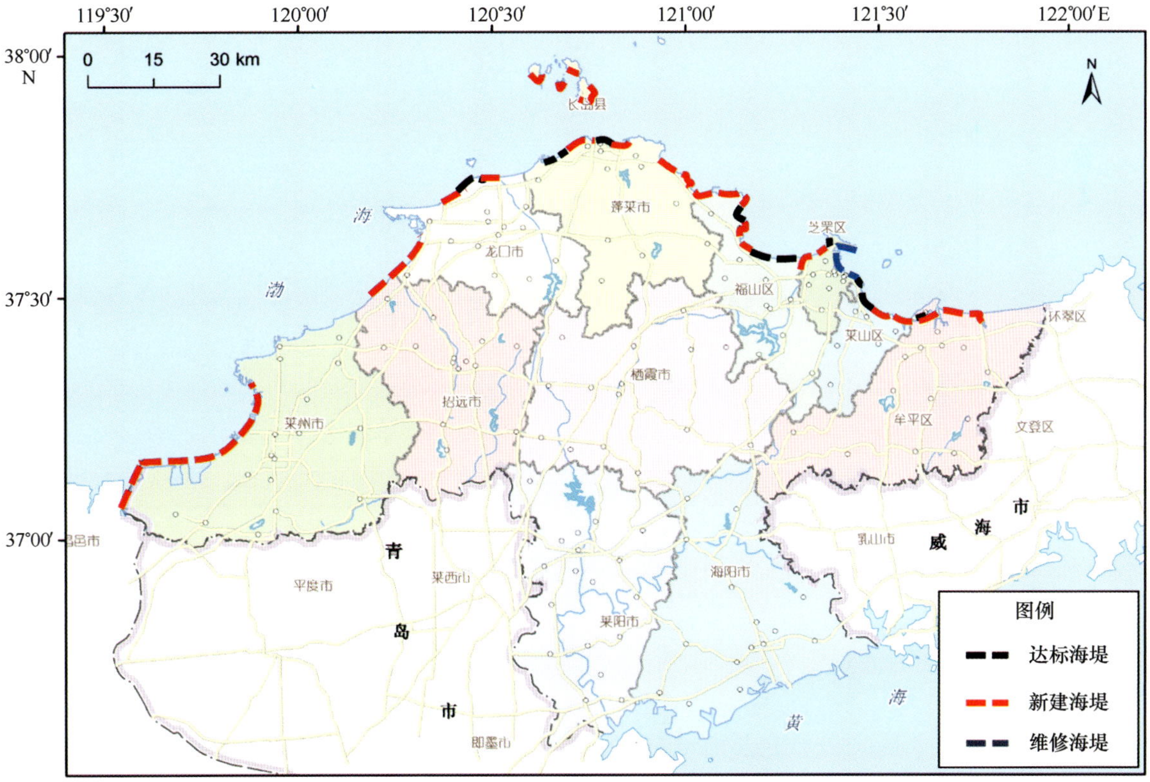

图 2.6　威海市沿岸海堤位置示意图

2.2.6 青岛市

青岛市自然海岸线较长，约占青岛市海岸线的2/3。自然岸线主要分布于崂山山脉及胶南董家港附近，海岸以礁石、沙滩、山脉为主。青岛市已建海堤岸线约占总海岸线的1/3。主要分布于即墨市、崂山区、市内三区、城阳区、胶州市、黄岛区等。20世纪海堤建设主要为了海水养殖、防潮等，随着社会经济的快速发展，最近10年景观岸线也在逐渐形成，景观及防潮岸线主要集中在新兴产业区内。

青岛海岸线长度730.6 km，青岛市现有海堤总长度为162.2 km，其中达到设计防风暴潮标准总长50.7 km，达标率仅为31%。

青岛现有挡潮闸5座，其中城阳大涧闸防潮标准为20年一遇，标准不够；平度新河闸已报废。

图2.7为青岛市海堤工程建设图。

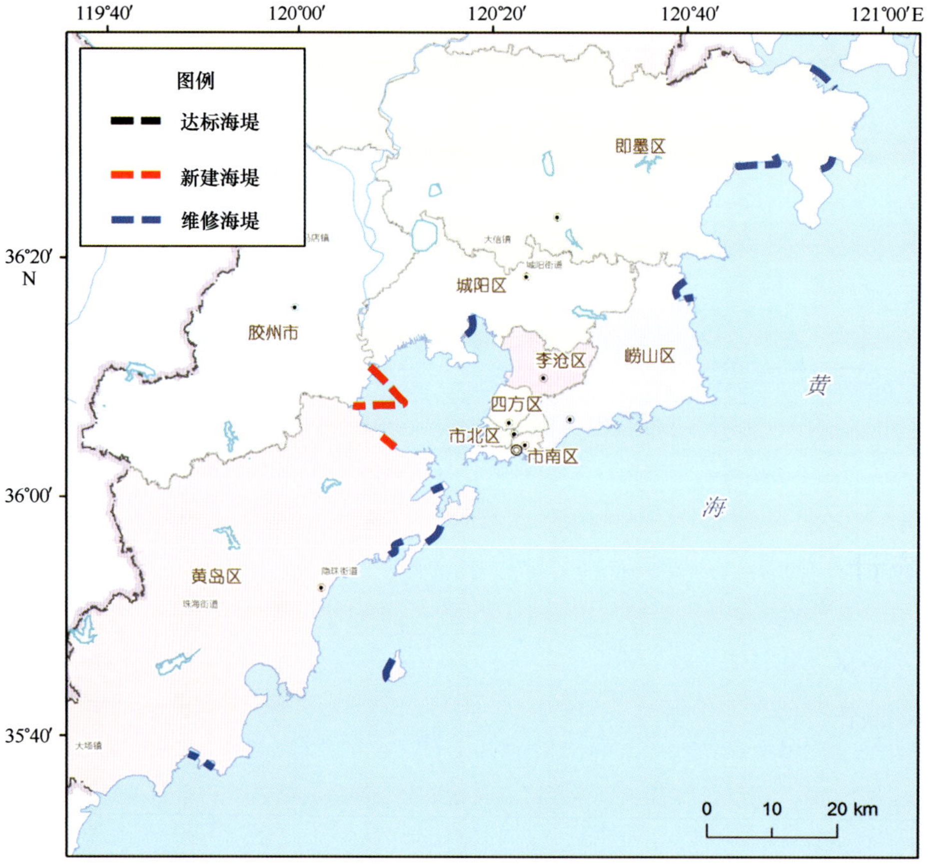

图2.7 青岛市海堤工程建设图

2.2.7 日照市

日照市海岸线长99.6 km，全市已建海堤总长147.4 km，形成了较为完整的防护体系，但未达标的土沙堤的防潮标准均小于5年一遇，不满足防风暴潮要求，工程建设标准低，老化、退化、失修严重，抗御风暴潮灾害的能力差。已有海堤堤顶道路大部分为砂质土路，且未设置上堤道路。目前达标海堤仅为56.30 km，海堤建设、加固任务十分繁重。

图 2. 8 为日照市海堤工程建设总体布局图。

图 2. 8　日照市海堤工程建设总体布局图

2. 3　潮灾统计

山东沿海地区的风暴潮灾害频繁且严重，历史上“海潮内溢，害民田庐无数……沿海居民溺死无算……”等灾害记载比比皆是，中华人民共和国成立以来已有 10 余次严重的风暴潮灾害发生，均造成了重大的经济损失。

据 1950 年以来的资料记载，山东沿海地区经济损失在十万元（按当前币值计算，下同）级的局地轻微风暴潮灾害不计其数；经济损失在百万元级的轻至中度风暴潮灾害几乎每年都有发生，甚者一年发生多次；经济损失达数千万至逾亿甚至数亿元的严重或特重风暴潮灾害 5~10 年便可发生 1 次。如：6005、7203、8114、8509、9216、9415、9711、0509、1105、1109 等台风风暴潮和 1964 年、1969 年、1980 年、1987 年、2003 年、2007 年等年份的温带风暴潮。

2. 3. 1　滨州市

滨州沿海位于渤海湾的西南岸末端，是风暴潮的多发区和严重区，其灾害多发生在盛夏台风活动季节和春秋过渡季节。在春秋季，我国渤海和黄海北部是冷暖空气频繁交汇的地方，冬季频繁受冷空气和寒潮大风袭击。

据统计，1954—2004 年，滨州埕口站共出现 50 cm 以上的风暴增水 3 351 d，平均每年 66 d；出现 100 cm 以上的温带风暴增水 453 d，平均每年 8.9 d。埕口 1—12 月均出现 4.69 m 以上高潮位，表明滨州沿海一年中 12 个月均有遭受潮灾的可能。

2.3.2 东营市

东营市沿海近岸区域风暴潮灾害频繁且强烈，中华人民共和国成立以来已有 10 余次严重的风暴潮灾害发生，造成了重大的经济损失。

自明朝至民国年间，根据东营及周边近海区域（滨州、潍坊）沿海地区海水侵溢内陆 30 km 以上甚至 50 km 以上的严重或特别严重温带风暴潮灾害的记载，平均 10 余年发生 1 次，海水侵溢内陆 30 km 以下者平均不足 10 年发生 1 次。

1949 年以来，该沿海地区决堤垮坝、毁桥坏路、浸村摧房、淹禾毁地、荡平盐田、溺毙人畜、破坏油田生产设施等现象的温带风暴潮灾害几乎每年都有发生。其中：经济损失在十万元级的局地轻微风暴潮灾害不计其数；经济损失在百万元级的轻至中度风暴潮灾害几乎每年都有发生，甚者一年发生多次；经济损失达数千万至逾亿甚至数亿元的严重或特重风暴潮灾害平均 7~8 年便发生 1 次。

自 1980 年以来，该沿海地区共发生严重或特重风暴潮灾害 6 次以上，平均 4~5 年便发生 1 次。

据 2005 年以来断断续续的资料统计，莱州湾西南部区域增水 100 cm 左右者频频出现，增水不小于 150 cm、200 cm、250 cm 者年均分别为 5 次、2 次和 0.3 次左右；孤东至桩西区域增水不小于 80 cm、100 cm、120 cm、150 cm 者年均分别为 6~7 次、3 次、1 次和 0.3 次；飞雁滩至大王北区域，多数过程增水幅度大于孤东至桩西区域，最大增水可达 180 cm 左右或以上（详见表 2.5）。

表 2.5　胜利油田沿海近岸风暴增水状况一览表　　单位：cm

时间（年-月-日）	验潮站					时间（年-月-日）	验潮站				
	小岛河	孤东	海港	桩西	飞雁滩		小岛河	孤东	海港	桩西	飞雁滩
2003-10-11	—	116	130	135	165	2006-12-26	—	87	—	80	—
2005-02-15	—	—	106	—	—	2007-03-04	—	140	—	116	—
2005-03-10	—	—	103	—	—	2007-09-19	—	80	—	68	80
2005-05-17	—	—	97	—	110	2007-10-28	—	104	—	104	115
2005-08-08	—	—	113	—	155	2007-11-15	—	105	—	87	100
2005-08-24	—	84	86	—	60	2008-01-09	167	72	70	57	83
2005-10-17	—	65	80	—	—	2008-02-22	182	98	106	88	87
2005-10-21	—	96	100	—	—	2008-03-18	163	—	80	71	76
2005-11-13	—	82	90	—	85	2008-09-23	150	104	119	80	—
2005-12-23	—	87	90	—	92	2008-12-10	145	—	103	95	—
2006-01-29	—	81	71	—	102	2008-12-12	136	80	71	73	—
2006-02-25	—	78	86	—	87	2008-12-21	193	109	88	118	121
2006-10-17	—	106	—	99	117	2009-02-13	237	155	—	108	—

续表

时间（年-月-日）	验潮站					时间（年-月-日）	验潮站				
	小岛河	孤东	海港	桩西	飞雁滩		小岛河	孤东	海港	桩西	飞雁滩
2006-10-22	—	73	—	79	104	2009-02-22	159	88	—	—	—
2006-10-25	—	78	—	81	105	2009-04-15	210	142	114	145	—
2006-11-13	—	73	—	77	108	2009-10-31	141	—	69	—	—
2006-11-26	—	89	—	80	—	2009-11-09	201	109	110	—	—

注：（1）2005 年 8 月 8 日为 0509 台风导致，其余均为冷空气与温带气旋相配合的形势所导致；

（2）除海港外，各站验潮资料低潮托底现象严重，影响潮位实测值、预报值和增水值。

2.3.3　潍坊市

潍坊市沿海地处渤海的莱州湾中西部，是渤海北部、东部和北黄海西部海域表层海水在特定风场风应力作用下运移、辐聚最强烈的地区，是山东省乃至渤海区域风暴潮最频繁和最严重的地区，因此，其造成的灾害次数特别多，损失特别严重。

潍坊市沿海地区历史上严重甚至特别严重的温带系统或台风风暴潮灾害比比皆是。自明朝至民国期间，竟记载多达 70 次，其中海水浸溢内陆 30 km 以上者达 10 余次，浸溢内地 50 km 以上亦有数次。

1949 年以来，潍坊市沿海地区曾出现近 20 次严重的台风或温带系统风暴潮灾害（4906、6005、7203、8509、9216、9711、0509 等台风和 1964 年 4 月 5 日、1969 年 4 月 23 日、1980 年 4 月 5 日、1987 年 1 月 27 日、1987 年 10 月 11 日、2003 年 10 月 11 日、2007 年 3 月 5 日、2009 年 4 月 15 日的冷空气与气旋相配合过程），每次都给潍坊沿海地区造成巨大的经济损失。

部分灾情记载如下。

1964 年 4 月 5 日和 1969 年 4 月 23 日，强风暴潮袭击莱州湾，海水浸入陆地最远处分别 29 km 和 40 km，淹没潍坊市沿海土地均高达七八十万亩。海水所到之处房倒屋塌、淹地毁禾、溺死人畜等现象惨不忍睹，经济损失非常严重。

1980 年 4 月 5 日、1987 年 1 月 27 日和 1987 年 10 月 11 日风暴潮灾害都使潍坊沿海地区蒙受数千万元的经济损失（《中国海洋灾害四十年资料汇编（1949—1990）》、《黄渤海沿岸潮灾录》，国家海洋北海信息中心编）。

1997 年 8 月 19 日 9711 号台风风暴潮，羊角沟验潮站潮水比正常潮位上涨 258 cm，沿海地区受灾较重。

2003 年 10 月 11 日，温带风暴潮袭击渤海湾和莱州湾，羊角沟最高潮位达 624 cm，超当地警戒潮位 64 cm，为有记录以来的历史第三高潮位，沿海地区受灾严重。

2007 年 3 月 4 日，风暴潮袭击莱州湾，造成潍坊市沿海部分防潮坝和盐场受损，经沿海市区初步统计，直接损失约 5 205 万元。其中：寿光市防潮坝受损超过 3 000 m（损失 300 余万元），滩区道路、盐田等生产设施损失约 200 余万元，共计损失 500 万元；滨海区 25 km 的沿海防潮坝水土流失超过 10^4 m^3，出现险情的坝区达 1 000 m，石墙出现松动的坝区超过 500 m，卤水井被淹 80 多眼，1 个卤库和 1 个变压器被淹，水线被毁 12 km，1 个码头受损，弥河入海口 30 hm^2 盐田被淹，动用价值 10 万元的抢险物资，共计损失 1 345 万元；寒亭区被淹没盐田 80 hm^2，损坏防潮堤坝 1 200 m，损失共计 300 万元。昌邑市大坝塌陷 17 000 m^2，毁坏卤水井 110 眼，破坏道路超过 1 000 m，下营港码头部分地方裂缝、塌陷等，损失计 3 060 万元。

图 2.9 为 2007 年 3 月 4—5 日潍坊港灾情。

图 2.9　2007 年 3 月 4—5 日潍坊港灾情

2009 年 4 月 15 日凌晨，风暴潮袭击莱州湾，潍坊寿光市羊口镇有 47 名渔民在滩涂采割芦苇时被潮水围困；潍坊滨海开发区央子镇一期防潮大堤 300 m 处 1 艘渔船受风暴潮影响撞在防护堤上，3 名渔民被困（2 人救出，1 人失踪）；胜利油田东胜公司黄河第四钻井队 57 名工人在昌邑市柳疃镇海域被困；沿海防护大堤、新建渔港、渔港码头、靠港渔船及其他海洋设施均受到不同程度的损坏。本次风暴潮，潍坊共救助人员 108 人，受伤 40 人，失踪 1 人；沉船 4 条；港口、养殖设施、防潮大堤等损坏造成经济损失达 2 000 万元。

2.3.4　烟台市

烟台市辖区风暴潮灾害较频繁，据 1949 年以来风暴潮灾害资料统计，较重或严重风暴潮灾害平均约 5 年左右出现 1 次。

烟台市辖区的风暴潮灾害主要来自夏季的台风风暴潮和秋末至春初的温带系统风暴潮。

部分风暴潮灾害记载如下。

1949 年 7 月 26 日，强台风（4906 号台风）袭击烟台沿海，海面巨浪高起数丈，陆地树拔屋倒，堤溃舟没，沿海一带海水和山洪汇合一起，泛滥四溢。这次台风使烟台市遭到的损失十分惨重：海岸路被破坏 1 038 ft①，码头被毁 2 497 ft，沉没大小船只 131 只，损坏船只 148 只，在崆峒岛附近作业的 130 多名渔民丧生（见《烟台大观》）。

1985 年 8 月 19 日，8509 号台风袭击烟台沿海地区，200 多只渔船被撞沉撞坏，死亡 16 人（烟台市

① 1 ft = 0.3048 m

情)；龙口最大增水达 166 cm……全市直接经济损失 7 亿元人民币（见《山东沿海历史风暴潮探讨》，《青岛海洋大学学报》，1989，No. 3)。

1992 年 9 月 2 日，9216 台风使烟台出现 40 年来的最高潮位。龙口市北海岸部分防潮坝被冲毁，坝内受灾较重；蓬莱农作物、海上船只受到严重损失，共损失约 4 100 万元（蓬莱海洋站记载)；全市共造成直接经济损失 7.9 亿元人民币（调访资料，烟台市政府信息)。

2003 年 10 月 27 日温带气旋风暴潮冲毁堤坝 6 900 m，受损渔船 128 艘，破坏养殖池塘 4 800 余亩，倒塌房屋 65 间，直接经济损失 0.93 亿元。

2007 年 3 月 4—5 日，烟台辖区海岸普遍遭受特别严重温带风暴潮摧残，市内滨海广场、国际会展中心广场遭破坏尤其严重。灾害调查时目睹的灾情主要为：

（1）烟台福山区金沙滩：海水漫沙滩及环海路护坡，海浪越过环海路护堤。水淹马路和路南居民区，路面及路南居民区尽现海沙，多处石质护堤被冲垮。

（2）烟台市区：滨海路及对面部分房屋被淹；滨海公园二级平台上长 1.5 m、宽 0.7 m、厚 0.35 m 的石条被悉数掀翻，部分被抛入广场远达 30 m。台阶薄石板被抛入广场远达 60 m。广场内石条、石板、碎石满地，现场一片狼藉。滨海路人行道石板路面被严重摧毁，石板被抛到马路对面居民区护墙；国际会展中心护堤多处被冲垮，最大决口长 20 m 左右，深 1.5 m 左右，广场铺砖被抛出远达 50 m。

（3）龙口市北海岸遭受严重温带风暴潮摧残，屺姆岛至黄水河以东岸段防潮堤坝几乎全部被毁；南山天然气公司附近百余米水泥顶面防潮堤坝平均被大浪吞噬掉 5 m 宽，水泥板被抛出远达 10~20 m，沙质防潮堤坝几乎全部被夷为平地，多家工厂化水产养殖厂被淹，部分岸边工厂受灾；龙口港多数码头上水，其中一渔港进港道路水深 10~30 cm 不等（灾后调访资料)。

据灾后不完全统计，全市受灾人口 56.48 万人，农作物受灾面积 34 777.5 hm^2，海上海水养殖受到严重破坏，海参养殖堤坝被水冲毁，海带、扇贝养殖架损坏，各类海产品养殖大棚、网箱全部散架，损坏渔船 894 条，部分工业厂房和公路、交通、通讯、电力设施损毁，倒塌房屋 319 间，损坏各类房屋 1 582 间。因灾造成直接经济损失 85 662.6 万元，其中农业直接经济损失 74 025.6 万元。

图 2.10 给出了 2007 年 3 月 4—5 日风暴潮龙口灾情照片。

西海岸：风暴潮冲毁防潮岸提，局部受灾　　北海岸：潮位与堤面持平，海浪很小（南向风、浪），局部轻灾

图 2.10　2007 年 3 月 4—5 日龙口南山天然气公司附近灾情照片

护堤多处被冲垮，最大决口长20 m左右，深约1.5 m,广场铺砖被抛出50 m左右

图 2.11　2007 年 3 月 4—5 日烟台国际会展中心广场灾情照片

烟台福山区金沙滩：
海水漫沙滩及环海路护坡，海浪越过环海路护堤，水淹路南居民区，
路面及路南居民区尽现海沙,环海路海一侧积沙60～100 cm

四十里湾南岸东部岸段：
滨海公路护堤底部被冲毁

图 2.12　2007 年 3 月 4—5 日烟台福山区灾情照片

临海一侧人行道石板被掀起并被抛入对面居民区院墙下

图 2.13　2007 年 3 月 4—5 日烟台滨海广场东侧滨海路灾情照片

台阶石条被全部掀起并被抛入广场内，部分被抛入广场30 m左右；较薄石板全部被抛入广场内，
远达60 m；被大浪抛入广场内的石条、石板、碎石满地

图 2.14 2007 年 3 月 4—5 日烟台市滨海广场灾情照片

2.3.5 威海市

威海市市区风暴潮灾害较频繁，据统计，造成重大人员伤亡和财产损失的风暴潮灾害，建国以前有文字记载者超过 10 次，1949 年以来较重或严重风暴潮灾害平均约 5 年左右出现 1 次。

威海市区的严重风暴潮灾害主要来自台风风暴潮，温带风暴潮偶有导致。

例如：1972 年 7 月 6 日、1976 年 3 月 18 日、1981 年 9 月 1—2 日、1985 年 8 月 20 日、1992 年 8 月 31 日至 9 月 2 日、1994 年 8 月 15—16 日、1997 年 8 月 19—20 日，2005 年 9 月 12 日，均曾发生较严重的台风风暴潮灾害。

具体风暴潮灾害记载与烟台类似，在此不再赘述，如有需要请参考《山东省警戒潮位核定报告（上册）》。

2.3.6 青岛市

青岛及邻近海域沿岸不仅是我国北方受台风影响较重地区之一，也是温带气旋影响较重地区，每年都有不同程度的风暴潮灾害发生，据 1949—2013 年间资料统计，以 20 世纪 80 年代初为分界线，影响青岛沿海地区的台风呈逐渐减少状态，但青岛沿海地区的台风风暴潮灾害却呈逐年上升趋势。20 世纪 80 年代以前，青岛沿海地区较重（含）以上台风风暴潮灾害平均 5 年左右发生一次，严重或特别严重的平均 10 年左右发生一次；20 世纪 80 年代以后，青岛沿海地区较重（含）以上台风风暴潮灾害平均不足 4 年发生一次，严重或特别严重的平均不足 8 年发生一次，同级别灾害频率较前有明显上升。

青岛沿海地区的气旋风暴潮灾害记载较少，据调访资料分析年均发生 3 次左右，一般为局部轻灾，特重者为局部较重灾害。

1949—2008 年间，胶州湾及邻近海域曾发生过特重风暴潮灾害 3 次（8509、9216、9711 台风），严重灾害 3 次（4906、4908、8411 台风），较重灾害 4 次（5116、5622、8406、0012 台风），轻灾无数（几乎每年都有发生，有时一年多次）。

值得一提的是 1939 年 8 月 31 日至 9 月 1 日，青岛海域发生了一次近百年来最强的特强台风风暴潮灾害。“……七月海啸，淹没沿海农田、村庄，墙倒屋塌，淹死很多人畜，有生以来从未见过。”（即墨雄崖所 88 岁老农语）；“海岸崩溃，沉没船只，淹没农田，西镇低洼住宅区尽成泽国，房屋倒塌，死伤人命，灾情极其惨重，绝世少见。”（《青岛观象台资料集（第一册）》）。

据青岛沿海地区部分台风风暴潮灾害过程中增水、潮位、海浪、灾情等统计资料（见表 2.6）显示：潮位、增水、海浪等任何单一要素与灾情的相关均较杂乱，任何单一要素对灾情的贡献都是有限的。但综合分析，其间又存有必然的内在联系。具体风暴潮灾害记载详情请参考《山东省警戒潮位核定报告（上册）》。

表 2.6　青岛沿海地区台风增水、潮位、海浪、风暴潮灾情统计一览表

台风编号	最大增水（cm）	最高潮位（cm）	滨海海浪		灾情程度
			1/10 波高（m）	波向	
4906	82	475	5.0	E	严重
4908	135	525	2.5	NE	严重
5116	124	499	3.0	NE	较重
5622	108	536	2.5	ENE	较重
8114	98	529	3.6	ENE	严重
8406	75	493	3.0	E	较重
8509	91	531	5.5	ESE	特重
9005	65	490	1.8	SE	轻
9015	68	434	3.6	ESE	轻
9216	113	548	5.0	SE	特重
9414	48	494	2.8	NNE	轻
9415	71	455	4.4	NNE	轻
9608	50	506	3.0	E	轻
9711	99	543	5.2	ENE	特重

注：除灾情程度外，各要素值均摘自观测记录。

2.3.7　日照市

日照海域沿岸不仅是我国北方受台风影响较重的地区之一，也是温带气旋影响较重的地区，每年都有不同程度的风暴潮灾害发生，严重甚至特别严重风暴潮灾害非常频繁，其巨大破坏力和惨重的经济损失，已经成为影响乃至制约日照沿海地区经济发展的一个重要因素。致灾严重的有 4906，5116，7203，8114，8509，9216，9711，0509，1210 以及江淮气旋（1959 年 10 月 31 日，1983 年 4 月 26 日等）

造成日照特别严重的风暴潮灾害均是台风风暴潮引起，部分灾情记载如下。

7203 台风风暴潮，1972 年 7 月 25 日台风影响石臼所一带，致使石臼港防浪堤被冲垮 200 m，水产仓库有 18 间全部倒塌；渔业码头被冲毁一部分。

8114 台风期间，7 处乡镇受灾，损坏渔船 67 艘，冲走渔网 3 000 余条，冲决虾池 3 400 亩、盐田 2 400 亩、农田 7 200 亩，冲失盐 2 550 t，日照县两城公社养虾池大坝冲毁 2. 5 km，铁闸门被冲坏报废，2 000 亩对虾全跑光。日照站最大增水 116 cm，最高潮位 544 cm，出现在 1981 年 9 月 1 日 7 时 7 分。

8509 台风期间，日照市 8 处乡镇（街道）受灾，28 艘渔船损毁，32. 3 hm^2 虾池受损，7. 1×10^5 kg 食盐被冲走，4 人死亡，17 人受伤，直接经济损失 400 万元。

1992 年 9 月 1—2 日，日照沿海地区发生强风暴潮，风力 10 级，最高潮位 544 cm，浪高 4 ~ 5 m，平均降水 123. 6 mm，损毁渔船 190 艘，冲走网具 6 000 余条，冲毁虾池 5 000 亩，耕地 8 000 亩，刮倒房屋 2 000 余间，死亡 9 人，伤 33 人，直接经济损失 7 200 余万元。

1997 年 8 月 19 日，受 11 号台风影响，造成强风暴潮（百年不遇），风力 10 ~ 11 级，最高潮位 564 cm，最大波高 7. 1 m，平均降水 194. 3 mm，损坏海水养殖区 3. 78 万亩，损毁渔船 651 艘，受损渔港 28 座、防潮堤 2. 2×10^4 m，倒塌房屋 1 万余间，承载人口 90 万，死亡 15 人，直接经济损失 11 亿元。日照站最大增水 88 cm，最高潮位 564 cm，出现在 8 月 20 日 7 时 9 分。

第 3 章　资料统计分析结果

3.1　潮位资料分析

本节采用山东海域各验潮站的资料分析了地级市的潮汐特征，主要统计了海平面变化基本规律、年最高潮位、潮汐性质和潮汐特征值、重现期高潮位等基本要素，具体核定区域对应验潮站及其资料时限见表 1.1。

3.1.1　海平面高度统计

由 2012 年中国海平面公报可知，2012 年山东沿海海平面比常年高 130 mm，比 2011 年高 55 mm。预计未来 30 年，山东沿海海平面将上升 80~150 mm。

2012 年，山东北部沿海各月海平面均明显高于常年同期，其中 1 月和 8 月海平面分别高 192 mm 和 203 mm；与 2011 年同期相比，1 月和 3 月海平面分别高 167 mm 和 157 mm，2 月和 11 月海平面分别低 38 mm 和 51 mm（图 3.1）。

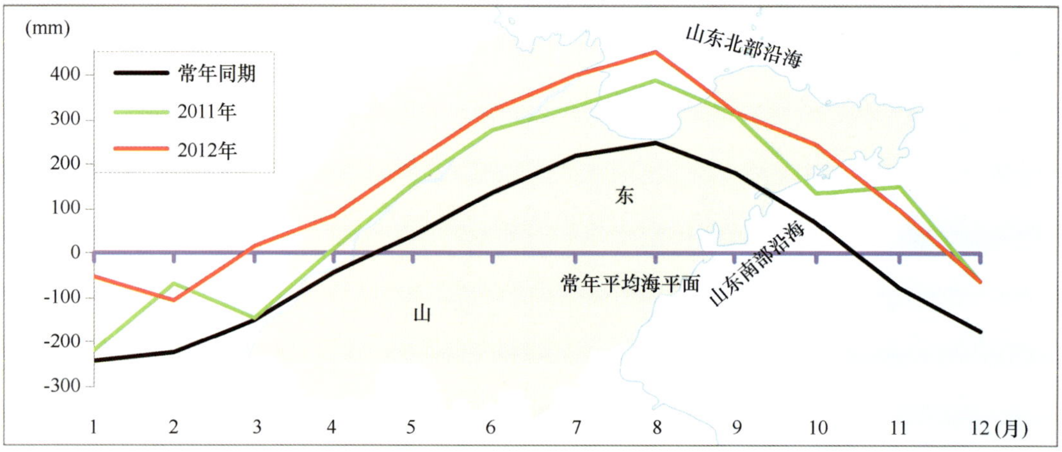

图 3.1　山东北部沿海海平面变化

2012 年，山东南部沿海各月海平面均高于常年同期，其中 1 月和 8 月海平面分别高 153 mm 和 175 mm；与 2011 年同期相比，1 月和 3 月海平面分别高 160 mm 和 169 mm，9 月和 11 月海平面分别低 39 mm 和 77 mm（图 3.2）。

海平面上升后，抬升了风暴增水的基础水位，风暴潮高潮位相应提高，波浪作用增强，河流排水受阻，将加大风暴潮的致灾程度。

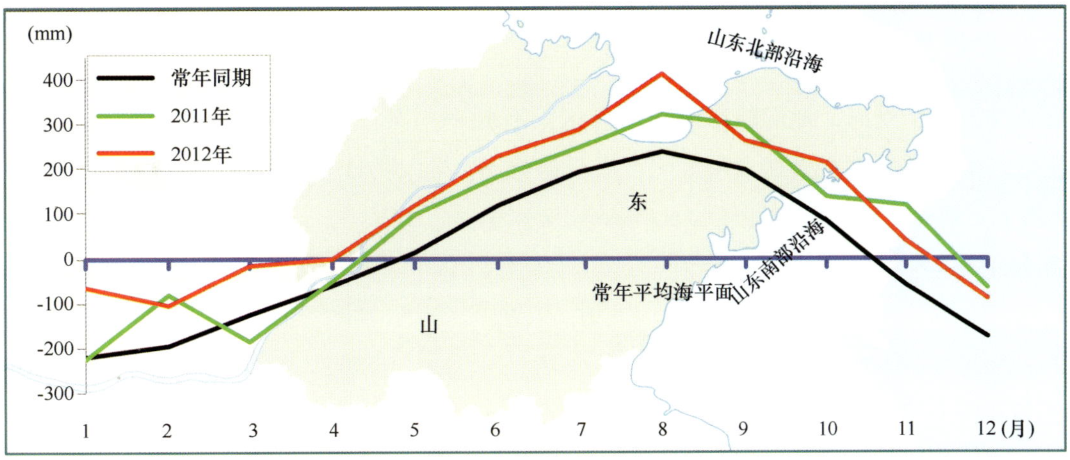

图 3.2　山东南部沿海海平面变化

3.1.2　核定区域沿海潮汐性质与潮汐特征值

3.1.2.1　潮汐类型

山东省位于渤海海域的县市潮汐，主要受黄河口外半日潮旋转潮波和渤海海峡日潮旋转潮波两个潮波系统的影响；而位于黄海海域的县市主要受黄海南部的日潮潮波系统和海州湾以东的半日潮潮波系统的影响，以半日潮波为主，日潮波较弱。

由数值模拟渤海、黄海、东海分潮和分潮同潮图如图 3.3 所示。

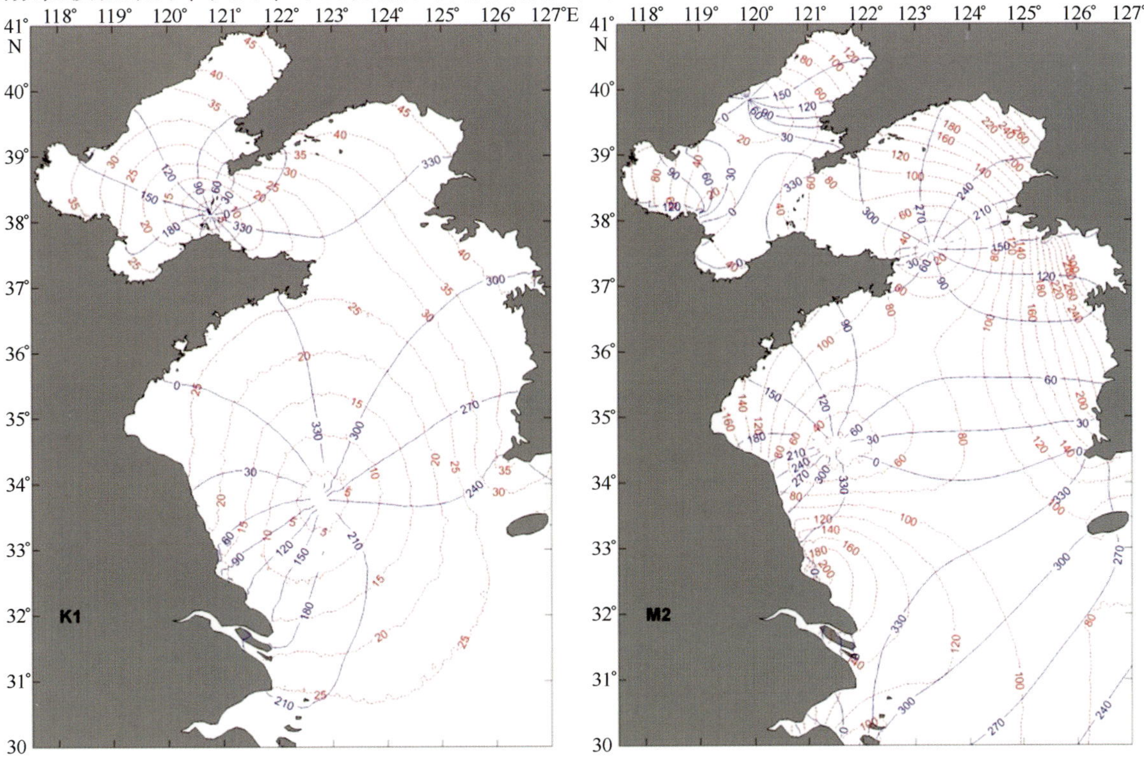

图 3.3　影响黄渤海潮汐变化的潮波系统 K_1、M_2 分潮的同潮图

（虚线，等迟角线，单位:°；实线，等振幅线，单位：cm）

3.1.2.2 潮汐性质

潮波在传播过程中受海区地形的影响，当海区固有频率与某一主要天文分潮的频率相近时，潮波会发生共振现象。潮汐类型主要根据太阴太阳合成日振幅 H_{K_1} 与太阴日分潮振幅 H_{O_1} 之和对太阴半日分潮振幅 H_{M_2} 的比值 F，划分为以下类型。

（1）正规半日潮

$$0.0 < \frac{H_{K_1} + H_{O_1}}{H_{M_2}} \leqslant 0.5 \tag{3.1}$$

（2）不规则半日潮

$$0.5 < \frac{H_{K_1} + H_{O_1}}{H_{M_2}} \leqslant 2.0 \tag{3.2}$$

（3）不规则全日潮

$$2.0 < \frac{H_{K_1} + H_{O_1}}{H_{M_2}} \leqslant 4.0 \tag{3.3}$$

（4）正规全日潮

$$4.0 < \frac{H_{K_1} + H_{O_1}}{H_{M_2}} \tag{3.4}$$

山东半岛沿海潮汐类型多样，各验潮站的潮汐类型见表 3.1。

表 3.1 各验潮站潮汐类型

所属市	核定岸段	验潮站	$(H_{K_1}+H_{O_1})/H_{M_2}$	潮汐性质
滨州市	无棣县和沾化县	滨州港验潮站	0.66	不规则半日潮
东营市	河口区西部和利津县	新户临时验潮点	0.61	不规则半日潮区
	垦利县北部	垦东验潮站	1.25	不规则半日潮区
	河口区东部	黄河海港验潮站	5.63	规则日潮区
	垦利县南部、东营区、广饶县	小岛河验潮站	0.74	不规则半日潮区
潍坊市	寿光市	羊角沟水文站	0.38	规则半日潮
	寒亭区	潍坊港验潮站	0.82	不规则半日潮
	昌邑市	下营临时验潮站	1.04	不规则半日潮
烟台市	莱州市	海庙临时验潮站	0.94	不规则半日潮
	招远市	招远滨海度假村临时验潮站	1.23	不规则半日潮
	龙口市	龙口验潮站	1.32	不规则半日潮
	蓬莱市	蓬莱验潮站	0.35	规则半日潮
	长岛县	长岛乐同临时验潮站	0.32	规则半日潮
	福山区、烟台经济技术开发区	八角码头临时验潮站	0.21	规则半日潮
	芝罘区、莱山区	芝罘岛验潮站	0.27	规则半日潮
	牟平区	牟平临时验潮站	0.27	规则半日潮
	海阳市	海阳东港临时验潮站	0.34	规则半日潮
	莱阳市	莱阳穴坊临时验潮站	0.26	规则半日潮

续表

所属市	核定岸段	验潮站	$(H_{K_1}+H_{O_1})/H_{M_2}$	潮汐性质
威海市	环翠区	小石岛验潮站	0.36	规则半日潮
	荣成市北	成山头验潮站	1.26	不规则半日潮
	荣成市南	石岛验潮站	0.50	规则半日潮
	文登市	文登验潮站	0.40	规则半日潮
	乳山市	乳山口验潮站	0.38	规则半日潮
青岛市	黄岛区北部、市北区、李沧区、城阳区、胶州市	五号码头验潮站	0.31	规则半日潮区
	市南区、崂山区	小麦岛验潮站	0.32	规则半日潮区
	即墨市	田横岛验潮站	0.37	规则半日潮区
	黄岛区南部	董家口验潮站	0.38	规则半日潮区
日照市	东港区	石臼港验潮站	0.33	规则半日潮区
	岚山区	岚山港验潮站	0.31	规则半日潮区

3.1.3　理论最高潮位

由于滨州和东营实测资料时间较短且存在站位调整情况，所以未对其进行实测潮位资料分析，只给出其他市验潮站的实测潮位分析结果。

3.1.3.1　实测最高潮位和潮差分析

有长时间实测潮位的验潮站是龙口、蓬莱、芝罘岛、成山头、五号码头、小麦岛、日照和岚山验潮站，表 3.2 给出了指定时间内的实测潮位最大值和对应过程。

表 3.2　长期验潮站历史实测风暴潮最高潮位值

验潮站	龙口	蓬莱	芝罘岛	成山头	五号码头	小麦岛	日照
年份	1970—2011	1997—2011	1981—2011	1981—2011	1991—2015	1993—2015	1977—2012
最高值（cm）	340	349	473	366	548	498	564
过程	TY 7203	TY 9711	TY 9216	TY 1109	TY 9216	TY 9711	TY 9711

3.1.3.2　理论最高潮位计算方法

理论最高潮位主要由以下主要分潮的调和常数推算：太阴主要半日分潮（M_2），太阳主要半日分潮（S_2），太阴椭率主要半日分潮（N_2），太阴太阳赤纬半日分潮（K_2），太阴太阳全日分潮（K_1），太阴主要全日分潮（O_1），太阳主要全日分潮（P_1），太阴椭率主要全日分潮（Q_1）。此外考虑了浅海分潮以及长周期分潮改正，主要有：太阴浅海 1/4 日分潮（M_4），太阴太阳浅海 1/4 日分潮（Ms_4），太阴浅海 1/6 日分潮（M_6），太阳年分潮（Sa），太阳半年分潮（Ssa）。

理论最高潮位的计算，主要分潮推算理论最高潮位的公式为：

$$
\begin{aligned}
H = & (fh)_{K_1}\cos\phi_{K_1} + (fh)_{K_2}\cos(2\phi_{K_1} + 2g_{K_1} - 180° - g_{K_2}) \\
& + \sqrt{(fh)_{M_2}^2 + (fh)_{O_1}^2 + 2(fh)_{M_2}(fh)_{O_1}\cos(\phi_{K_1} + g_{K_1} + g_{O_1} - g_{M_2})} \\
& + \sqrt{(fh)_{S_2}^2 + (fh)_{P_1}^2 + 2(fh)_{S_2}(fh)_{P_1}\cos(\phi_{K_1} + g_{K_1} + g_{P_1} - g_{S_2})} \\
& + \sqrt{(fh)_{N_2}^2 + (fh)_{Q_1}^2 + 2(fh)_{N_2}(fh)_{Q_1}\cos(\phi_{K_1} + g_{K_1} + g_{Q_1} - g_{N_2})}
\end{aligned} \tag{3.5}
$$

式中，H 为平均海平面上的高度，单位为 cm；h、g 为分潮调和常数；f 为节点因数；ϕ_{K_1} 为分潮 K_1 的相角，它的变化从 0°~360°。

当（$h_{M_4}+h_{M_6}+h_{MS_4}$）>20 cm 时，应加浅海分潮改正，其改正值为：

$$\Delta H = (fh)_{M_4}\cos\phi_{M_4} + (fh)_{M_6}\cos\phi_{M_6} + (fh)_{MS_4}\cos\phi_{MS_4} \tag{3.6}$$

对于平均海平面变化较大的海区，应加长周期分潮改正，其改正值为：

$$\Delta H_2 = h_{S_a}\cos\phi_{S_a} + hS_{S_A}\phi S_{S_A} \tag{3.7}$$

其中，

$$\phi_{M_4} = 2\phi_{M_2} + 2g_{M_2} - g_{M_4} \tag{3.8}$$

$$\phi_{MS_4} = \phi_{M_2} + \phi_{S_2} + g_{M_2} + g_{S_2} - g_{MS_4} \tag{3.9}$$

$$\phi_{M_6} = 3\phi_{M_2} + 2g_{M_2} - g_{M_6} \tag{3.10}$$

$$\phi_{M_2} = \tan^{-1}\left[\frac{(fh)_{O_1}\sin(\phi_{K_1} + g_{K_1} + g_{O_1} - g_{M_2})}{(fh)_{M_2} + (fh)_{O_1}\cos(\phi_{K_1} + g_{K_1} + g_{O_1} - g_{M_2})}\right] \tag{3.11}$$

$$\phi_{S_2} = \tan^{-1}\left[\frac{(fh)_{P_1}\sin(\phi_{K_1} + g_{K_1} + g_{P_1} - g_{S_2})}{(fh)_{S_2} + (fh)_{P_1}\cos(\phi_{K_1} + g_{K_1} + g_{P_1} - g_{S_2})}\right] \tag{3.12}$$

$$\phi_{S_a} = \phi_{K_1} - \varepsilon_2/2 + g_{K_1} - g_{S_2} - 180° - g_{S_a} \tag{3.13}$$

$$\phi_{S_{Sa}} = 2\phi_{K_1} - \varepsilon_2 + 2g_{K_1} - g_{S_2} - g_{S_{S_a}} \tag{3.14}$$

$$\varepsilon_2 = \varphi_{S_2} \tag{3.15}$$

由此可求得 H 的极大值，其相应的潮位即为理论最高潮位。

节点因数 f 取月球轨道升交点经度分别为 0°和 180°时对应的 f 值（表 3-3）。计算取结果中较高的一个作为理论最高潮位（表 3.4）。

表 3.3　节点因数 f 值

分潮	f 值	
	月球升交点经度 0°	月球升交点经度 180°
S_a	1.000	1.000
S_{s_a}	1.000	1.000
Q_1	1.183	0.807
O_1	1.183	0.807
P_1	1.000	1.000
K_1	1.113	0.882
N_2	0.963	1.038
M_2	0.963	1.038
S_2	1.000	1.000
K_2	1.317	0.748
M_4	0.927	1.077
MS_4	0.963	1.038
M_6	0.893	1.118

表 3.4　各验潮站理论最高潮位（1985 国家高程基准）

所属市	核定岸段	对应验潮站	理论最高潮位（cm）
滨州市	无棣县和沾化县	滨州港验潮站	182
东营市	河口区西部和利津县	新户临时验潮点	164
	垦利县北部	垦东验潮站	143
	河口区东部	黄河海港验潮站	98
	垦利县南部、东营区、广饶县	小岛河验潮站	192
潍坊市	寿光市	羊角沟水文站	178
	寒亭区	潍坊港验潮站	219
	昌邑市	下营临时验潮站	172
烟台市	莱州市	海庙临时验潮站	133
	招远市	招远滨海度假村临时验潮站	101
	龙口市	龙口验潮站	124
	蓬莱市	蓬莱验潮站	133
	长岛县	长岛乐同临时验潮站	108
	烟台经济技术开发区	八角码头临时验潮站	145
	芝罘区	芝罘岛验潮站	174
	莱山区、烟台高新区	芝罘岛验潮站	174
	牟平区	牟平临时验潮站	160
	海阳市	海阳东港临时验潮站	210
	莱阳市	莱阳穴坊临时验潮站	246
威海市	环翠区	小石岛验潮站	164
	荣成市北	成山头验潮站	99
	荣成市南	石岛验潮站	171
	文登市	文登验潮站	215
	乳山市	乳山口验潮站	204
青岛市	黄岛区北部、市北区、李沧区、城阳区、胶州市	五号码头验潮站	217
	市南区、崂山区	小麦岛验潮站	256
	即墨市	田横岛验潮站	265
	黄岛区南部	董家口验潮站	251
日照市	东港区	石臼港验潮站	262
	岚山区	岚山港验潮站	298

3.1.3.3　未来 19 年最高天文潮位

按上述理论最高潮位计算方法，计算核定区域沿海天文潮位变化，从中选取年极大值作为年理论最高潮位。天文潮最长周期为 18.61a，因此，我们计算了未来 19 年（2014—2032 年）的年理论最高潮位，天文潮最高潮位呈现出 18.61a 和 4a 左右的周期。考虑到海平面上升因素，理论最高潮位将有可能出现更高的极值，详见表 3.5。

表 3.5　未来 19 年（2014—2032 年）最高天文潮位（1985 国家高程基准）

验潮站名称	高潮位（85 高程，cm）	最高天文潮发生年份
滨州港验潮站	186	2020、2021、2024
新户临时验潮点	166	2026
垦东验潮站	141	2023、2026
黄河海港验潮站	98	2022、2023
小岛河验潮站	193	2027
潍坊港验潮站	219	2024
下营港临时验潮站	172	2023
羊角沟水文站	178	2023
龙口验潮站	124	2022、2023
蓬莱验潮站	133	2018、2023
烟台开发区临时验潮点	145	2014、2028、2032
长岛临时验潮点	108	2014、2031
芝罘岛验潮站	174	2014
招远滨海度假村临时验点	101	2023、2024
牟平临时验潮点	160	2028
莱州海庙滨海临时验点	131	2025
莱阳临时验潮点	237	2029
海阳临时验潮点	210	2015、2032
小石岛验潮站	177	2018
成山头验潮站	99	2028、2029
石岛验潮站	171	2014
乳山口验潮站	204	2016
文登验潮站	215	2014、2019
五号码头验潮站	260	2032
小麦岛验潮站	218	2032
田横岛验潮站	262	2028
董家口验潮站	251	2016
日照验潮站	263	2018
岚山港验潮站	300	2019

3.1.4 风暴潮模式选择与建立

3.1.4.1 风场数值计算

本次警戒潮位核定中大气模式采用美国大气研究中心（NCAR）开发的 WRF（Weather Research and Forecasting Model）-ARW（Advanced Research WRF）版本。此模式现已基本替代 MM5 模式，国际与国内许多研究中心和业务化预报部门将其用于业务化工作，如 NCEP 等。因此利用 WRF 对 1982—2012 年 31 年中风暴过程中的海面风场进行高分辨率再分析计算。模式使用 32 个节点（32×8 个 CPU）在国家海洋局北海预报中心的高性能集群上并行运算。

1）WRF 模式的流程结构

WRF 是正在开发的新一代中尺度非静力模式和资料同化系统，在研究和气象模拟功能方面具有广泛的应用范围。WRF 模式由美国国家大气研究中心（NCAR）、美国国家海洋和大气管理局（NOAA）的预报系统实验室（FSL）、国家大气环境研究中心（NCEP）和俄克拉荷马大学的风暴研究预报中心（CAPS）、联邦航空局（FAA）等多单位联合开发，是新一代非静力平衡、高分辨率的中尺度模拟和资料同化模式。该模式具有广泛的应用前景，能进行分辨率从几米到几千米的模拟，适用于教学研究、业务预报、资料同化和物理过程参数化研究以及气象再分析产品制作等。

WRF 模式程序具有操作的可移植性、可维护性、扩展性、易读性、运行结构性和互用性等特点，并且可在带边界条件和嵌套的有限区域模式中重复使用。这种模块化的、结构化的程序设计思想允许多个动力框架、物理过程同时并存。在程序结构设计上，WRF 模式采用三重结构，包括驱动层（Driver level）、中介层（Mediation level）和模式层（Model level）。调用结构的最高层是驱动层，最低层为模式层，中介层位于驱动层和模式层之间。最高层驱动层负责控制初始化、时间步长、输入输出（I/O）、模拟区域、程序安装管理和并行等；模式层主要是数值模拟方程、物理过程等源代码部分，该部分允许用户修改和添加自己的程序而不影响整体功能；中介层主要负责将驱动层和模式层连接起来，该层里包括了驱动层和模式层的连接信息。其程序结构设计如图 3.4 所示。

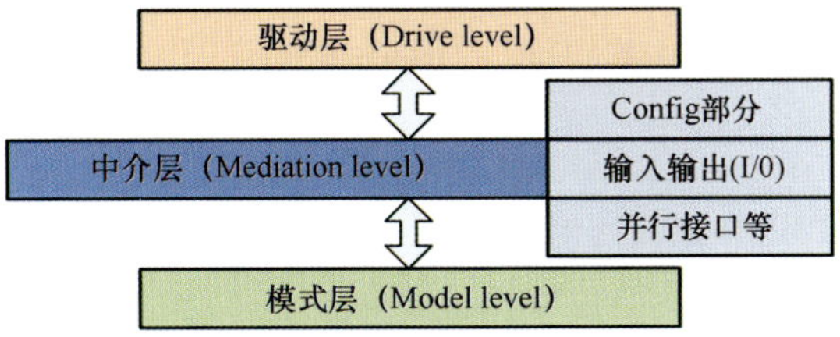

图 3.4 WRF 模式的结构流程

WRF 模式应用了继承式软件设计、多级并行分解算法、选择式软件管理结构，并有先进的数值计算和资料同化技术、多重移动套网格性能以及更为完善的物理过程（尤其是对流和中尺度降水过程）。因此，WRF 模式将有广泛的应用前景，包括在天气系统模拟、大气化学、区域气候、纯粹的模拟研究等方面的应用。

WRF 模式系统包括前处理模块、处理常规和非常规观测资料的资料同化模块、模式计算模块以及模式产品后处理模块（图 3.5）。其中标准初始化模块包括对标准格点资料的预处理和地形资料的处理；观测资料同化模块包括对各种常规和非常规资料的预处理及三维（四维）变分同化；模式对积分区域内的大气过程进行积分运算；后处理部分对模式积分结果进行分析，将各种物理量转化到等压面和等高面上，并转化成各种绘图软件所需要的格式。

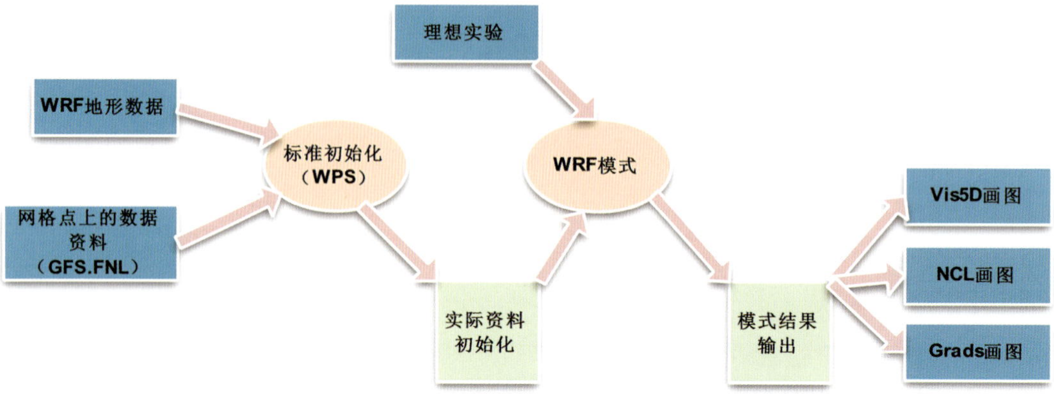

图 3.5　WRF 模式主要模块及其相互关系图

2）WRF 模式的动力框架

目前，WRF 模式有 ARW 和 NMM 两套动力解决方案，本项目主要基于由 NCAR 发展的 ARW（the Advanced Research WRF）方案。ARW 目前为显式分离的欧拉模式，它分为地形追随质量（气压）坐标和高度坐标（理想模块），其中气压和温度是由热动力方程诊断出来的。模式的控制方程是全弹性的欧拉非静力平衡方程，但仍保留有静力平衡选项。水平方向采用 Arakawa C 型跳点网格，运用了高分辨率的地形和下垫面分类资料，垂直方向 WRF 提供了两种选择：一种为高度坐标（Eulerian height coordinate），即地面为 0 m，逐步上升到大气顶；另外一种为质量坐标（Eulerian mass coordinate），是在 σ 坐标的基础上建立的，即地面为 1，模式顶为 0。在时间积分方案上，WRF 推荐使用 Runge-Kutta 3 阶方案，但也提供了 Runge-Kutta 2 阶方案作为选择。总体来说，WRF 建立的起点比较高，具有许多新的而且方便使用的特点，物理过程包含陆面过程，大气水平和垂直涡动扩散，积云对流参数化方案，太阳短波辐射和大气长波辐射方案等。模式的水平分辨率、垂直方向层次、积分区域及各种物理过程可根据用户需求调整。

（1）垂直坐标

WRF 模式的垂直坐标是地形追随的气压坐标，用 η 表示为：

$$\eta = (P_h - P_{ht})/\mu \tag{3.16}$$

其中，

$$\mu = P_{hs} - P_{ht} \tag{3.17}$$

式中，P_h 是气压的静力平衡部分；P_{hs}、P_{ht} 分别指地面和模式层顶的气压，其中模式层顶气压被指定为常数。这个坐标也被称为质量垂直坐标，坐标的形式如图 3.6 所示。

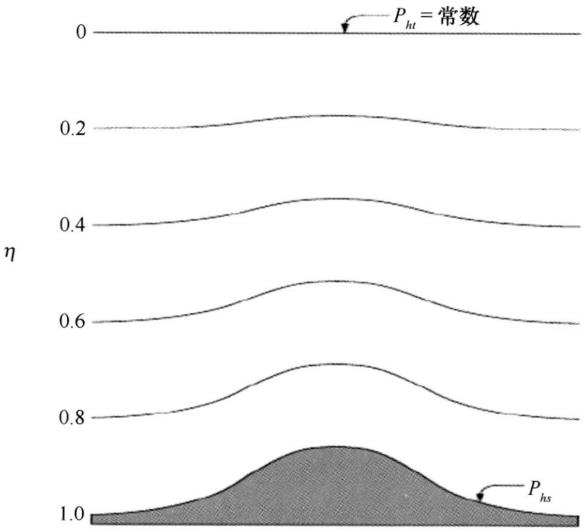

图 3.6　WRF 模式垂直坐标示意图

（2）格点分布

WRF 模式水平格点采用 Arakawa C 格式，格点分布见图 3.7。

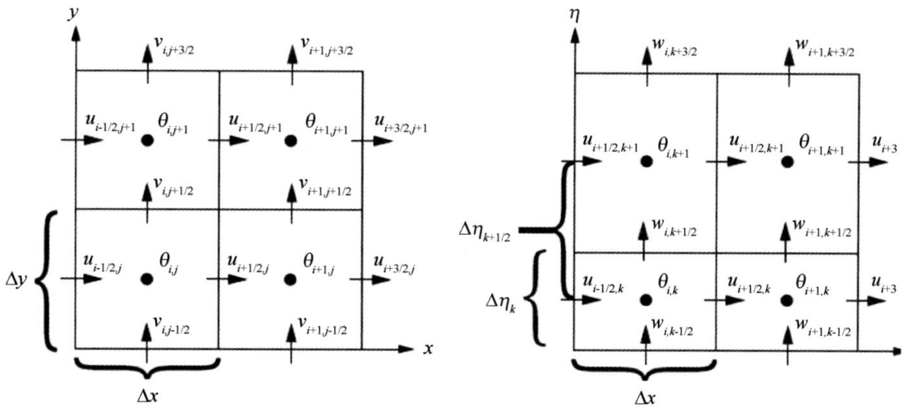

图 3.7　WRF 模式水平和垂直格点示意图

（3）方程组

变量的通量形式可表示为：

$$V = \mu v = \mu(U,\ V,\ W) \tag{3.18}$$

$$\Omega = \mu\bar{\eta}\ ,\ \Theta = \mu\theta \tag{3.19}$$

式中，$\mu(x,\ y)$ 表示（x，y）位置每单位气柱的质量，$\bar{\eta}$ 表示垂直速度，$v=(u,\ v,\ w)$，θ 为位温，其他变量还有位势 $\phi = gz$，气压 p，比容 $\alpha = 1/\rho$。

应用上面定义的变量通量形式的欧拉方程组可以写为：

$$\partial_t U + (\nabla\cdot Vu) - \partial_x(p\phi_\eta) + \partial_x(p\phi_x) = F_u \tag{3.20}$$

$$\partial_t U + (\nabla\cdot Vv) - \partial_y(p\phi_y) + \partial_y(p\phi_y) = F_v \tag{3.21}$$

$$\partial_t W + (\nabla \cdot Vw) - g(\partial_\eta p - \mu) = F_w \tag{3.22}$$

$$\partial_t \Theta + (\nabla \cdot V\theta) = F_\Theta \tag{3.23}$$

$$\partial_t \mu + (\nabla \cdot V) = 0 \tag{3.24}$$

$$\partial_t \phi + \mu^{-1}[(V \cdot \nabla\varphi) - gW] = 0 \tag{3.25}$$

$$\partial_\eta \phi = - \alpha\mu \tag{3.26}$$

$$p = p_0 (R_d \theta / p_0 \alpha)^\gamma \tag{3.27}$$

引入湿变量后方程组写为：

$$\partial_t U + (\nabla \cdot Vu) - \mu_d \alpha \partial_x p + (\alpha/\alpha_d)\partial_\eta p \partial_x \phi = F_u \tag{3.28}$$

$$\partial_t U + (\nabla \cdot Vv) - \mu_d \alpha \partial_y p + (\alpha/\alpha_d)\partial_\eta p \partial_y \phi = F_v \tag{3.29}$$

$$\partial_t W + (\nabla \cdot Vw) - g[(\alpha/\alpha_d)\partial_\eta p - \mu_d] = F_w \tag{3.30}$$

$$\partial_t \Theta + (\nabla \cdot V\theta) = F_\Theta \tag{3.31}$$

$$\partial_t \mu_d + (\nabla \cdot V) = 0 \tag{3.32}$$

$$\partial_t \varphi + {\mu_d}^{-1}[(V \cdot \nabla\varphi)_d - gW] = 0 \tag{3.33}$$

$$\partial_t Q_m + (V \cdot \nabla q_m)_\eta = F_{Qm} \tag{3.34}$$

另干空气密度倒数的诊断方程为：

$$\partial_\eta \phi = - \alpha_d \mu_d \tag{3.35}$$

全气压诊断方程为：

$$p = p_0 (R_d \theta_m / p_0 \alpha_d)^\gamma \tag{3.36}$$

式中，α_d 是干空气密度的倒数，α 是考虑了全部水物质的空气密度的倒数。WRF 模式时间积分方案采用的是时间分裂的积分方案，即低频波部分采用 Runge-Kutta 3 阶时间积分方案，高频声波部分采用 h 间步长积分扰动变量控制方程组以保证数值稳定性。

Runge-Kutta 3 阶积分方案完成一步积分，即 $\phi^t \rightarrow \phi^{t+1}$ 由三步组成：

$$\phi^* = \phi^t + \frac{\Delta t}{3} R(\phi^t) \tag{3.37}$$

$$\phi^{**} = \phi^t + \frac{\Delta t}{2} R(\phi^*) \tag{3.38}$$

$$\phi^{t+1} = \phi^t + \frac{\Delta t}{3} R(\phi^{**}) \tag{3.39}$$

式中，$R(\phi)$ 表示模式方程组。另外，模式离散化时格点方案采用 Aakawa-C 格式。

WRF 模式在实现时间分裂积分方案时，是将“快波”项放在方程组的右边，用小步长积分，而在等式左边则是“慢波”项，采用相对较大的积分步长，它们在小步长积分过程中被认为是常量。定义小步长中的扰动量分别为（上标 t 表示大的时间步长第 t 时间层）：

$$V'' = V - V^t, \ \Omega'' = \Omega - \Omega^t, \ \Theta'' = \Theta - \Theta^t \tag{3.40}$$

$$\phi'' = \phi - \phi^t \tag{3.41}$$

$$p'' = p - p^t \tag{3.42}$$

$$\alpha'' = \alpha - \alpha^t \tag{3.43}$$

$$\mu'' = \mu - \mu^t \tag{3.44}$$

$$R_V{}^t = F_V{}^t - (\nabla \cdot \vec{v}^t V^t)_\eta - \mu^t \alpha^t \frac{\partial p'^t}{\partial v} - \left(\eta \mu^t \frac{\partial \bar{\mu}}{\partial v}\right) \alpha'^t - \mu \frac{\partial \phi'^t}{\partial v} - \frac{\partial \phi'^t}{\partial v}\left(\frac{\partial p'^t}{\partial \eta} - \mu'^t\right) \tag{3.45}$$

则可得地形追随静力气压坐标下的时间分裂的积分方程为：

$$\frac{\partial U''}{\partial T} + \mu^t \alpha^t \frac{\partial p''^T}{\partial x} + \left(\eta \mu^t \frac{\partial \bar{\mu}}{\partial x}\right) \alpha'^T - \mu^t \frac{\partial \phi''^T}{\partial x} - \frac{\partial \phi^t}{\partial x}\left(\frac{\partial p''}{\partial \eta} - \mu''\right) = R_U{}^t \tag{3.46}$$

$$\frac{\partial U''}{\partial T} + \mu^t \alpha^t \frac{\partial p''^T}{\partial y} + \left(\eta \mu^t \frac{\partial \bar{\mu}}{\partial y}\right) \alpha'^T - \mu^t \frac{\partial \phi''^T}{\partial y} - \frac{\partial \phi^t}{\partial y}\left(\frac{\partial p''}{\partial \eta} - \mu''\right) = R_V{}^t \tag{3.47}$$

$$\frac{\partial \mu''}{\partial T} + (\nabla \cdot \vec{V}''^{T+\Delta T})_\eta = R_\mu{}^t \tag{3.48}$$

$$\frac{\partial \Theta''}{\partial T} + (\nabla \cdot \vec{V}''^{T+\Delta T} \theta^t)_\eta = R_\theta{}^t \tag{3.49}$$

$$\frac{\partial W''}{\partial T} - g\overline{\left(\frac{\partial p''}{\partial \eta} - \mu''\right)}^T = R_\phi{}^t \tag{3.50}$$

$$\frac{\partial \phi''}{\partial T} + \frac{1}{\mu^t}(\vec{V}''^{T+\Delta T} \nabla \phi^t)_\eta - g\overline{W''}^T = R_\phi{}^t \tag{3.51}$$

式中，上标 T 表示小的时间步长第 T 时间层，上述方程组的右端：

$$R_V^t = F_V{}^t - (\nabla \cdot \vec{v}^t V^t)_\eta - \mu^t \alpha^t \frac{\partial p'^t}{\partial y} - \left(\eta \mu^t \frac{\partial \bar{\mu}}{\partial y}\right) \alpha'^t - \mu \frac{\partial \phi'^t}{\partial y} - \frac{\partial \phi'^t}{\partial y}\left(\frac{\partial p'^t}{\partial \eta} - \mu'^t\right) \tag{3.52}$$

$$R_\mu^t = F_\Theta{}^t - (\nabla \cdot \vec{V}^t)_\eta \tag{3.53}$$

$$R_\phi^t = -(\vec{v}^t \nabla \cdot \phi^t)_\eta + g w^t \tag{3.54}$$

$$R_W^t = F_W{}^t - (\nabla \cdot \vec{v}^t W^t)_\eta - g\overline{\left(\frac{\partial p'^t}{\partial \eta} - \mu'^t\right)}^T \tag{3.55}$$

$$R_\Theta^t = F_\Theta{}^t - (\nabla \cdot \vec{v}^t \Theta^t)_\eta \tag{3.56}$$

3）模式的物理方案

在当前 WRF 模式中，包含了辐射、边界层、陆面过程参数化、积云对流参数化和微物理过程等多种适合研究和模拟应用的方案。在本项目中，WRF 模式采用以下物理方案。

（1）微物理过程

本项目中采用 Lin 等（1983）方案，微物理参数化方案主要来自于 Lin 等（1983）和 Rutledge 和 Hobbs（1984），并做了适当的修改，包括饱和调整和冰晶沉降，主要包含六类水汽相态：水汽、云水、雨、云冰、雪和霰。这个方案是 WRF 模式中相对复杂的微物理方案，比较适合于高分辨率模拟应用。

（2）积云对流方案

Grell-Devenyi（2002）集合方案，该方案在每个格点上运行多个积云对流参数化方案和变量，计算变量，而后对结果进行平均，反馈给模式。理论上来说，可以采用加权平均的方法来优化该方案，而默认的为取同样的权重进行平均。所有参加集合的方案均为质量—通量型方案，但上升和下沉气流的卷入卷出参数及降水效率不同。将这种静态控制因子的差异与动态控制因子的差异相结合来确定云的质量通量。动态控制因子包括 CAPE、低层垂直速度或水汽辐合。基于 CAPE 的动态控制因子或者平衡 CAPE 的变化速率，或者将释放 CAPE 给气候变量，或者在对流时间尺度上移除 CAPE。基于水汽辐合的动态控制因子在云降雨和垂直积分的水汽平流之间取得平衡。另一个动态控制因子为激发因子，允许对流发生的最大云帽强度是可以变化的。

（3）土壤方案

该方案是基于 MM5 的 5 层土壤模式的简单的陆面过程模式（Dyer and Hicks，1970）。5 层土壤的厚度分别为 1 cm、2 cm、4 cm、8 cm 和 16 cm。在这 5 层以下，温度取为深层土壤的平均值。能量收支包括辐射、感热潜热通量。允许雪盖的存在，但是雪盖不随时间变化。土壤湿度随着土地利用类型和季节的不同而取固定值，不能显式地处理植被的作用。

（4）边界层方案

YSU（Yonsei University）方案（Hong et al.，2006），该方案是用反梯度项表示由非局地引起的通量，在行星边界层顶显式处理挟卷层。根据大尺度涡旋模式的研究结果，将挟卷表示成与地表浮力通量成比例的量。边界层顶定为临界理查逊数为零的高度（MRF PBL 中为 0.5），使其唯一有效地依赖于浮力廓线，这样计算的边界层高度一般来说比 MRF 要低。

（5）大气辐射方案

在此项目中采用 Dudhia（1989）辐射方案，该方案是从 MM5 模型中继承而来，在此次模拟中，该方案考虑了地形变化和阴影等对辐射的影响作用。

（6）台风 Bogus 方案

在台风风场的计算中，初始场中台风的强度通常达不到观测台风的强度，其中心位置、最大风速等均与观测有一定的偏差，为使初始场中台风达到足够的强度，进而提高模拟台风风场的质量，在本项目中 Bogus 方案由 MM5 中 Regrid 方案发展而来，首先探测初始场中台风位置，对其进行有效去除，然后再利用 Rankine vortex 理想台风模型和实测台风信息对其进行重建，并对台风边界和背景场进行平滑处理，有效防止寄生波的产生。

4）模式系统设置

针对中国海域进行高分辨率（9 km×9 km）的海面风场的后报，初始场和边界条件采用美国国家环境预报中心（NCEP）提供的全球再分析资料（1999—2012 年资料空间分辨率为 1°×1°，1982—1998 年资料分辨率为 2.5°×2.5°），时间间隔为 6 h。数值模式使用 WRF 的 V3.4 非静力模式，本次模拟中使用的是欧拉质量坐标、兰勃托投影方式和 3 阶 Runge- Kutta 时间积分方案，垂直方向为不等距的 30 个 σ 层，分别为 0.995，0.980，0.966，0.950，0.933，0.913，0.892，0.869，0.844，0.816，0.786，0.753，0.718，0.680，0.639，0.596，0.550，0.501，0.451，0.398，0.345，0.290，0.236，0.188，0.145，0.108，0.075，0.046，0.021，0.000，模式顶气压为 50 hPa。模式结果每小时输出一次。模式积分有效数据范围为 20°—42°N，115°—132°E，覆盖整个中国海区。为更好地模拟海面的状况，模式最低 σ 设置为 0.995。以 2012 年 11 月 8 日为例，中国海风场计算结果如下。

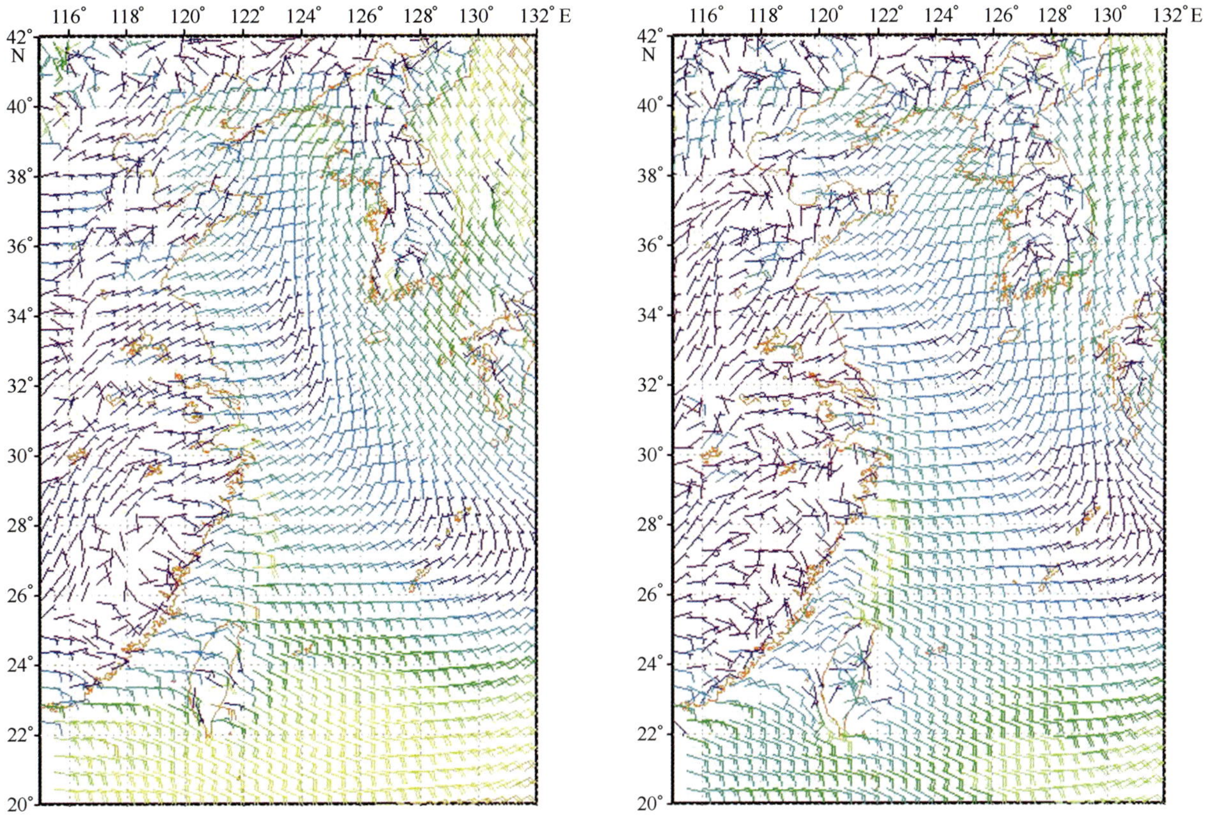

图 3.8　2012 年 11 月 8 日 13 时（左）和 16 时（右）中国海区风场计算结果

模式运行环境见表 3.6。

表 3.6　WRF 模式系统运行环境

环境	版本
编译器	Ifort 9.1.042
数据格式	netcdf 3.6.3.intel
并行环境	MVAMPICH
图形显示系统	Grads12.0
节点总数	32×8 CPUs

5）数值模拟结果验证

为了检验模式的准确性，利用风场模型后报结果与各个海洋站（龙口、蓬莱、石岛、成山头和芝罘岛等海洋站）的实测数据进行对比分析。

图 3.9 至图 3.12 为各海洋站不同风暴潮过程中风速风向实测与模拟结果的对比。从图中可以看出，WRF 模拟的风速风向与实测风速风向在变化趋势上基本一致，而且大小也较为吻合。WRF 模式的模拟结果很好地再现了风速风向的变化。通过对比分析，可以认为 WRF 模式的模拟结果对该区的风场预报结果

是合理可信的，且在与实测资料对比方面有较优秀的表现。

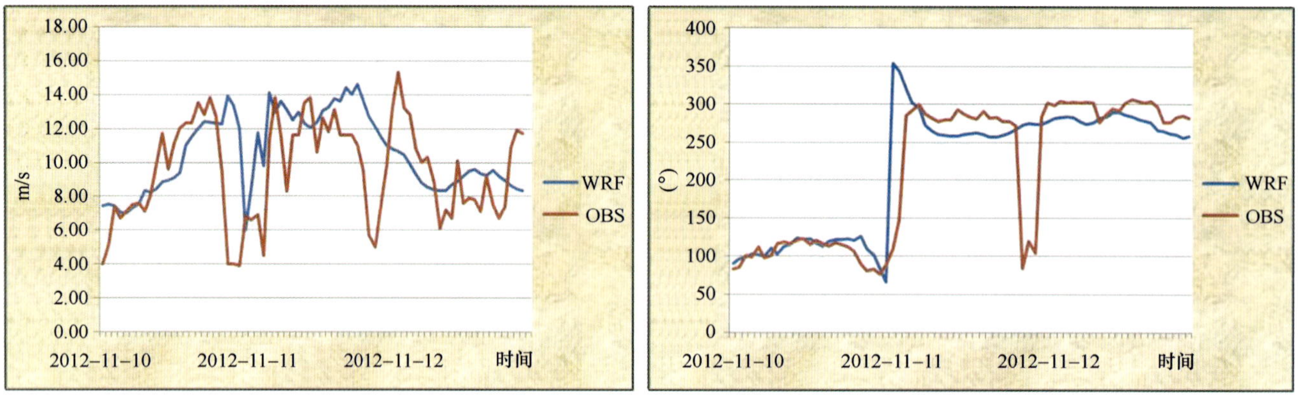

图 3.9　成山头 2012 年 11 月 10—12 日风速风向实测与模拟结果对比

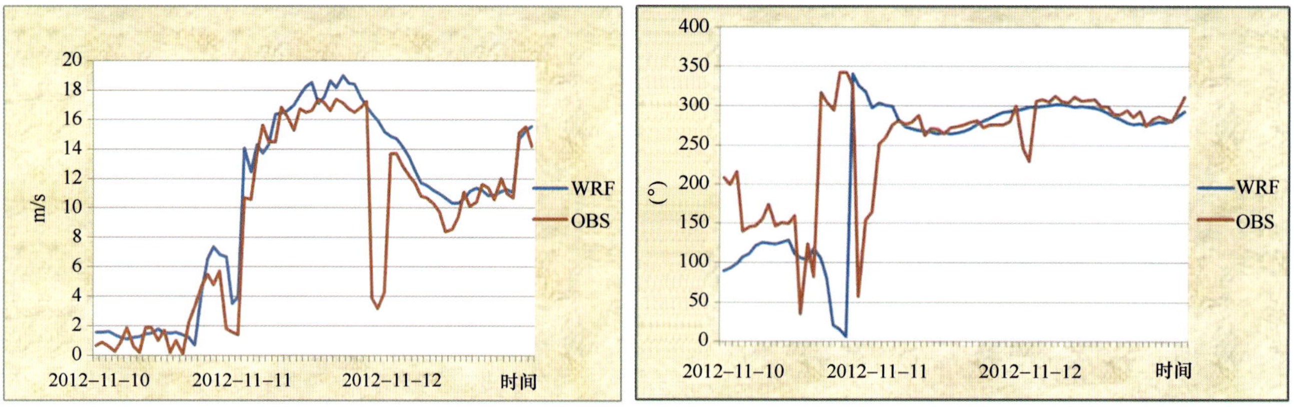

图 3.10　蓬莱 2012 年 11 月 10—12 日风速风向实测与模拟结果对比

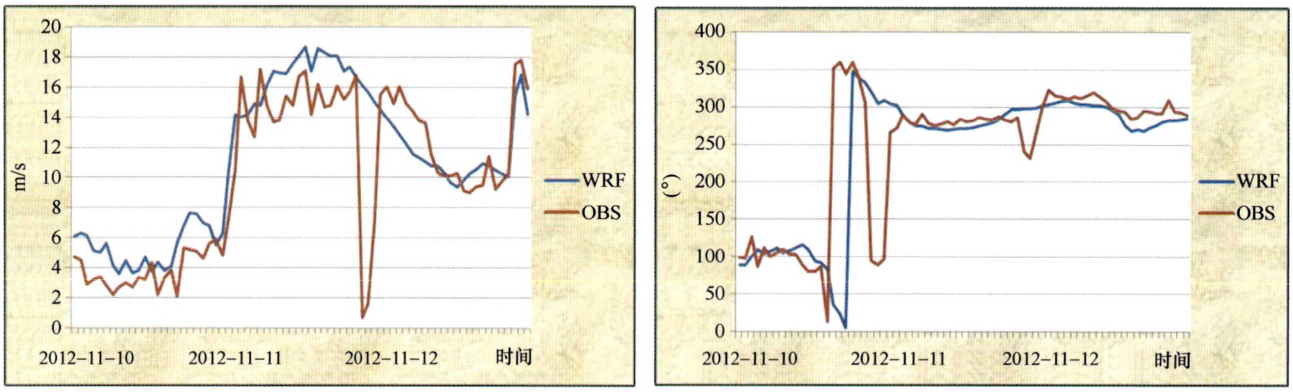

图 3.11　龙口 2012 年 11 月 10—12 日风速风向实测与模拟结果对比

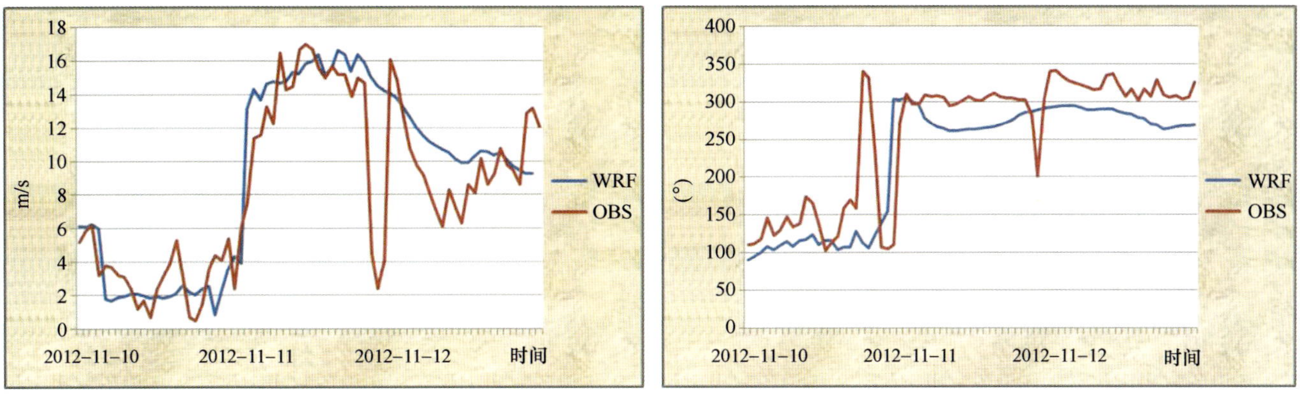

图 3.12　芝罘岛 2012 年 11 月 10—12 日风速风向实测与模拟结果对比

3.1.4.2　风暴潮数值计算

1）模式选择与建立

本项目风暴潮模式以 FVCOM（An Unstructured Grid，Finite-Volume Coastal Ocean Model）海洋模式为基础进行开发。FVCOM 模式由美国麻省大学海洋科学和技术学院海洋生态模型实验室和美国伍兹霍尔海洋研究所于 2000 年成功建立的具有领先水平的非结构网格海洋环流与生态模型。

2006 年由 UMASS-D/WHOI 模式开发团队进一步完善。此模型综合了现有海洋有限差分和有限元模型的优点，解决了数值计算中浅海复杂岸界拟合、质量守恒以及计算有效性的难题。和其他的自由表面海洋模式一样，FVCOM 模式采用修正的 Mellor-Yamada 2.5 阶和 Smagorinsky 湍流闭合方案分别计算垂向和水平混合。与目前流行的有结构网格模式［如 Princeton Ocean Model（POM）和 Regional Ocean Model system（ROMs）］相同，FVCOM 也采用时间分裂算法，外模式为二维，采用垂向积分方程；内模式为三维，采用垂直结构方程。根据 CFL 条件，内外模式可分别采用不同的时间步长。FVCOM 模式使用的原始差分方程中，没有考虑海表气压对海面变化的影响，而这一因素对风暴增水，特别是台风风暴增水有不可忽略的贡献，因此，本文采用经过气压项修改的 FVCOM 模式，具体修改内容参见 http://fvcom.smast.umassd.edu/FVCOM/password_ required/。

该模型具有以下几个突出特点。

（1）水平方向采用无结构化非重叠的三角形网格，可以方便地拟合复杂的边界与进行局部加密，这个优点使其在研究岛屿众多、近岸岸线复杂的问题时表现尤为突出；

（2）三维全动力原始方程，包含全部对流项、扩散项、正压项、斜压项和地转项；

（3）采用湍流二阶闭合子模式提供垂直混合系数；

（4）垂直方向采用 σ 坐标；

（5）包含内外两个模态，外模态为垂直平均的二维子模式，提高了计算时效和数值方法的稳定性；

（6）自由表面，方便表面起伏特征模拟。

2）模式基本控制方程

在 $x-y-\sigma$ 坐标下，基本控制方程可写为：

（1）连续性方程

$$\frac{\partial \eta}{\partial t}+\frac{\partial UD}{\partial x}+\frac{\partial VD}{\partial y}+\frac{\partial \omega}{\partial \sigma}=0 \tag{3.57}$$

（2）运动方程

$$\frac{\partial UD}{\partial t}+\frac{\partial U^2 D}{\partial x}+\frac{\partial UVD}{\partial y}+\frac{\partial U\omega}{\partial \sigma}-fVD+gD\frac{\partial \eta}{\partial x}=\frac{\partial}{\partial \sigma}\left(\frac{K_M}{D}\frac{\partial U}{\partial \sigma}\right)-\frac{gD^2}{\rho_0}\frac{\partial}{\partial x}\int_{\sigma}^{0}\rho \mathrm{d}\sigma+\frac{gD\sigma}{\rho_0}\frac{\partial D}{\partial x}\int_{\sigma}^{0}\frac{\partial \rho}{\partial \sigma}\mathrm{d}\sigma+F_x \tag{3.58}$$

$$\frac{\partial VD}{\partial t}+\frac{\partial UVD}{\partial x}+\frac{\partial V^2 D}{\partial y}+\frac{\partial V\omega}{\partial \sigma}+fUD+gD\frac{\partial \eta}{\partial y}=\frac{\partial}{\partial \sigma}\left(\frac{K_M}{D}\frac{\partial V}{\partial \sigma}\right)-\frac{gD^2}{\rho_0}\frac{\partial}{\partial y}\int_{\sigma}^{0}\rho \mathrm{d}\sigma+\frac{gD\sigma}{\rho_0}\frac{\partial D}{\partial y}\int_{\sigma}^{0}\frac{\partial \rho}{\partial \sigma}\mathrm{d}\sigma+F_y \tag{3.59}$$

（3）湍流闭合方程

$$\frac{\partial q^2 D}{\partial t}+\frac{\partial Uq^2 D}{\partial x}+\frac{\partial Vq^2 D}{\partial y}+\frac{\partial \omega q^2}{\partial \sigma}=\frac{\partial}{\partial \sigma}\left(\frac{Kq}{D}\frac{\partial q^2}{\partial \sigma}\right)+\frac{2K_M}{D}\left[\left(\frac{\partial U}{\partial \sigma}\right)^2+\left(\frac{\partial V}{\partial \sigma}\right)^2\right]+\frac{2g}{\rho_0}K_H\frac{\partial \tilde{\rho}}{\partial \sigma}-\frac{2Dq^3}{B_1 l}+Fq \tag{3.60}$$

$$\frac{\partial q^2 lD}{\partial t}+\frac{\partial Uq^2 lD}{\partial x}+\frac{\partial Vq^2 lD}{\partial y}+\frac{\partial \omega q^2 l}{\partial \sigma}=\frac{\partial}{\partial S}\left(\frac{Kq}{D}\frac{\partial q^2 l}{\partial \sigma}\right)+E_1 l\left\{\frac{K_M}{D}\left[\left(\frac{\partial U}{\partial \sigma}\right)^2+\left(\frac{\partial V}{\partial \sigma}\right)^2\right]+E_3\frac{g}{\rho_0}K_H\frac{\partial \tilde{\rho}}{\partial \sigma}\right\}\tilde{W}-\frac{Dq^3}{B_1}+F_l \tag{3.61}$$

（4）热力学方程

$$\frac{\partial TD}{\partial t}+\frac{\partial TUD}{\partial x}+\frac{\partial TVD}{\partial y}+\frac{\partial T\omega}{\partial \sigma}=\frac{\partial}{\partial \sigma}\left(\frac{K_H}{D}\frac{\partial T}{\partial \sigma}\right)+F_T-\frac{\partial R}{\partial z} \tag{3.62}$$

$$\frac{\partial SD}{\partial t}+\frac{\partial SUD}{\partial x}+\frac{\partial SVD}{\partial y}+\frac{\partial S\omega}{\partial \sigma}=\frac{\partial}{\partial \sigma}\left(\frac{K_H}{D}\frac{\partial S}{\partial \sigma}\right)+F_S \tag{3.63}$$

式中：$\sigma\left(=\frac{Z-\eta}{H+\eta}\right)$ 在 $Z=\eta$ 时，$\sigma=0$；$Z=-H$ 时，$\sigma=-1$。$D=H+\eta$，$H(x, y)$ 为水深，K_H 为物质垂向扩散系数，K_M 为动量垂向扩散系数，S 为盐度，$\eta(x, y)$ 为自由面起伏。

水平黏性和扩散项由下式定义为：

$$F_x=\frac{\partial}{\partial x}(H\tau_{xx})+\frac{\partial}{\partial y}(H\tau_{xy}) \tag{3.64}$$

$$F_y=\frac{\partial}{\partial x}(H\tau_{xy})+\frac{\partial}{\partial y}(H\tau_{yy}) \tag{3.65}$$

其中，

$$\tau_{xx}=2A_M\frac{\partial U}{\partial x} \tag{3.66}$$

$$\tau_{xy}=\tau_{yx}=A_M\left[\frac{\partial U}{\partial y}+\frac{\partial V}{\partial x}\right] \tag{3.67}$$

$$\tau_{yy}=2A_M\frac{\partial V}{\partial y} \tag{3.68}$$

并且,

$$F_{\phi} = \frac{\partial}{\partial x}(Hq_x) + \frac{\partial}{\partial y}(Hq_y) \tag{3.69}$$

$$q_x = A_H \frac{\partial \phi}{\partial x} \tag{3.70}$$

$$q_y = A_H \frac{\partial \phi}{\partial y} \tag{3.71}$$

在公式（3.69）至公式（3.71）中，ϕ 指 T，S，q^2 和 $q^2 l$。

3）无结构三角形网格设计

用不重合的三角形单元将计算区域进行划分，每个三角形网格（element）由 3 个节点（node）、1 个中心和 3 条边组成。用 E 和 N 来分别表示计算区域内三角形中心点的总数目和节点的总数目，那么中心点的坐标可表示为：

$$[X(i), Y(i)], \; i = 1: E \tag{3.72}$$

节点的坐标可表示为：

$$[Xe(j), Ye(j)], \; j = 1: N \tag{3.73}$$

由于三角形网格覆盖整个计算区域且互不重复，故 E 也是三角形网格的数目，这时我们只要先把 N 个节点的坐标赋值，再把 E 个三角形的 3 个顶点对应的节点的序号都按一个时针的方向分别赋值，具有公用边的三角形用整数 NBE_i（$\hat{j}$）标号，在边界处 NBE_i（$\hat{j}$）设为 0，即建立了整个计算区域三角形网格的信息。在模式中，ζ、q^2、$q^2 l$、$\rho\theta$、T、S、ω、H、D、K_m、K_h、A_m 和 A_h 是在三角形节点上进行计算，u、v 是放在三角形中心上进行计算。节点上的变量是通过计算与该点相连的所有三角形的中心的连线所围成的切面的净通量确定。

4）风应力公式选择

海面考虑气压场和风场的共同影响。其中海面风应力由如下公式确定：

$$(\tau_x, \tau_y) = \rho_a C_D |\vec{V}_W| (u_W, v_W) \tag{3.74}$$

式中，$\vec{V}_W$ 为风矢量；u_W，v_W 为风速分量；C_D 为海面的风拖曳系数，取值范围为：

$$C_D = \begin{cases} 1.2 \times 10^{-3} & |\vec{V}_W| < 11 \text{ m/s} \\ (0.49 + 0.065|\vec{V}_W|) \times 10^{-3} & 11 \text{ m/s} \leq |\vec{V}_W| < 25 \text{ m/s} \\ 2.115 \times 10^{-3} & |\vec{V}_W| \geq 25 \text{ m/s} \end{cases} \tag{3.75}$$

5）模拟区域及计算参数

由于风暴潮是一种全海域的强迫响应，因此山东省海域风暴潮不只是该海域自身对局地气压场和风场的响应，大的灾害性风暴潮往往结合黄海外海水涌入和近海局地增水的共同作用。因此，我们计算区域选定为渤、黄、东海（图 3.13），并在山东省沿岸区域（图 3-14 至图 3-17）进行了网格的加密，水平分辨率最小为 30 m。网格节点数为 89 541，有限元网格数为 168 373。模式时间步长外模态为 1.5 s，内模态为 15 s，模式垂向平均分为 10 层。

根据项目需求输出滨州港海洋环境观测站（bzg 为滨州港海洋环境观测站的缩写）等 38 个海洋站点

（图 3-18）的数据输出，以便验证和核定警戒潮位使用。

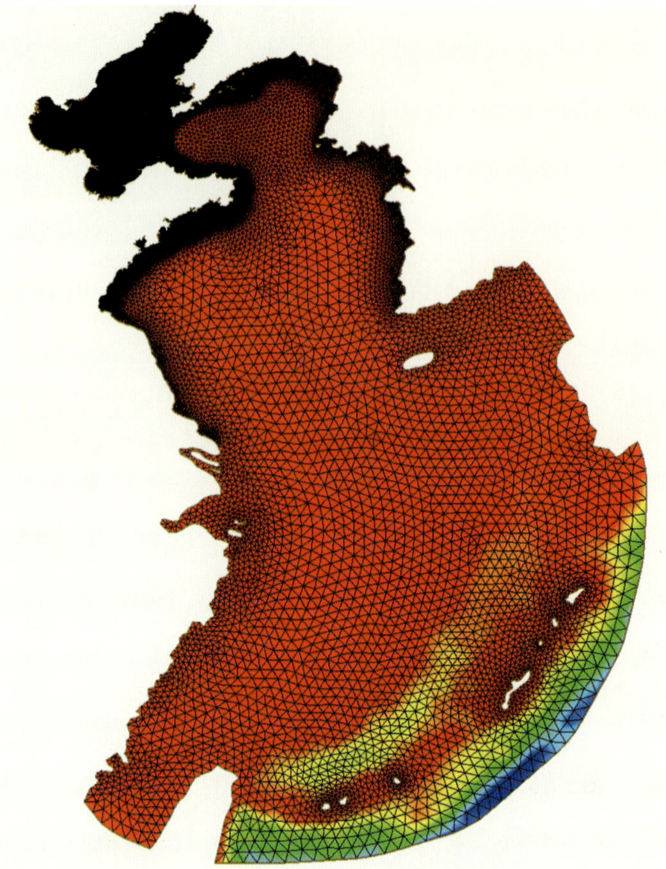

图 3.13　风暴潮模式计算区域与网格设置

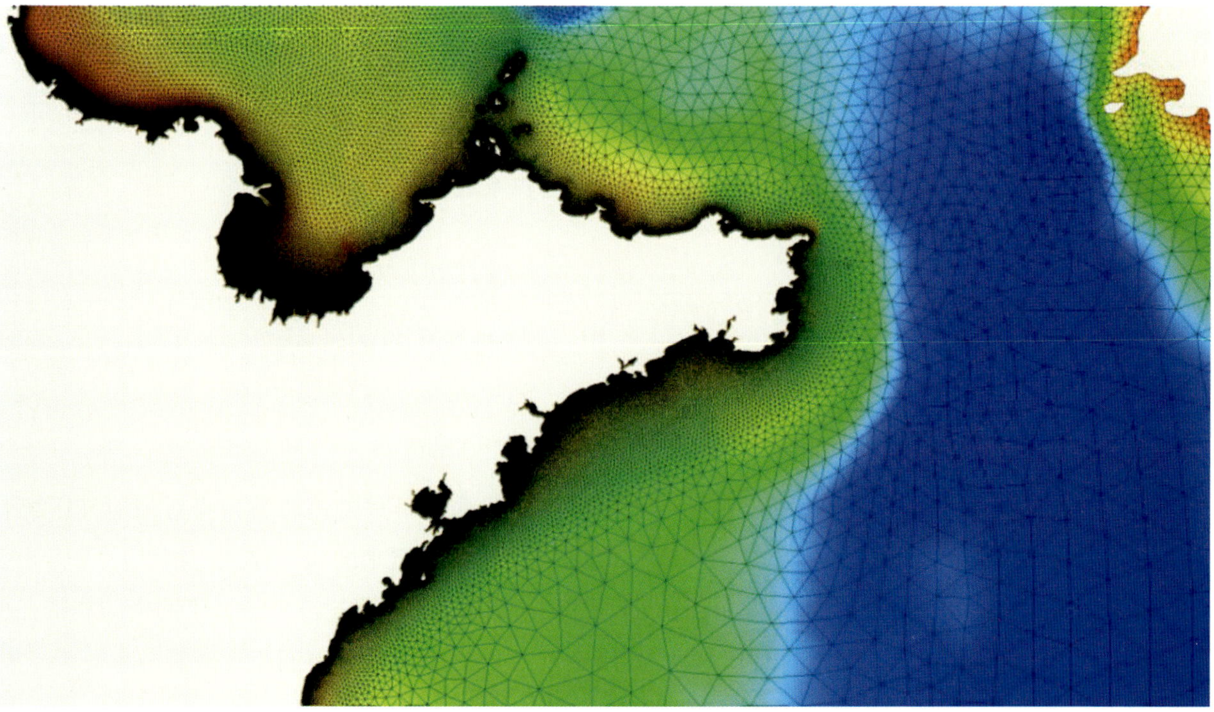

图 3.14　风暴潮模式网格设置图局部（山东省沿海）

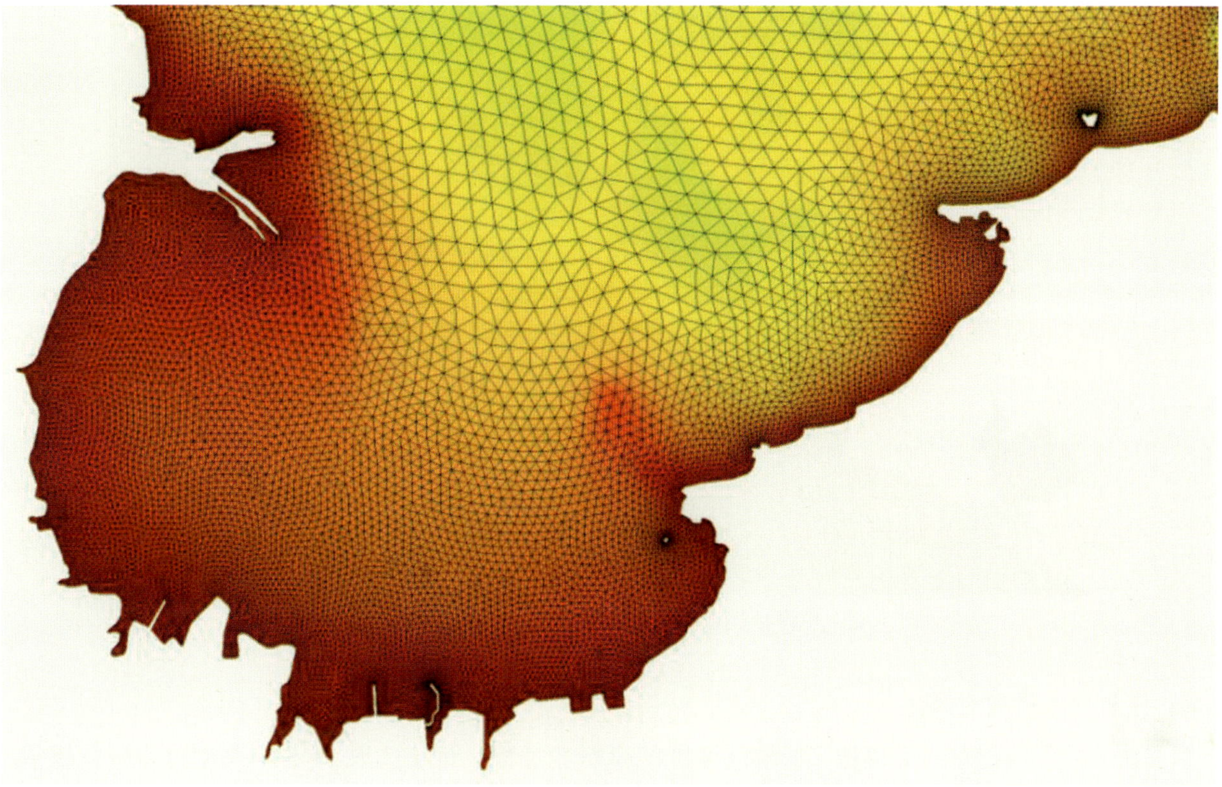

图3.15 风暴潮模式网格设置图局部（莱州湾海域）

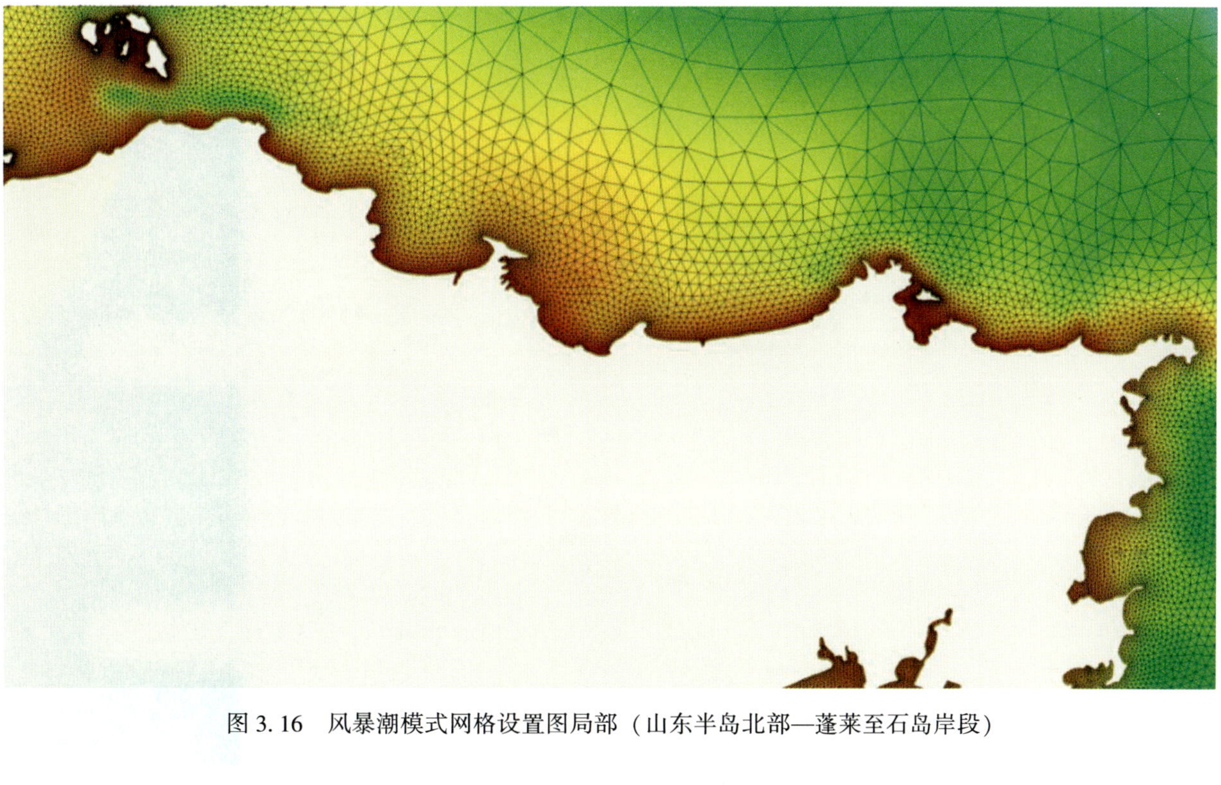

图3.16 风暴潮模式网格设置图局部（山东半岛北部—蓬莱至石岛岸段）

图 3.17　风暴潮模式网格设置图局部（石岛至小麦岛岸段）

6）风暴增水模拟与验证

风暴增水模拟与验证研究模拟了影响北海区的风暴潮过程，每年选取 3~5 个典型过程进行模拟，并利用长期验潮站数据进行模式验证，结果发现模式与实测误差均在 20 cm 以内，符合《警戒潮位核定规范》的规定，一些重点过程模式验证如下。

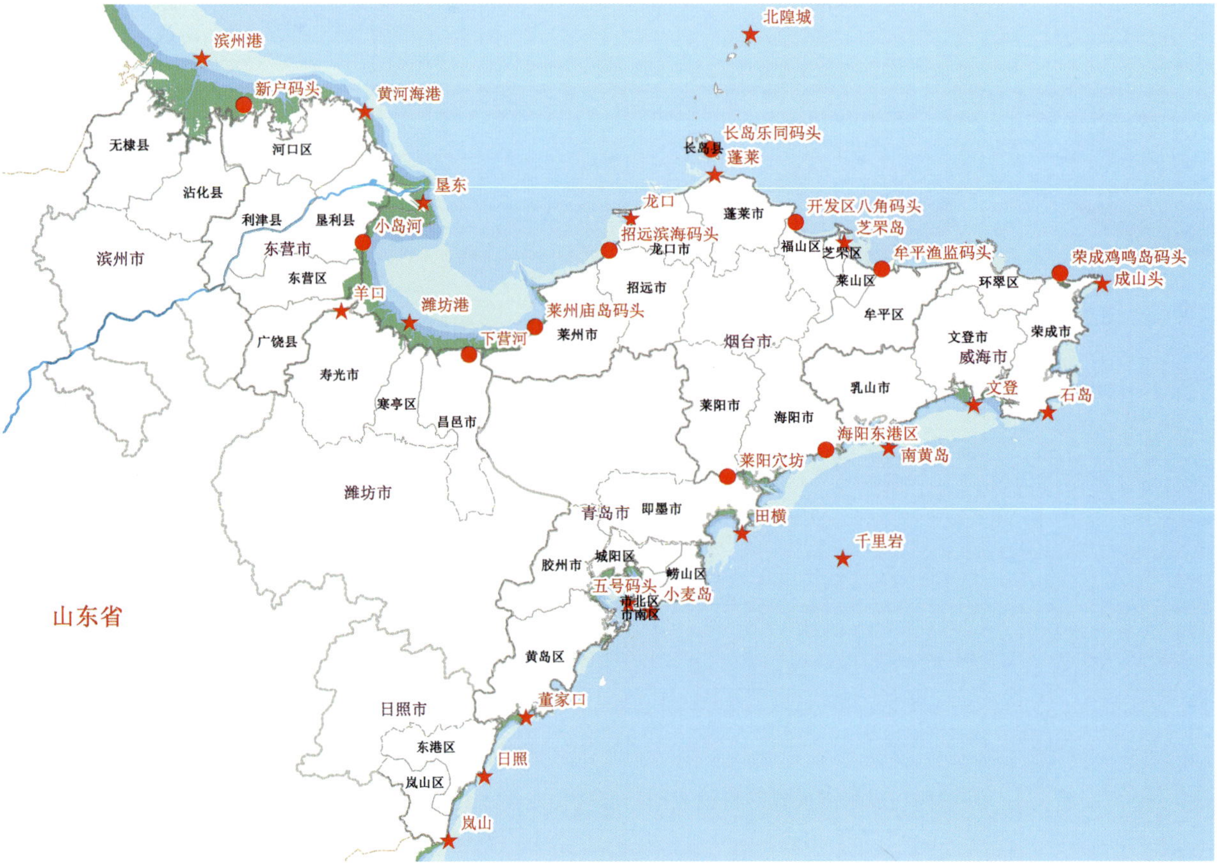

图 3.18　各验潮点位置示意图

（1）8509 台风风暴潮过程

8509 台风于 1985 年 8 月 18 日凌晨在长江口附近登陆，登陆时风速 35 m/s，之后沿东部沿海北上，19 日凌晨在山东半岛南部沿海再次登陆，强度为强热带风暴，风速 25 m/s，对山东近岸产生较大影响。19 日 8 时进入渤海，减弱为热带风暴，风速 20 m/s。该过程风暴增水值出现在莱州湾内潍坊港至羊角沟岸段，最大增水值约 140 cm，各站风暴增水最大值模拟误差均小于 10 cm（图 3.20 和图 3.21）。

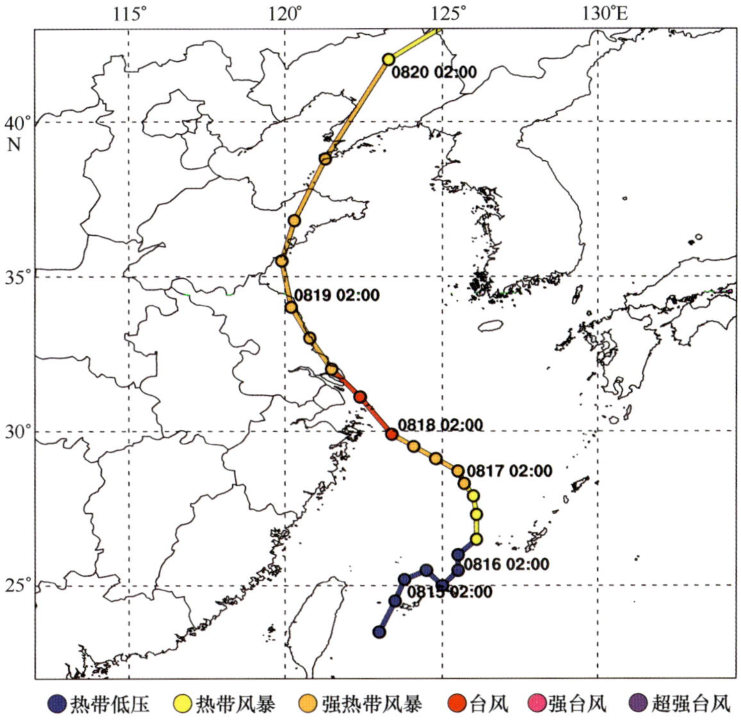

图 3.19　8509 台风路径示意

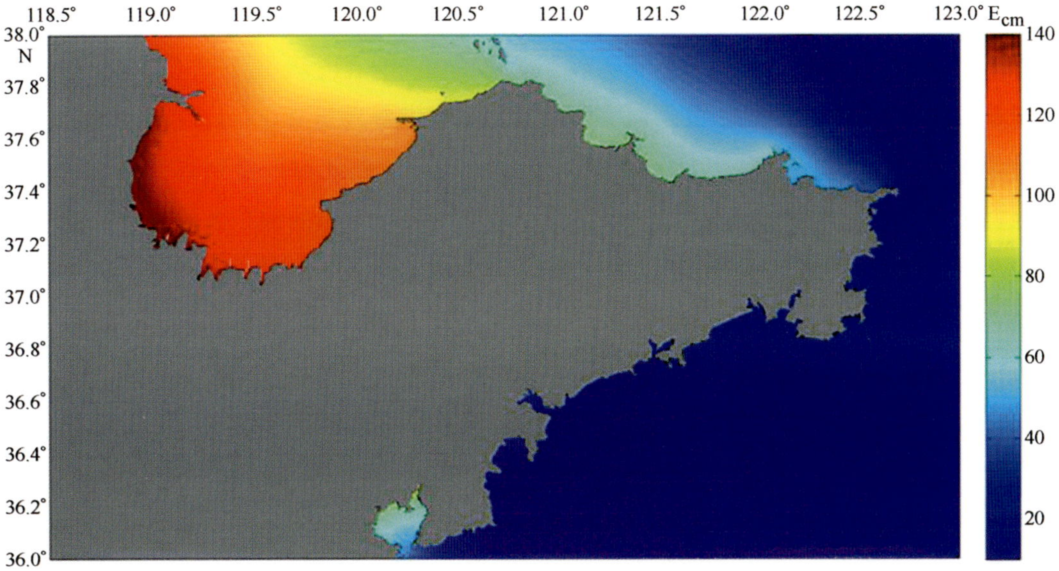

图 3.20　8509 台风过程最大增水模拟结果

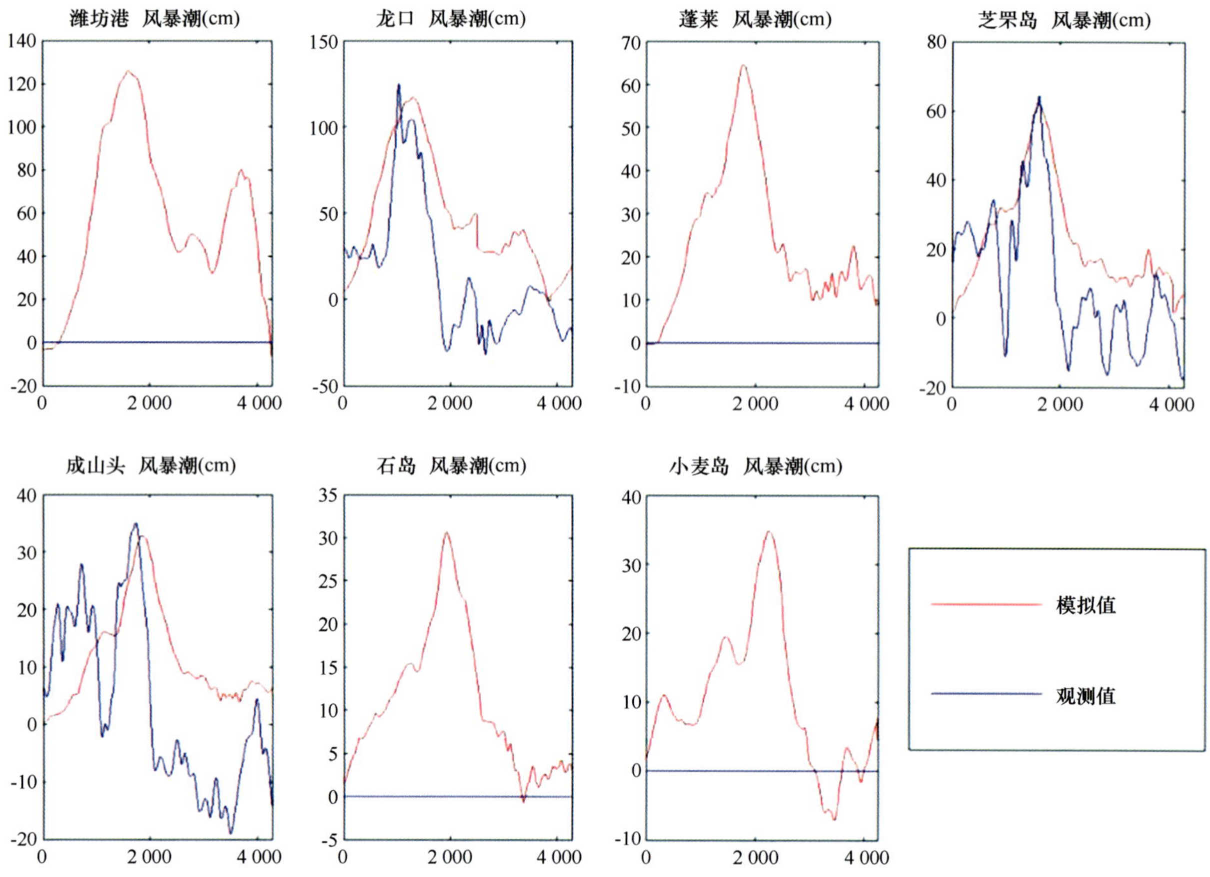

图 3.21　8509 台风过程各站增水模拟值与实测值比较

（2）9216 台风风暴潮过程

1992 年第 12 号台风由 8 月 23 日在关岛附近的热带低压发展形成，至 29 日加强为强热带风暴，于 30 日上午登陆台湾，减弱为热带风暴，后于 8 月 31 日凌晨登陆福建莆田市长乐县（中心气压 978 hPa，最大风速 25 m/s）。登陆后沿江西北上，其影响于 9 月 1 日凌晨在安徽境内基本消失（图 3-22）。该风暴虽然强度不强，但是风暴的尺度特别大，6 级以上大风影响范围南北纵跨近 2 000 km。31 日 20 时，风暴减弱为低气压后沿华东中部缓慢北上，9 月 1 日 14 时其中心位于苏北，此时因受到高空位于我国东北到日本海的高压坝阻挡，使得黄海北部、渤海中南部出现 8~9 级、阵风 10 级的偏东大风。

由于风暴增水持续时间长，又发生在天文大潮期，因此造成渤海莱州湾和渤海湾沿岸增水较大，9 月 1 日 23 时山东羊角沟站最大增水 304 cm。羊角沟、龙口、蓬莱和成山头均超过当地警戒潮位（图 3.23 和图 3.24）。

8 月 28 日至 9 月 1 日，在大海潮、巨浪、狂风、暴雨的共同影响下，我国东部沿海各省市均遭受不同程度的损失，山东省仅烟台、威海、青岛三市毁坏虾池、扇贝养殖场 28.72 万亩，损坏船只 3 015 艘，其中报废 1 007 艘，毁坏房屋 6.8 万间，淹没农田 52.4 万亩，死亡 32 人，直接经济损失 26.5 亿元。

（3）9711 台风风暴潮过程

1997 年第 11 号台风于 8 月 10 日在关岛以东海域发展为超强台风，沿西北路径缓慢向我国近海海域移动，于 8 月 18 日 20 时登陆浙江温岭，登陆时中心风力 13 级，中心气压 965 hPa。该台风登陆后沿浙江、安

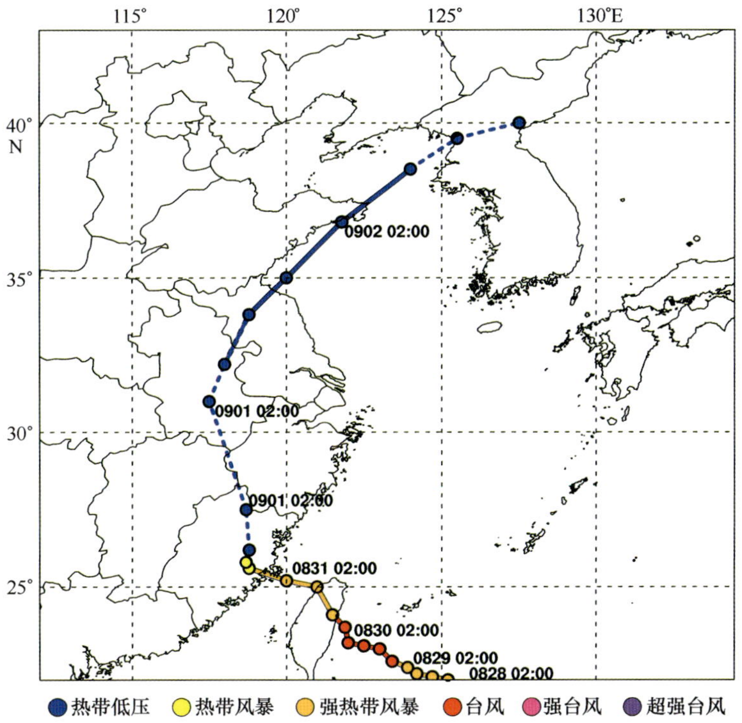

图 3.22　9216 台风路径示意

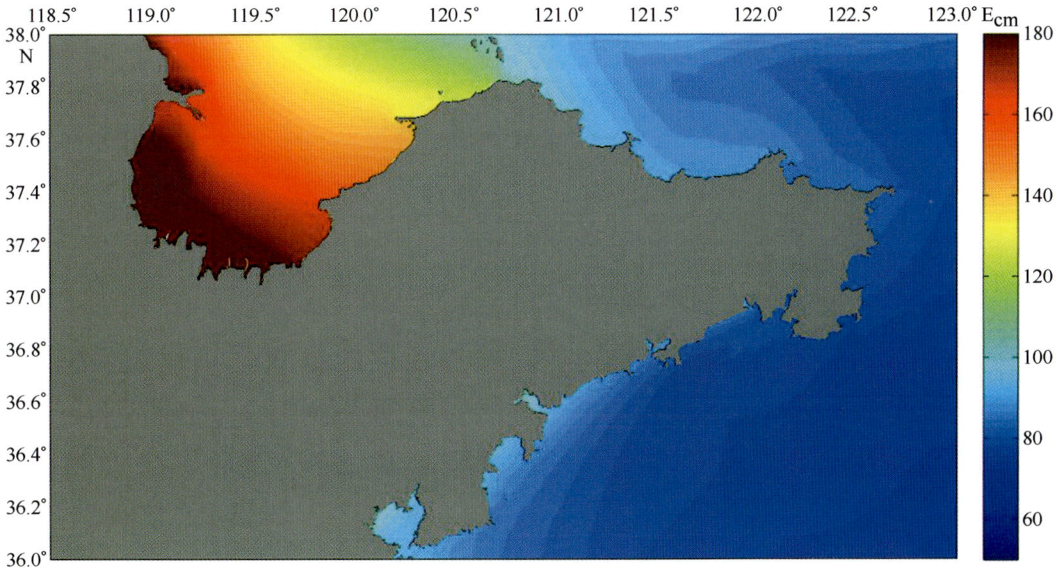

图 3.23　9216 台风期间最大增水分布

徽进入山东境内，于 8 月 20 日下午从莱州湾海域再次入海，入海时中心风力 7 级（图 3.25）。该台风于 19 日凌晨开始影响山东南部海域，19 日山东南部海域风暴增水明显，20 日山东北部海域增水明显。

在 9711 台风风暴潮期间，青岛、石臼所、烟台、龙口和羊角沟最高潮位均超过当地警戒潮位。青岛站潮位达 548 cm，为 1949 年以来最高（图 3.26 和图 3.27）。

（4）2003 年“1011”温带风暴潮过程

2003 年 10 月 11—12 日受强冷空气和气旋共同影响，山东北部沿海产生了较严重的风暴潮灾害。该

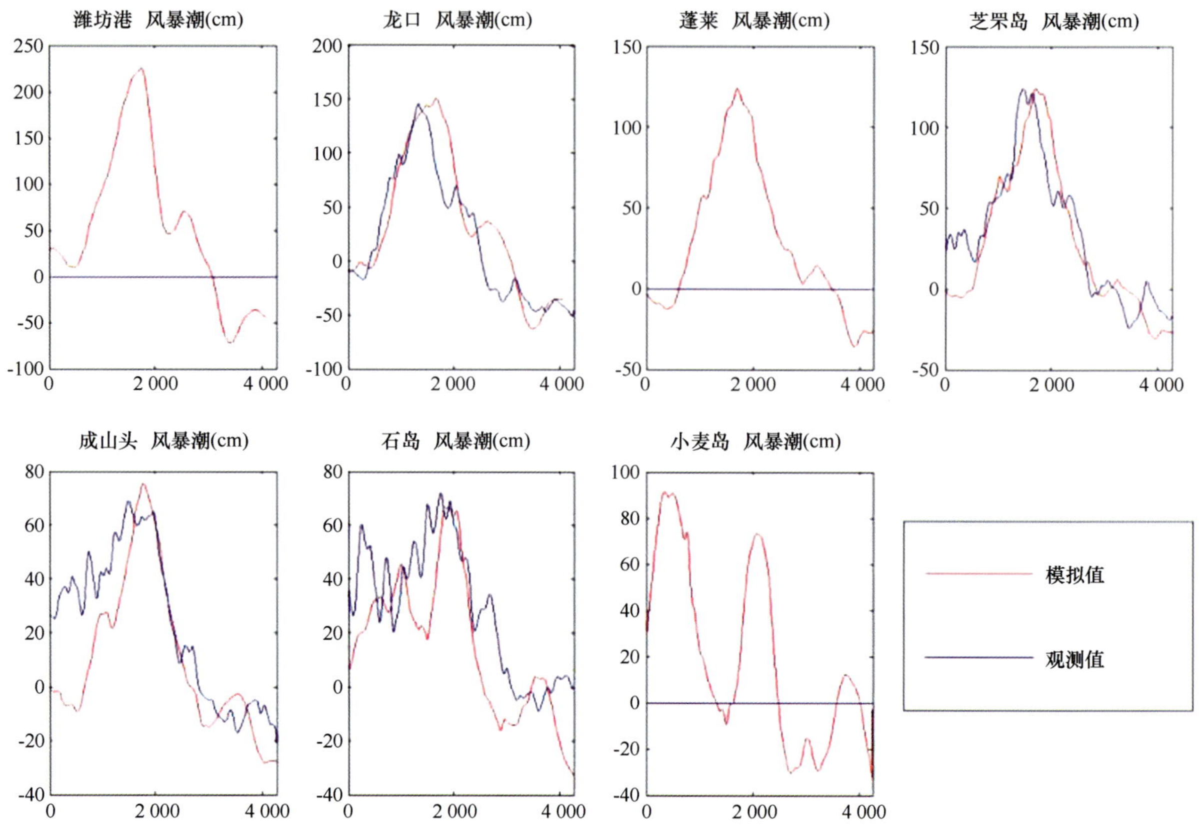

图 3.24 9216 台风影响模拟值与实测值对比

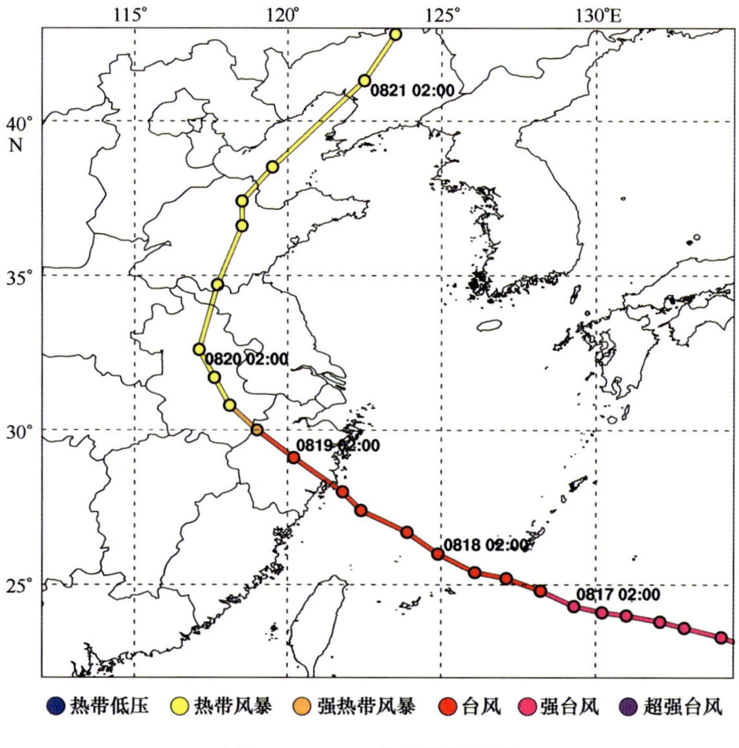

图 3.25 9711 台风路径示意

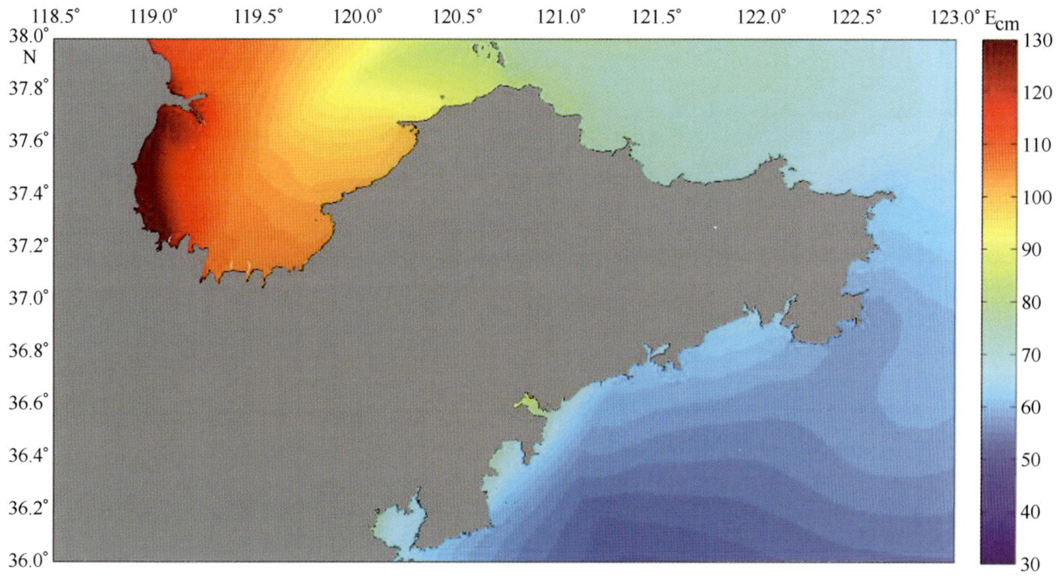

图 3.26　9711 台风影响期间最大增水分布

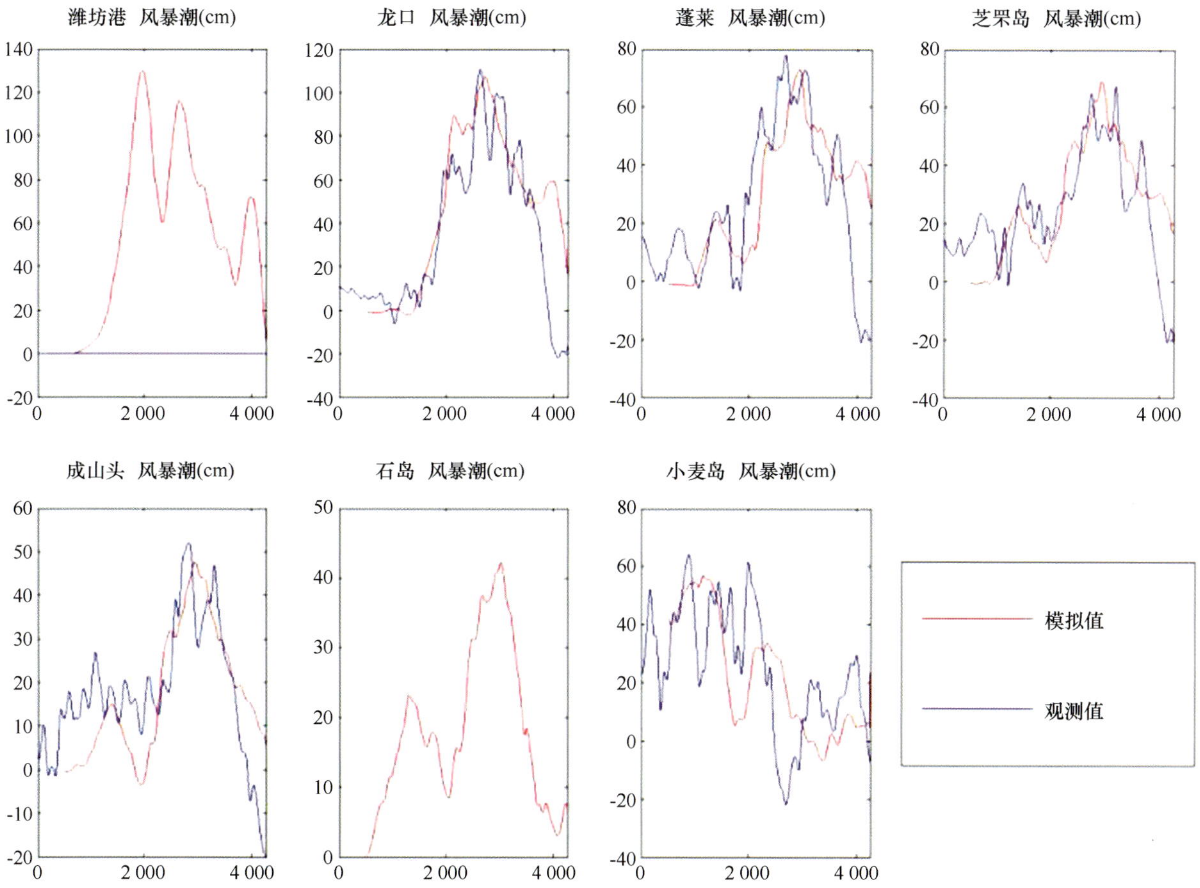

图 3.27　9711 台风影响期间模拟值与实测值对比

过程风暴增水值出现在莱州湾内潍坊港至莱州海域，最大增水值在约 100 cm，各站风暴增水最大值模拟误差均小于 10 cm。

10 月 11—12 日受强冷空气和气旋共同影响，山东北部沿海产生了较严重的风暴潮灾害。山东羊角沟潮位站最大增水 300 cm，其最高潮位 624 cm（为历史第三高潮位），超过当地警戒水位 74 cm（图 3.28 和图 3.29）。

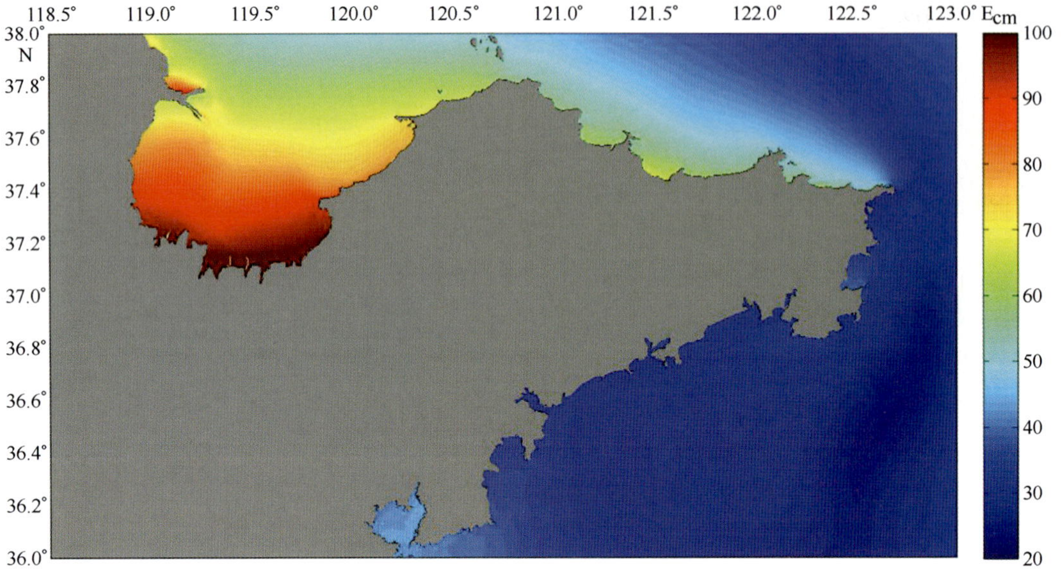

图 3.28 2003 年 10 月 11—12 日风暴潮过程最大增水模拟结果

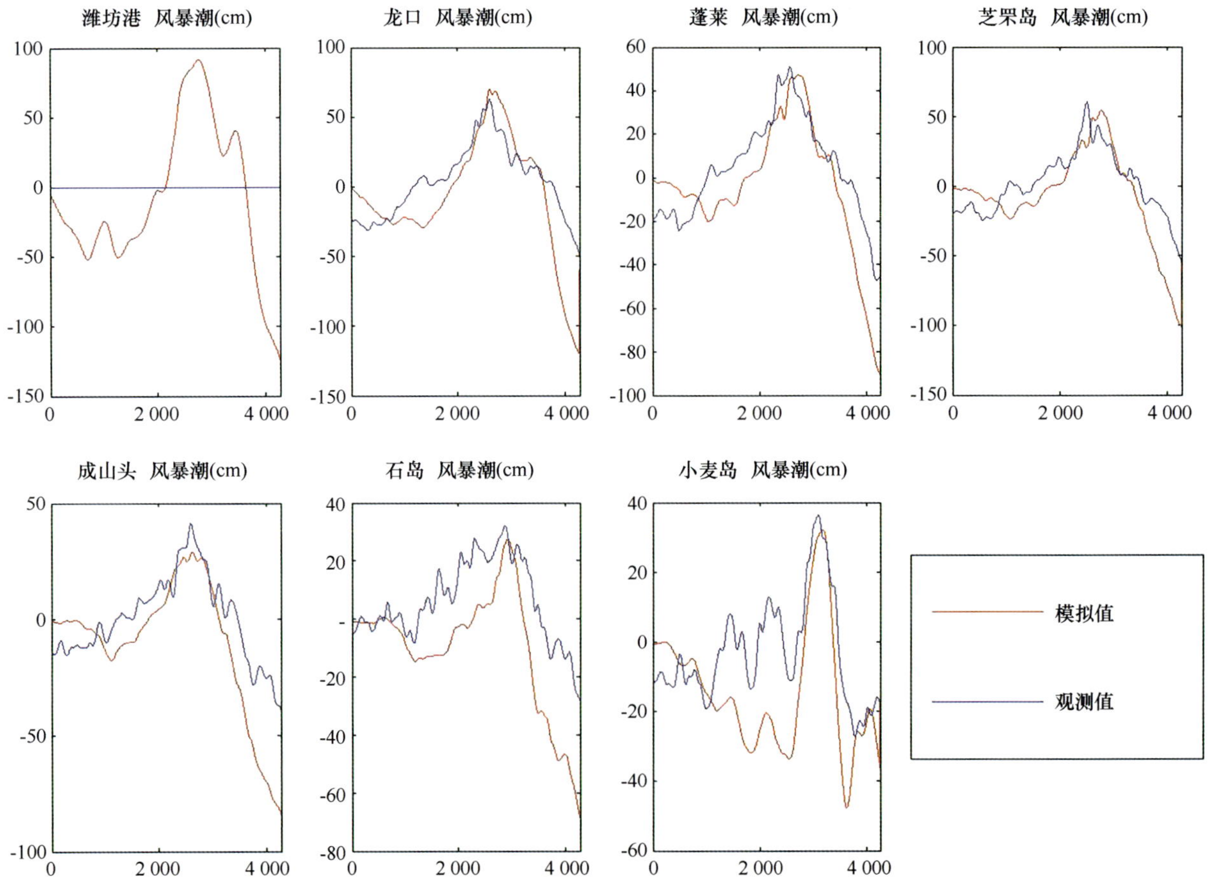

图 3.29 2003 年 10 月 11—12 日风暴潮过程各站增水模拟值与实测值比较

（5）2007 年“0303”温带风暴潮过程

2007 年 3 月 3—5 日凌晨，受北方强冷空气和黄海气旋的共同影响，渤海湾、莱州湾发生了一次强温带风暴潮过程，辽宁、河北、山东海洋灾害直接经济损失 40.65 亿元。沿海增水超过 100 cm 的有 4 个验潮站，最大风暴增水发生在莱州湾羊角沟验潮站，为 202 cm；羊角沟、龙口和烟台验潮站超过当地警戒潮位，其中烟台验潮站超过当地警戒潮位 49 cm（图 3.30 和图 3.31）。

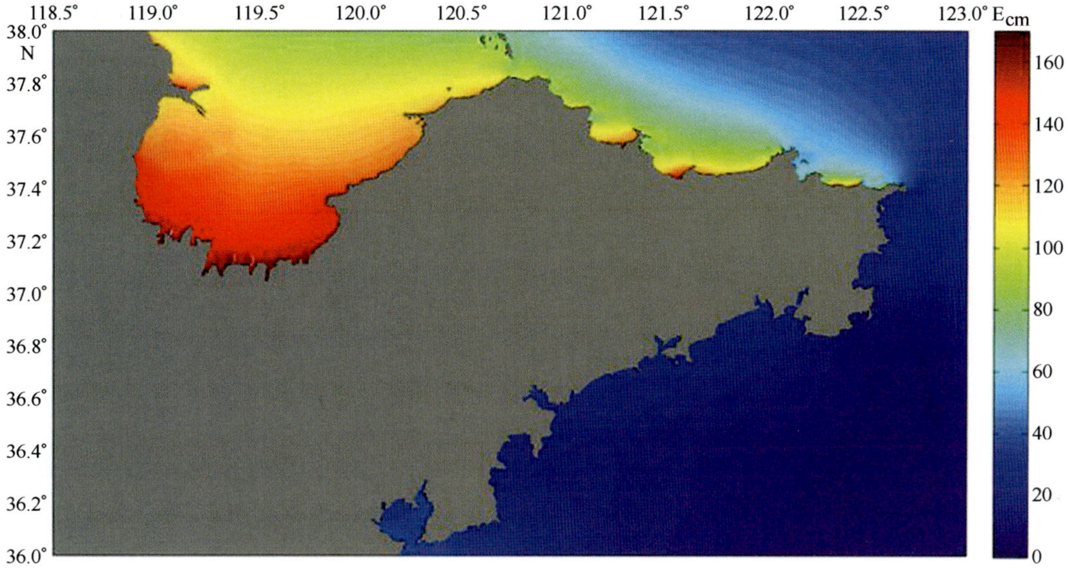

图 3.30　2007 年“0303”风暴潮台风影响期间最大增水分布

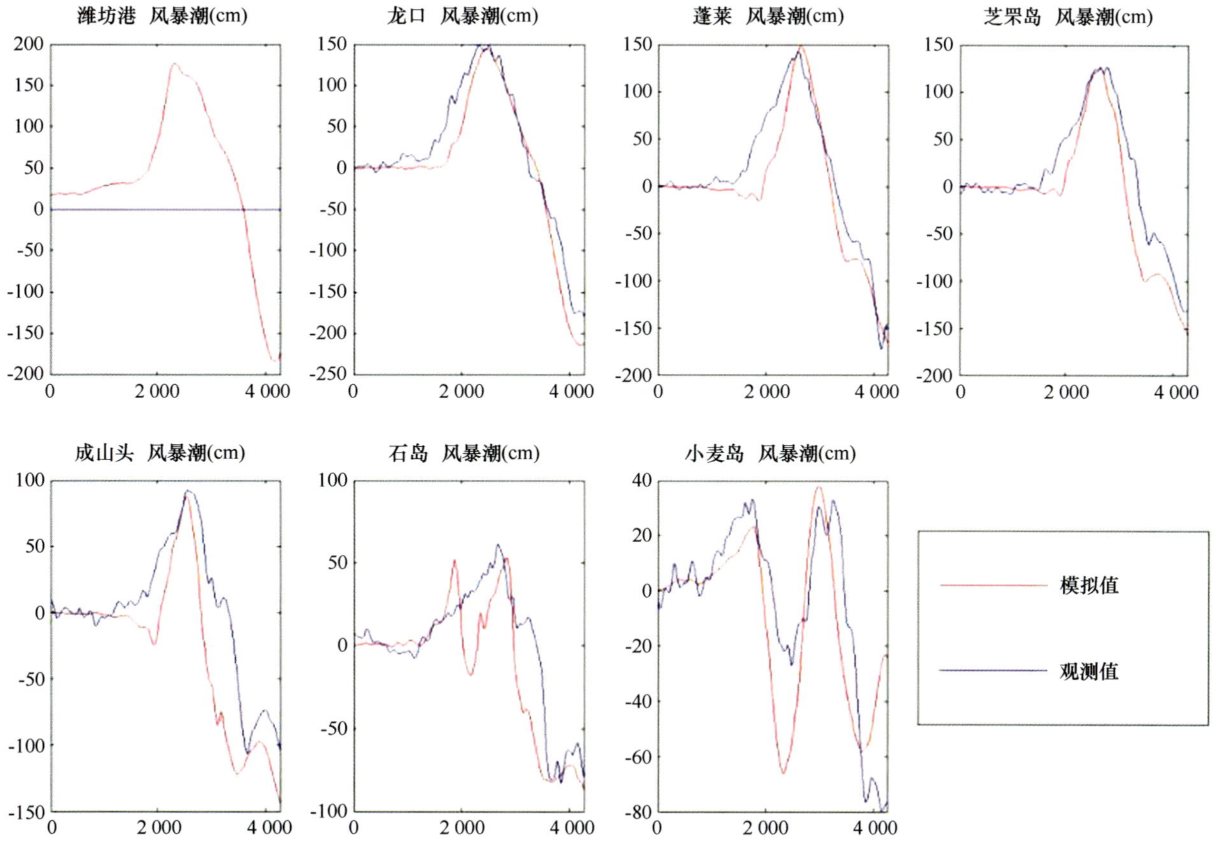

图 3.31　2007 年“0303”过程各站增水模拟值与实测值对比

（6）2010 年“1210”温带风暴潮过程

2010 年 12 月 9—12 日，受蒙古气旋东移和后部冷空气南下影响，山东北部沿海发生了一次强温带风暴潮过程。

龙口站出现了 138 cm 的风暴增水，蓬莱站出现了 109 cm 的风暴增水，烟台出现了 119 cm 的风暴增水，潍坊港出现了超过当地警戒潮位的高潮位。

该过程风暴增水值出现在莱州湾内潍坊港东侧海域，最大增水值约 200 cm，各站风暴增水最大值模拟误差均小于 10 cm（图 3.32 和图 3.33）。

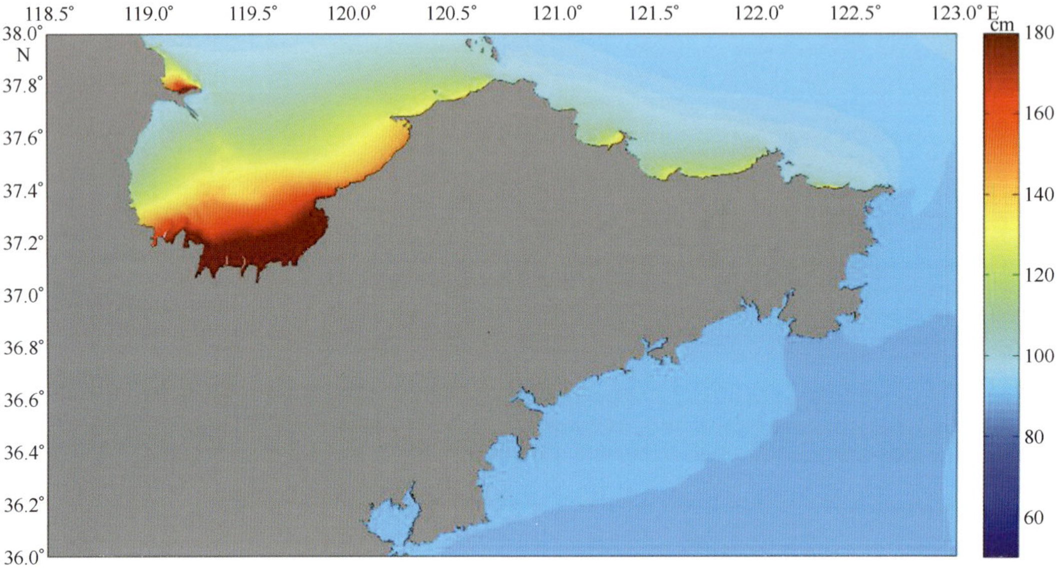

图 3.32　2010 年 12 月 9—12 日过程最大增水模拟结果

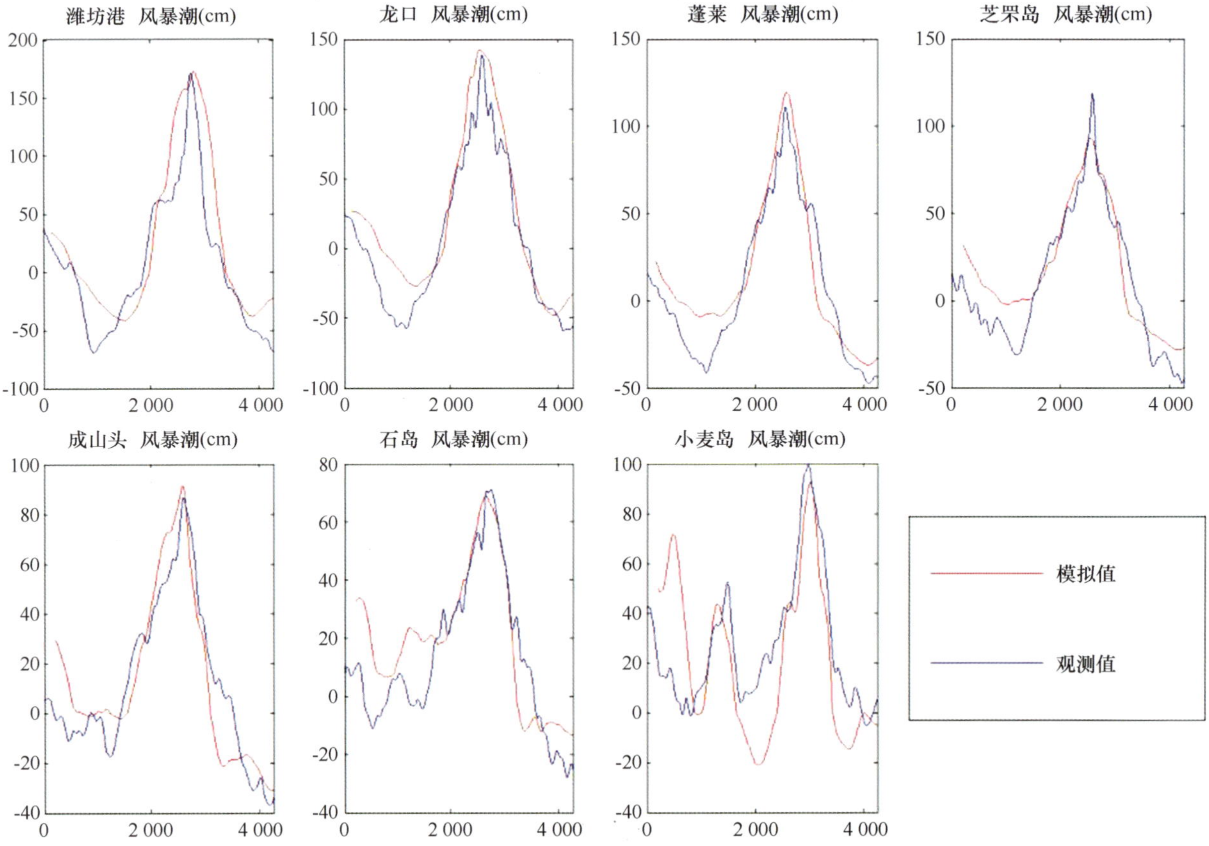

图 3.33　2010 年 12 月 9—12 日过程各站增水模拟值与实测值比较

（7）1105“米雷”台风风暴潮过程

2011 年第 5 号强热带风暴“米雷”于 6 月 22 日下午在菲律宾以东洋面上生成，24 日傍晚加强为强热带风暴，并沿我国东部沿海北移。26 日下午在山东半岛以东近海减弱为热带风暴，26 日 21 时 10 分在山东省荣成市成山镇沿海登陆，登陆时中心附近最大风力 9 级。27 日 5 时在黄海北部海面减弱为热带低压，27 日 7 时 10 分在朝鲜南浦市和黄海南道交界处沿海再次登陆（图 3.34）。

该过程风暴增水值出现在莱州湾内潍坊港至莱州海域，最大增水值在约 100 cm，各站风暴增水最大值模拟误差均小于 10 cm（图 3.35 和图 3.36）。

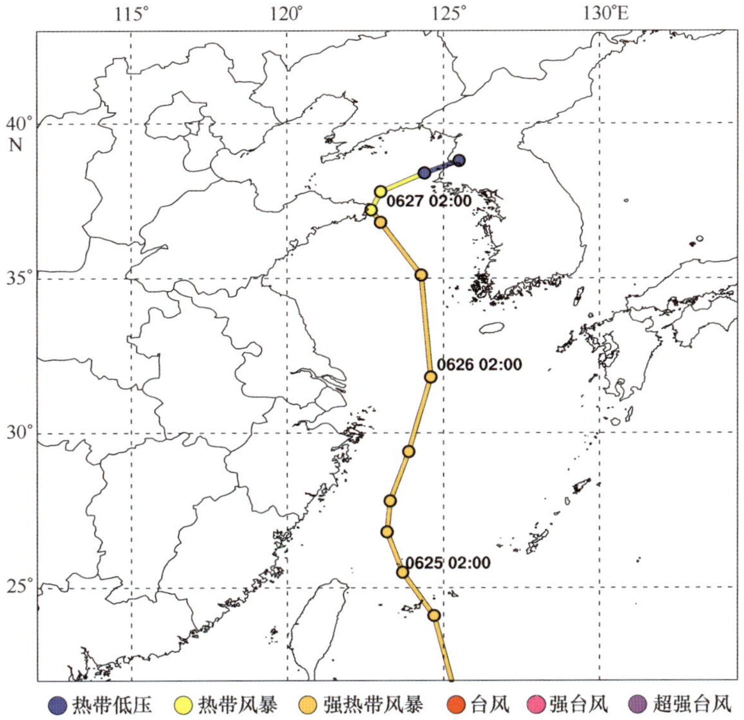

图 3.34　1105“米雷”台风路径示意

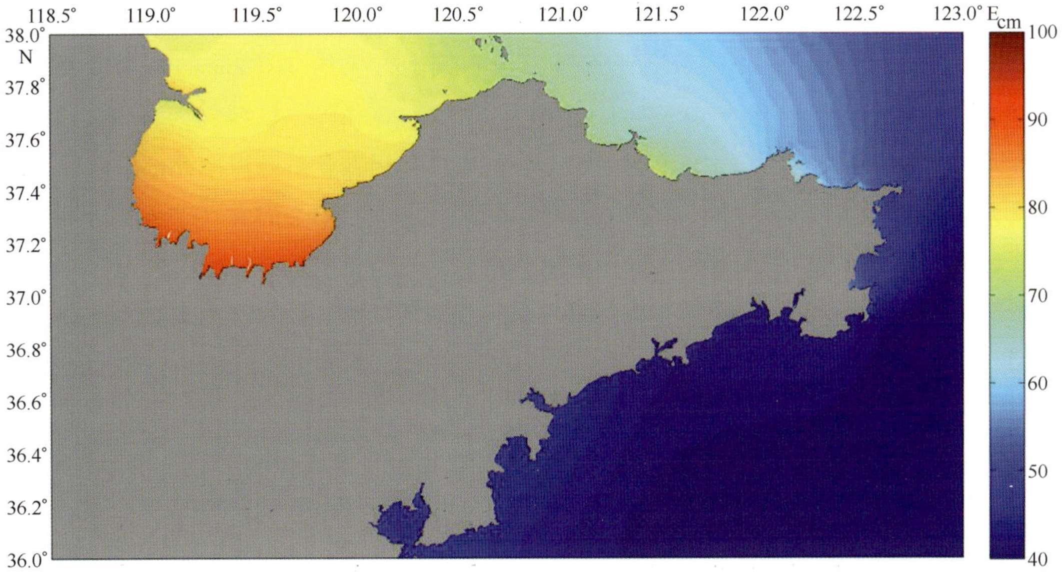

图 3.35　1105“米雷”台风过程最大增水模拟结果

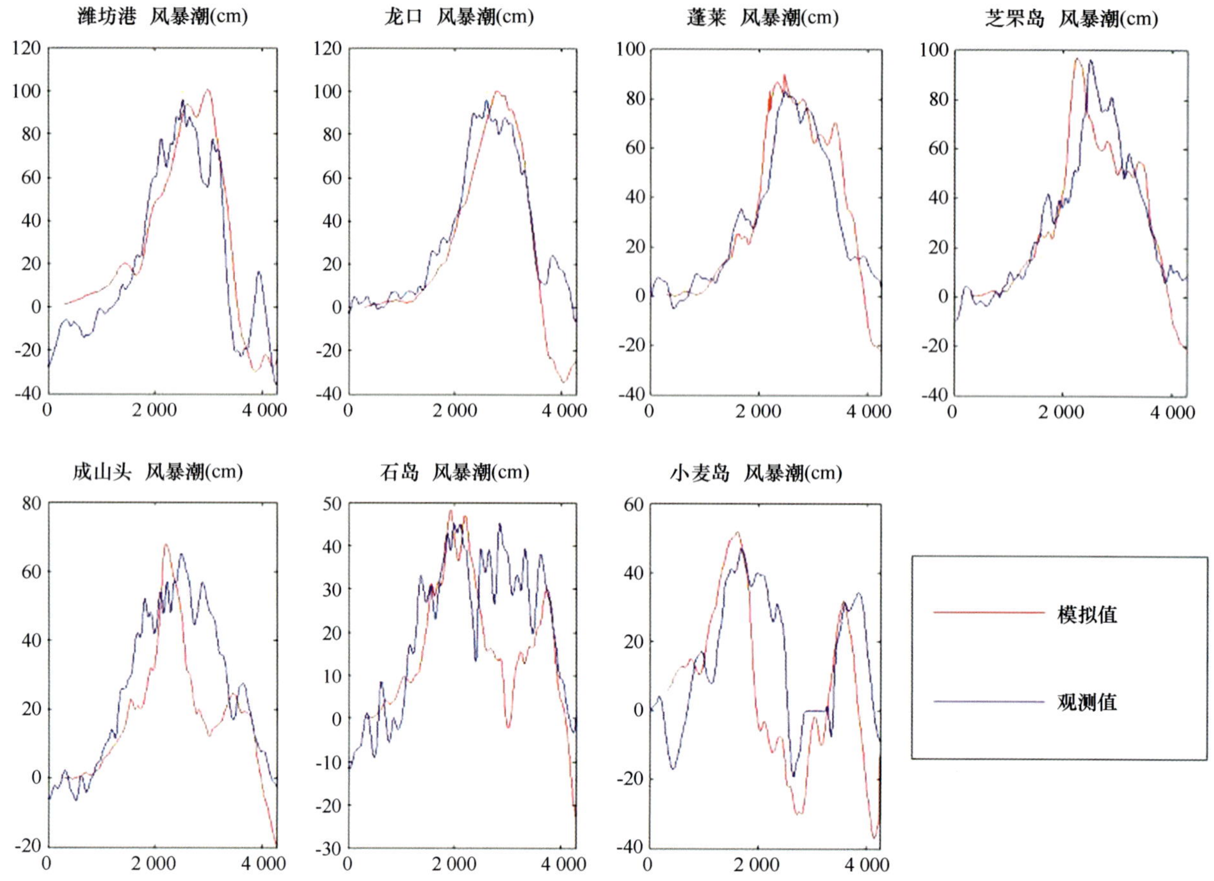

图 3.36　1105“米雷”台风过程各站增水模拟值与实测值比较

（8）1109“梅花”台风风暴潮过程

2011 年第 9 号热带风暴“梅花”于 7 月 28 日 14 时在西北太平洋洋面上生成，于 7 月 30 日 8 时加强为强热带风暴，7 月 30 日 14 时升级为台风，20 时又加强为强台风，于 7 月 31 日 2 时加强为超强台风。其于 7 月 31 日 20 时，减弱成强台风，于 8 月 3 日凌晨再次加强为超强台风，于 8 月 3 日晚上再次减弱为强台风。6 日 15 时，“梅花”中心位于浙江省舟山市东偏南方大约 310 km 的东海海面上（28.6°N，125.0°E），中心附近最大风力 13 级（40 m/s），中心最低气压 960 hPa，已减弱为台风。8 月 7 日晚上减弱成为强热带风暴，该台风横穿黄海，于 8 月 8 日 18 时 30 分前后在朝鲜西海岸北部沿海登陆，登陆时中心附近最大风力有 9 级（23 m/s），中心最低气压 985 hPa，于 8 月 9 日 2 时在辽宁省铁岭市减弱为热带低压，之后强度继续减弱，对我国影响逐渐减小（图 3.37）。

该过程风暴增水出现在山东半岛南侧近岸海域，最大增水值约 80 cm，各站风暴增水最大值模拟误差均小于 10 cm（图 3.38 和图 3.39）。

（9）1210“达维”台风风暴潮过程

2012 年第 10 号台风“达维”于 7 月 28 日在日本以东的西北太平洋洋面生成，于 7 月 31 日晨在西北太平洋洋面上加强为强热带风暴，于 8 月 1 日 8 时在日本附近海域加强为台风，于 8 月 2 日 21 时 30 分在江苏陈家港镇登陆，登陆后向西北偏北方向移动，强度逐渐减弱，3 日凌晨在江苏省北部减弱为强热带风暴，4 时前后进入山东省境内，3 日 9 时在山东省内减弱为热带风暴，随后在渤海湾再次入海（图 3.40），

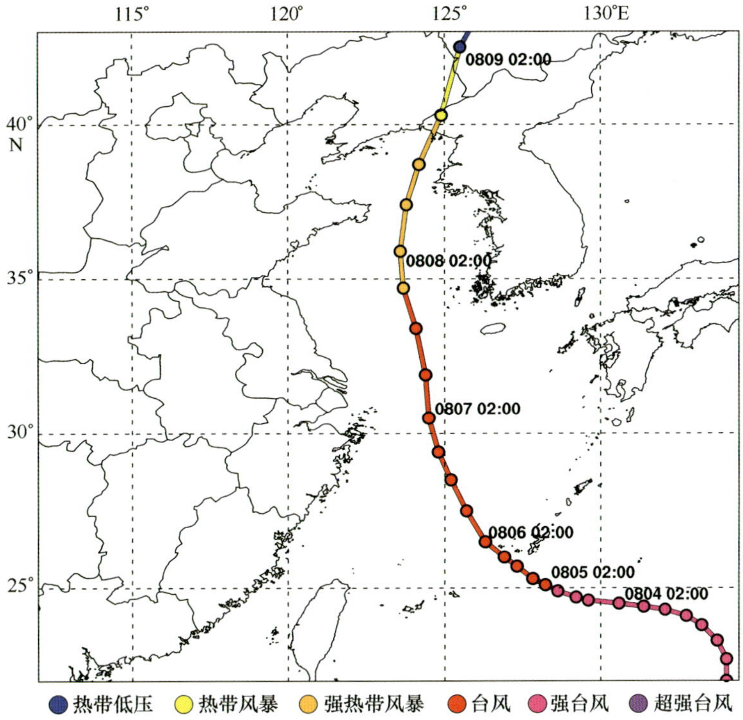

图 3.37　1109“梅花”台风路径示意

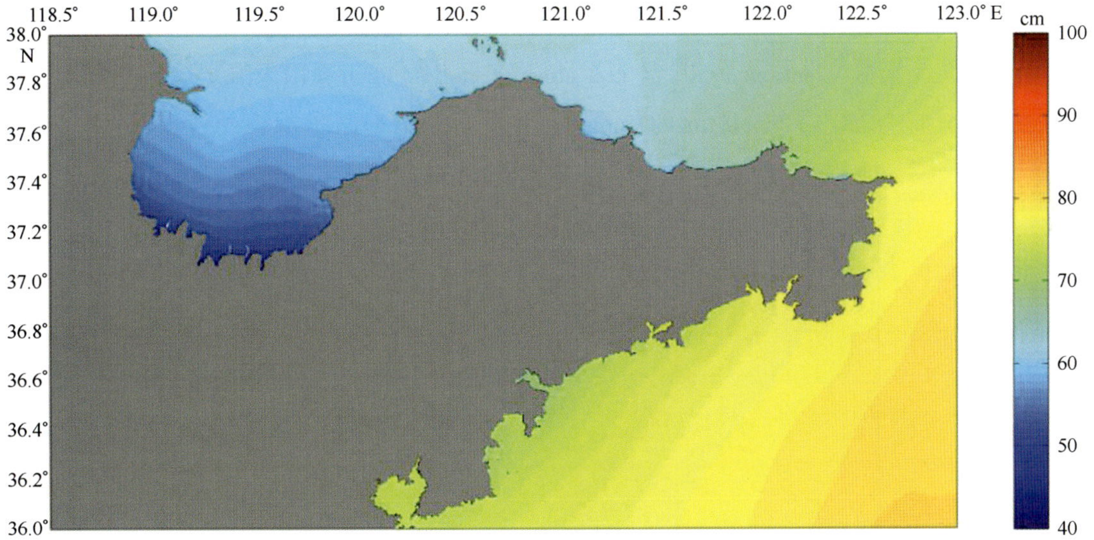

图 3.38　1109“梅花”台风过程最大增水模拟结果

该台风是 1949 年以后登陆我国长江以北地区最强的台风。在其影响下，山东岚山站超过当地警戒潮位 30 cm，芝罘岛站超过当地警戒潮位 11 cm（图 3.41 和图 3.42）。

3.1.4.3　潮汐预报方法

通过对 30 个验潮站的资料进行调和分析（其中 19 个长期站采用不少于 1 年的潮位资料进行分析，对 11 个临时站位采用 15 天以上的潮位临时观测资料进行分析），分别获得各站各分潮的振幅和迟角。

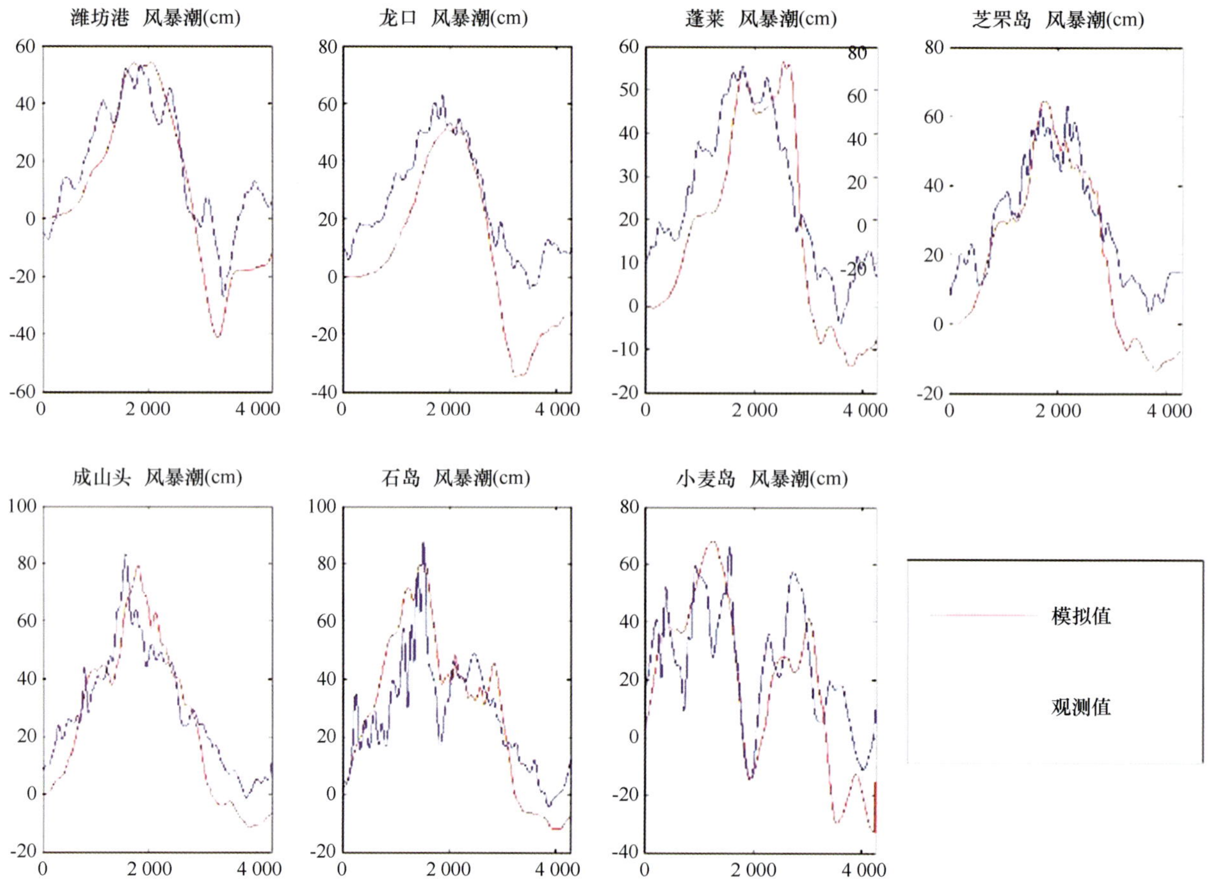

图 3.39 1109“梅花”台风过程各站增水模拟值与实测值比较

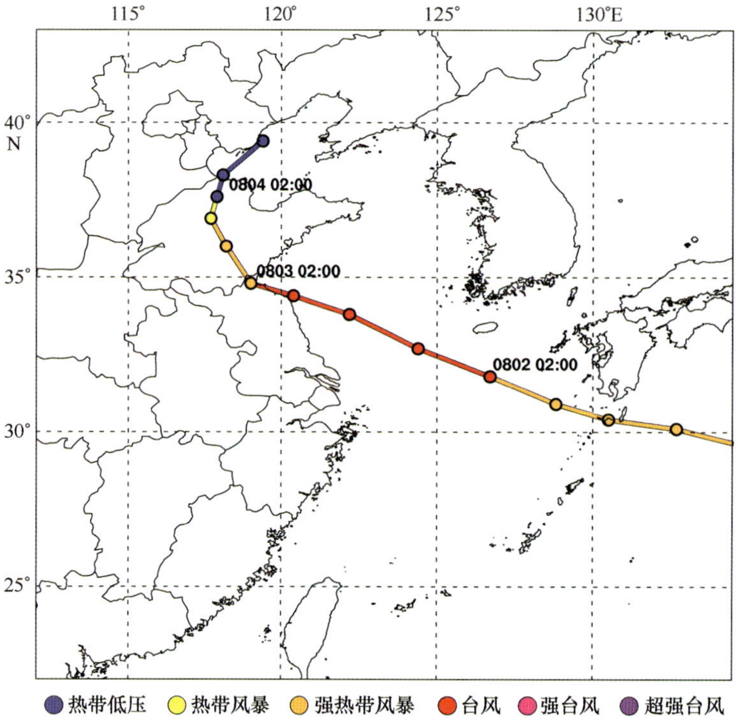

图 3.40 1210“达维”台风路径示意

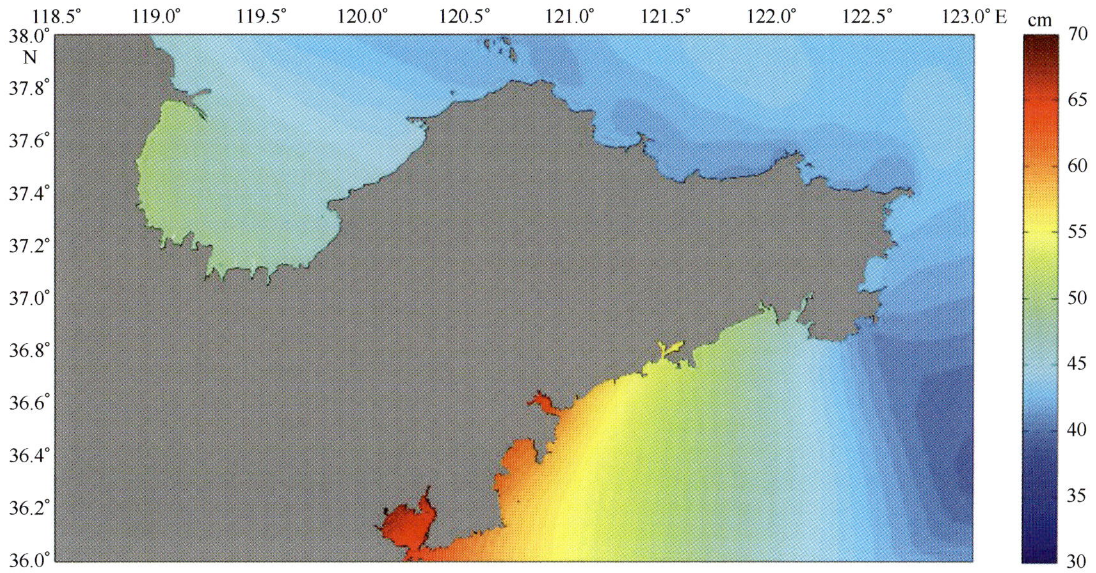

图 3.41　1210 “达维” 台风影响期间最大增水分布

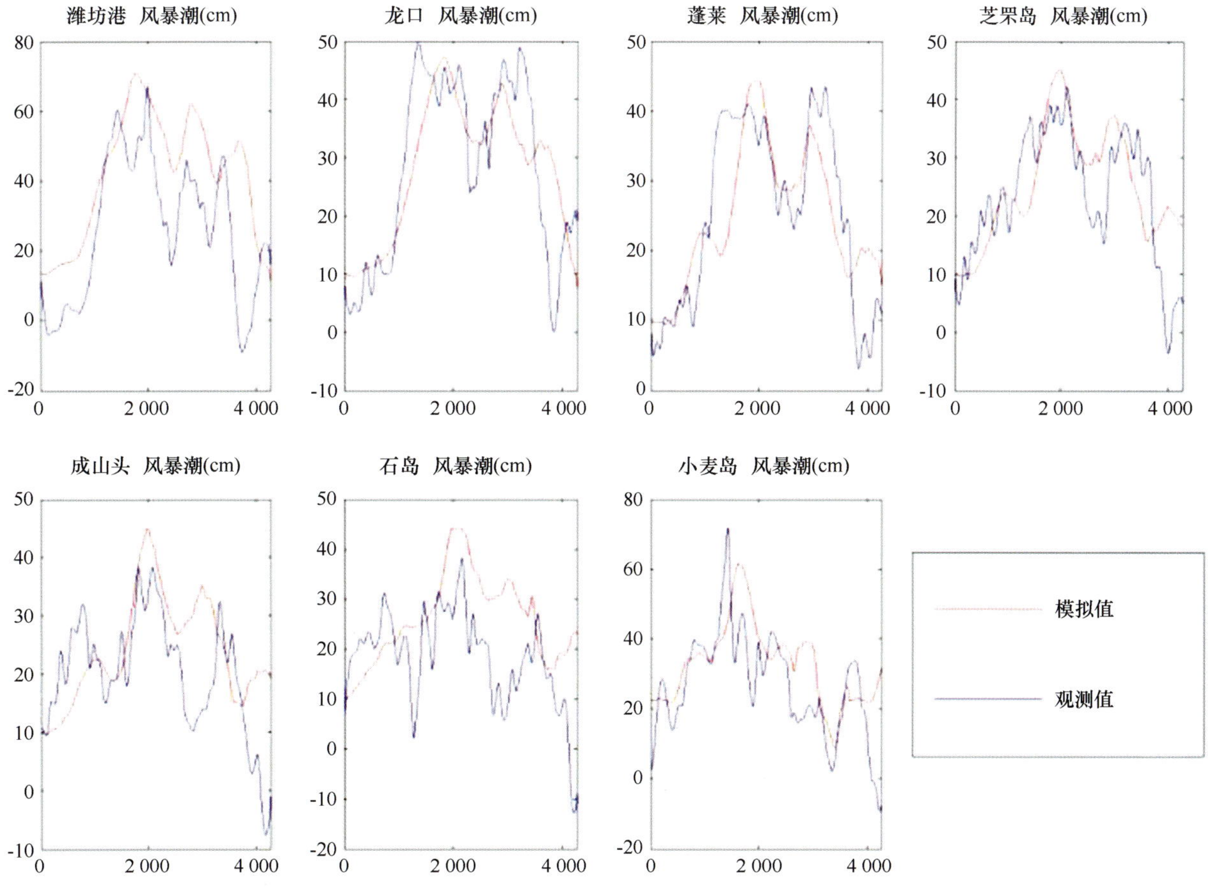

图 3.42　1210 “达维” 台风影响各站模拟值与实测值比较

对于11个临时站位的天文潮预报时，保留8个主要短周期分潮（M_2、S_2、N_2、K_2、K_1、O_1、P_1、Q_1）。对长周期分潮（S_a、S_{sa}、M_{sm}、M_m、$\bar{M}S_f$、M_f）采用临近的长期验潮站分析结果进行修正。

利用修正后的调和常数，采用调和预报方法，图3.43和图3.44给出了部分验潮站长短周期分潮值。

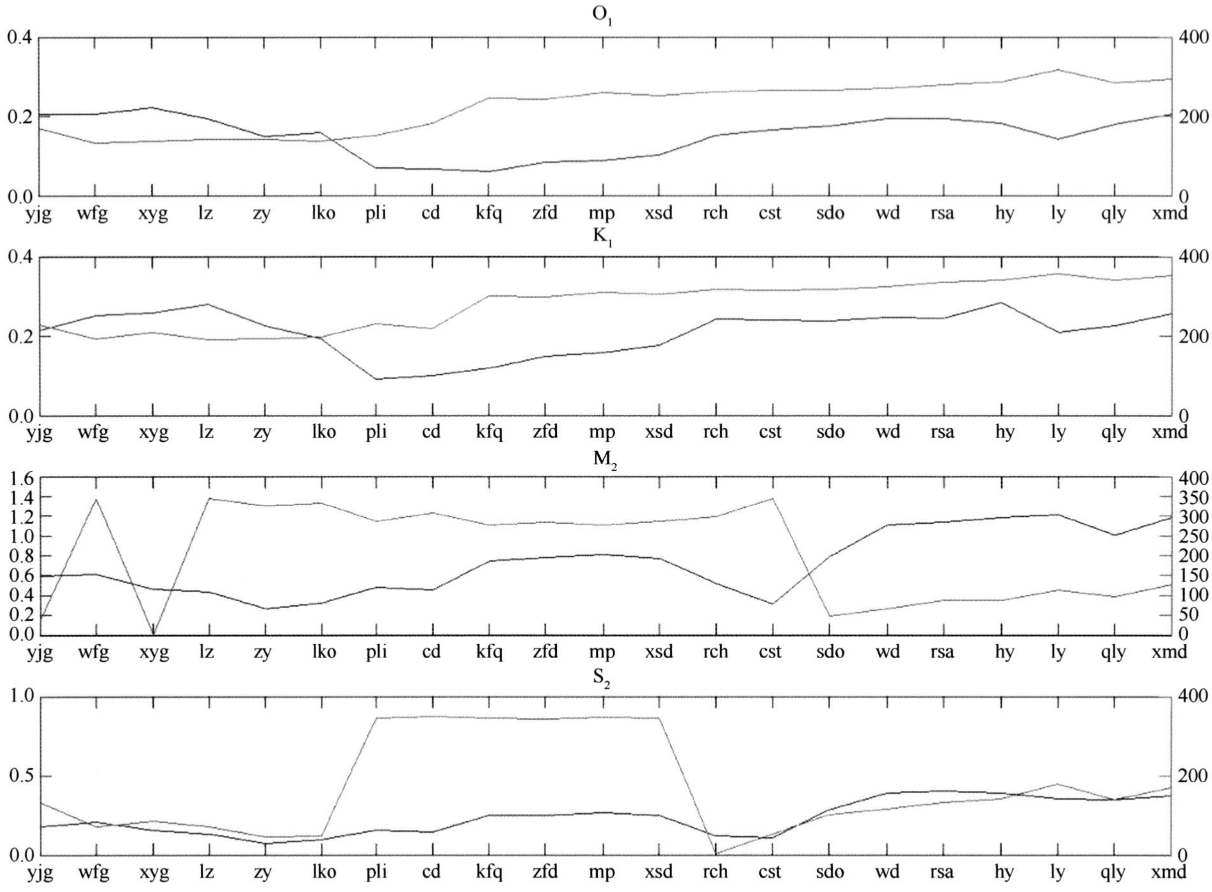

图3.43 各站主要分潮曲线图

蓝线为振幅（m），绿线为迟角（°）

3.1.5 核定区域沿海不同重现高潮位

3.1.5.1 重现期计算方法

为确定重现期的高潮位，选择滨州港海洋站的实测潮位资料，并调查和核实历史上出现的特殊高潮位。确定重现期潮位频率分析的线型，当原始分布符合正态分布时随机样本中的最大值分布近于龚贝尔（Gumbel）分布，重现期水位一般采用第一型极值分布律。重现期的计算方法是按照海洋水文气象要素的常用方法以及《海港水文规范》的要求，对连续20年以上的实测年最高水位资料进行分析计算。

设有连续n个年最高水位值h_i，则对应于年频率p的极值水位为：

$$h_p = \bar{h} \pm \lambda_{pn} S \tag{3.76}$$

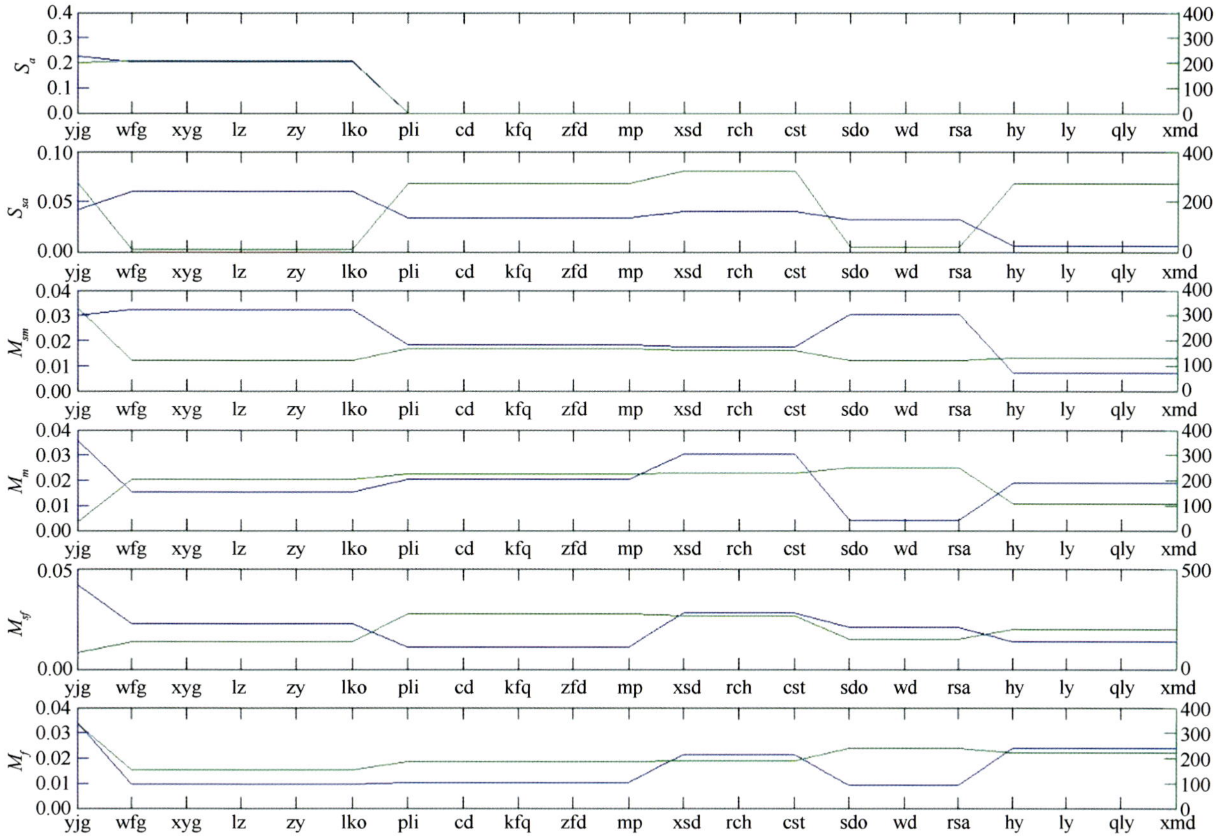

图 3.44　各站长周期分潮曲线图

蓝线为振幅（m），绿线为迟角（°）

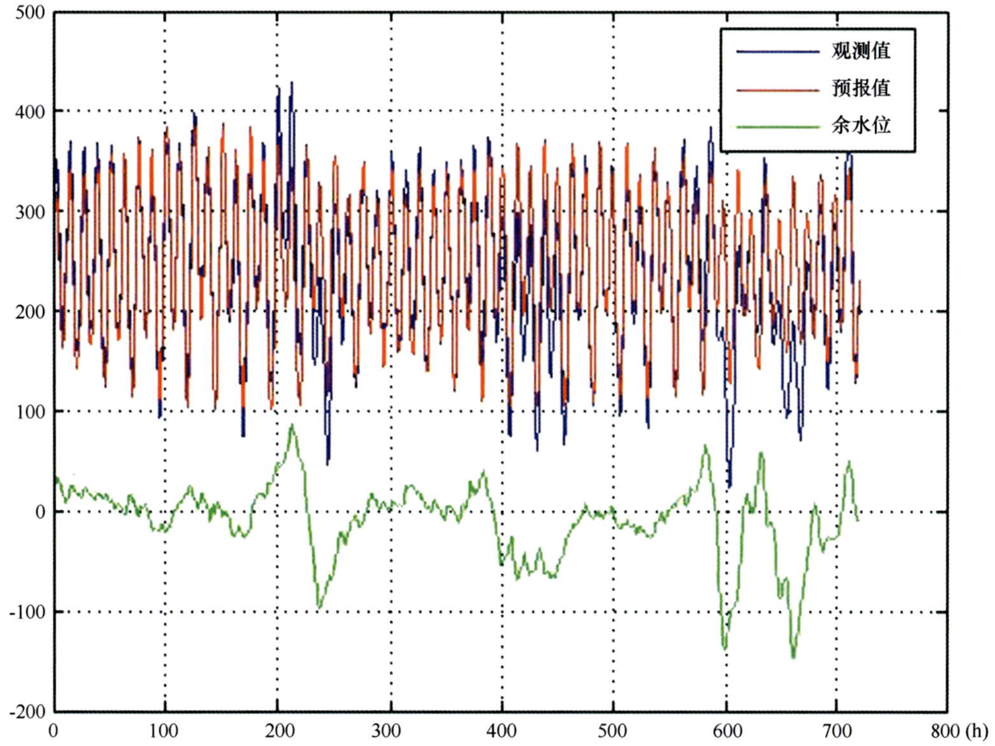

图 3.45　滨州港站水位观测数据与预报潮位图（单位：cm）

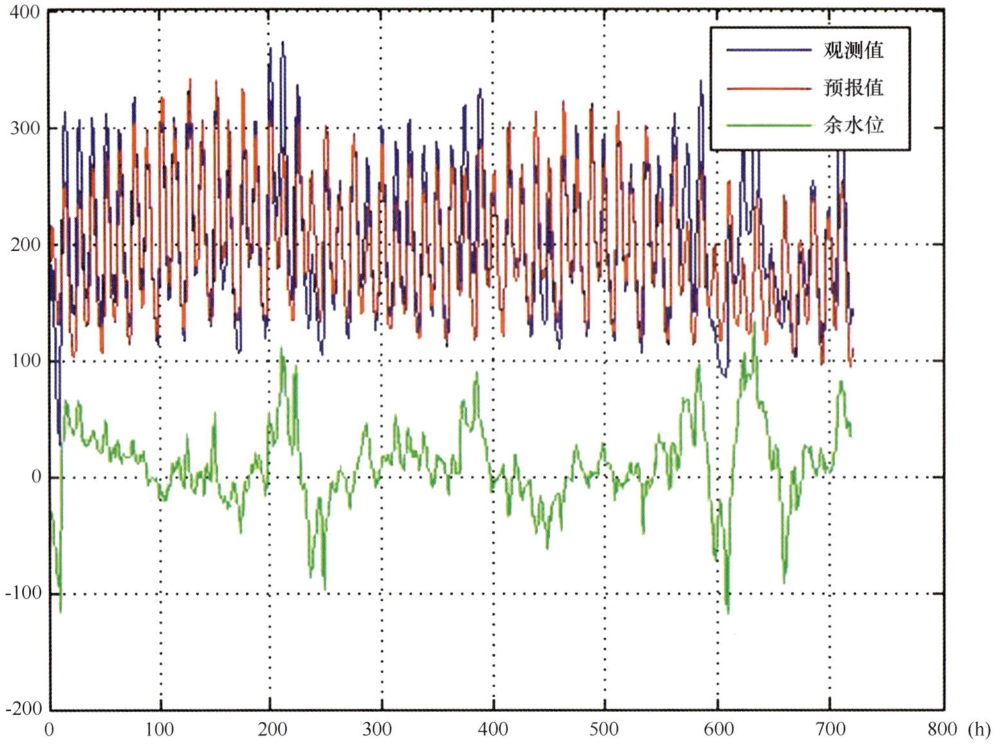

图 3.46　新户临时站潮位观测数据与预报潮位图（单位：cm）

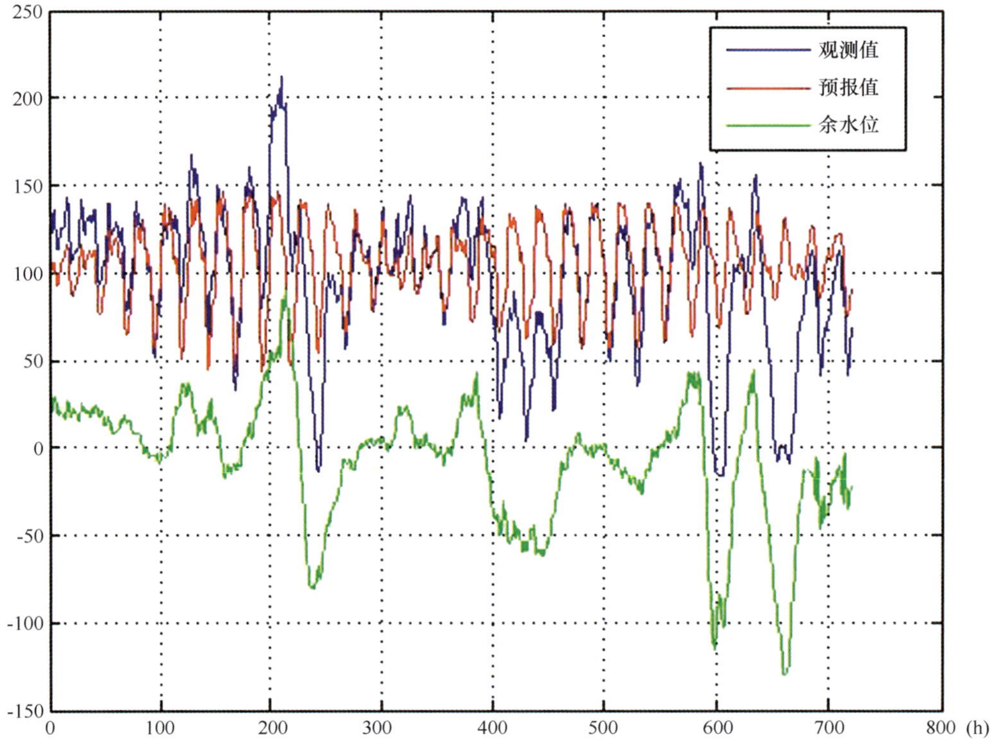

图 3.47　黄河海港站潮位观测数据与预报潮位图（单位：cm）

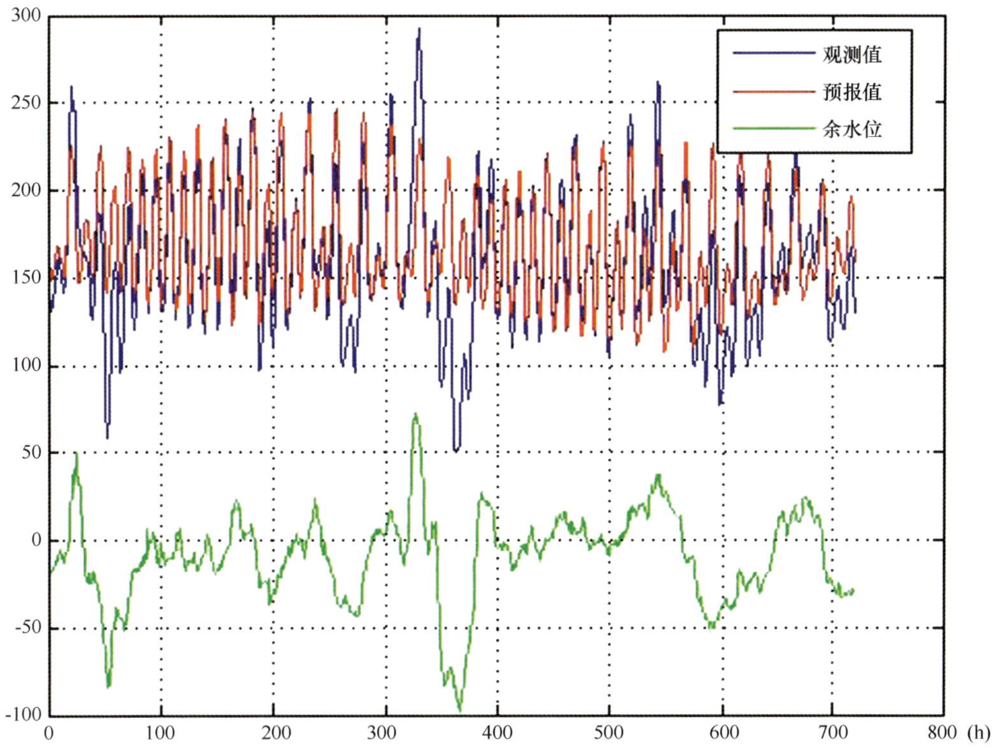

图 3.48　垦东站潮位观测数据与预报潮位图（单位：cm）

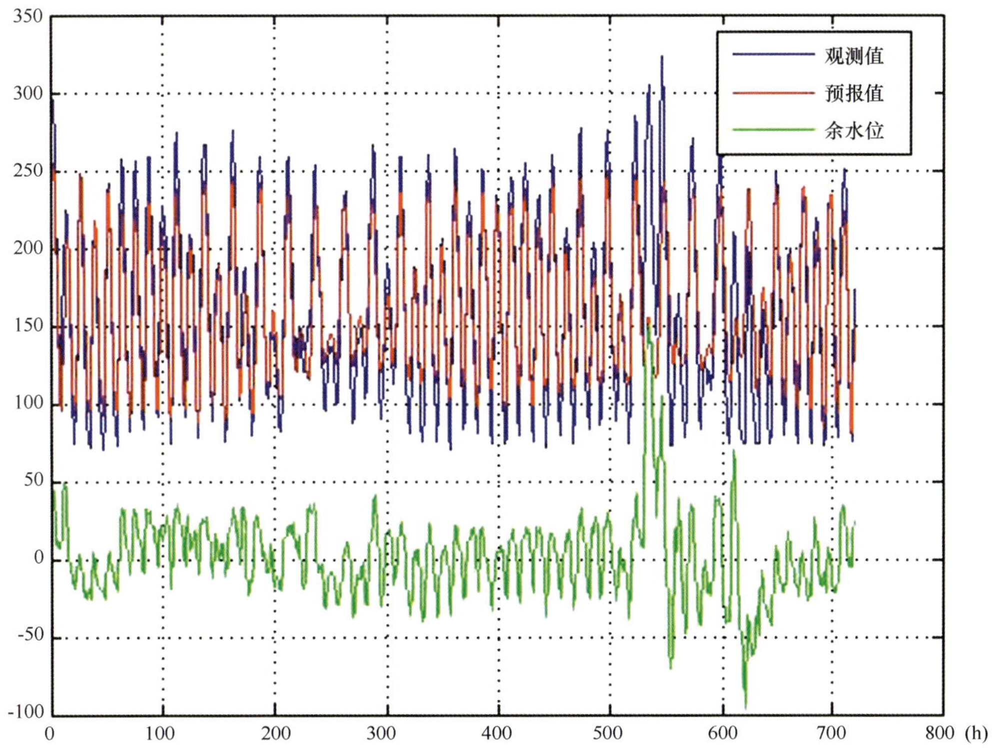

图 3.49　小岛河站潮位观测数据与预报潮位图（单位：cm）

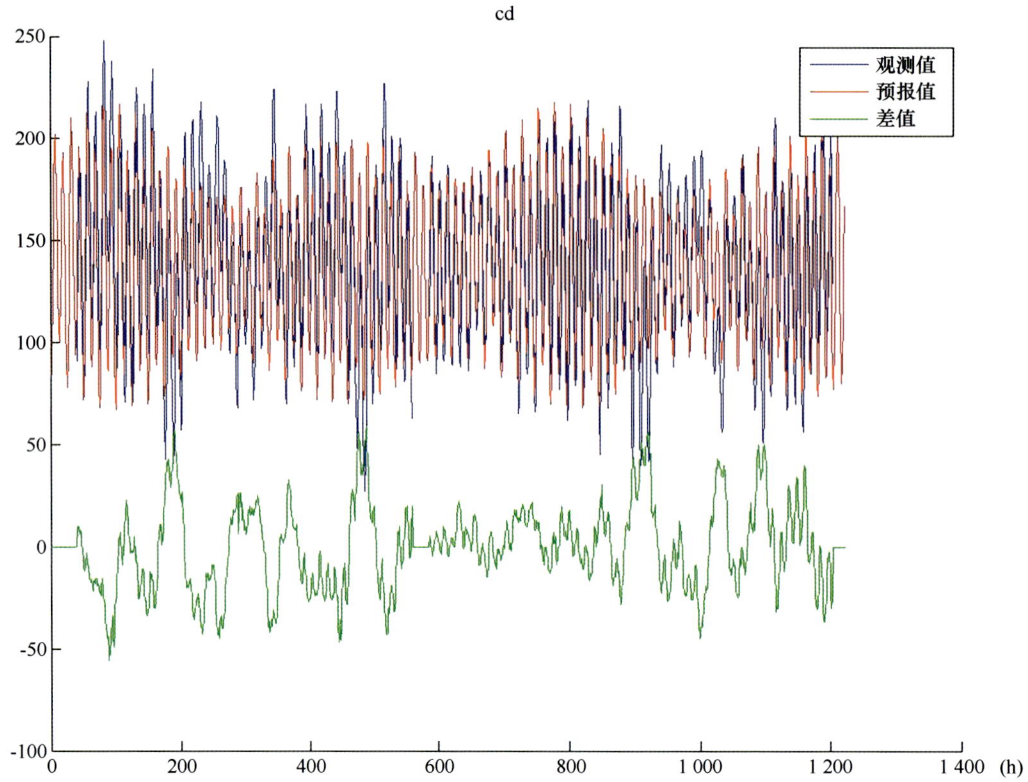

图 3.50 长岛临时站水位观测数据与预报潮位图（单位：cm）

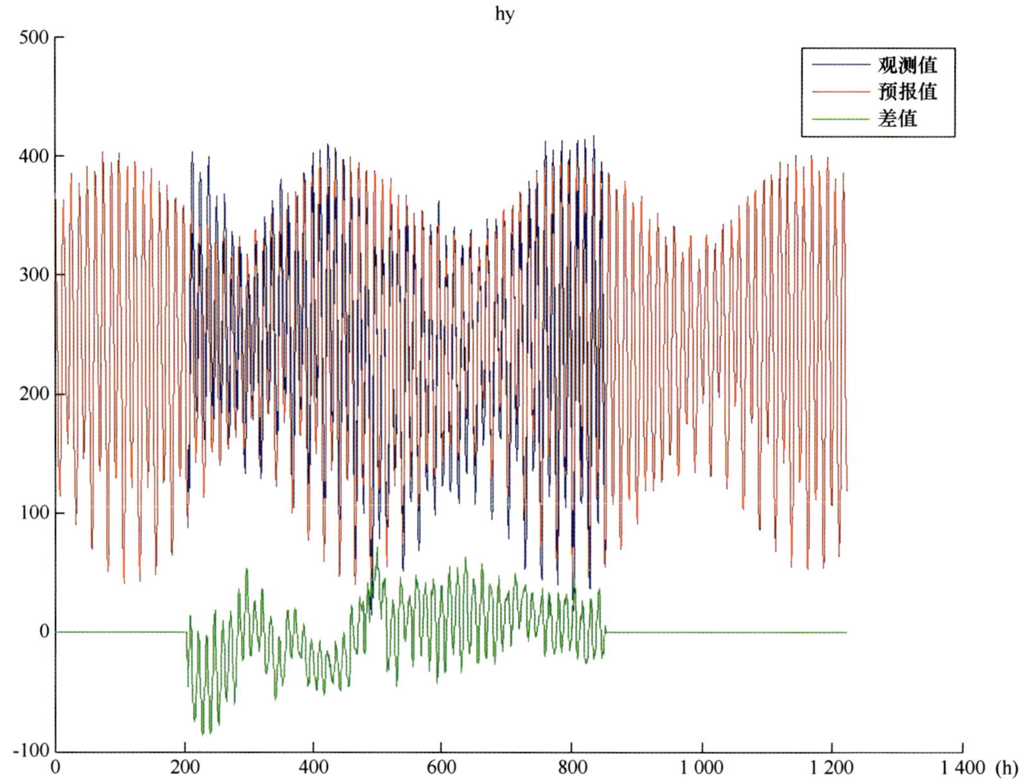

图 3.51 海阳临时站水位观测数据与预报潮位图（单位：cm）

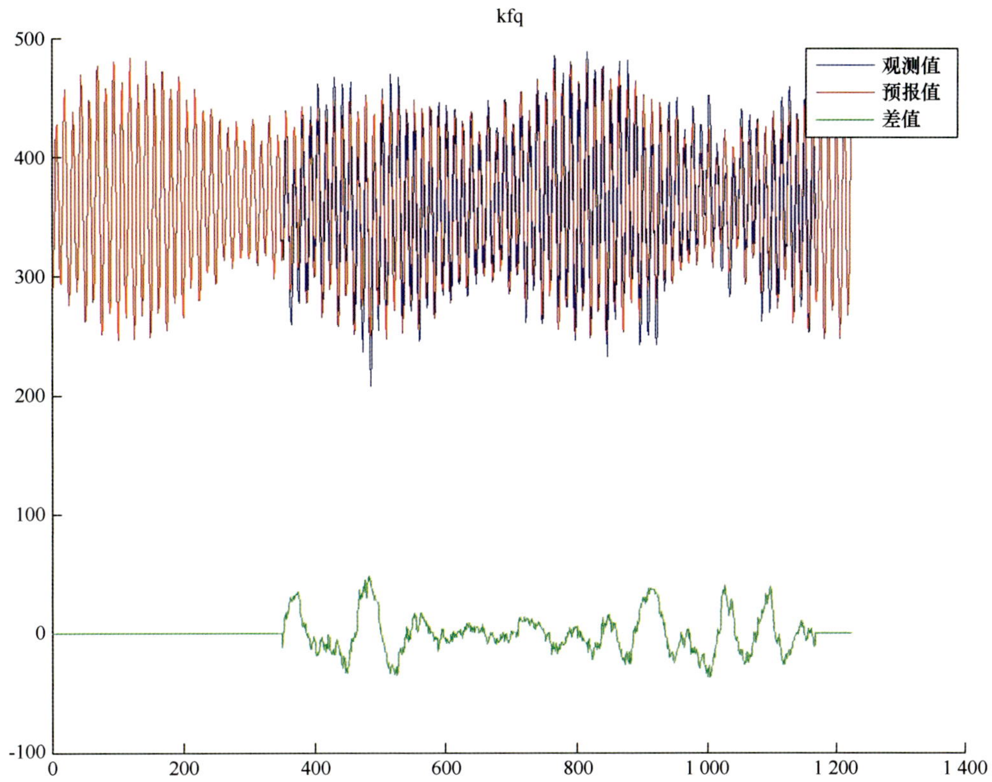

图 3.52　烟台开发区临时站水位观测数据与预报潮位图（单位：cm）

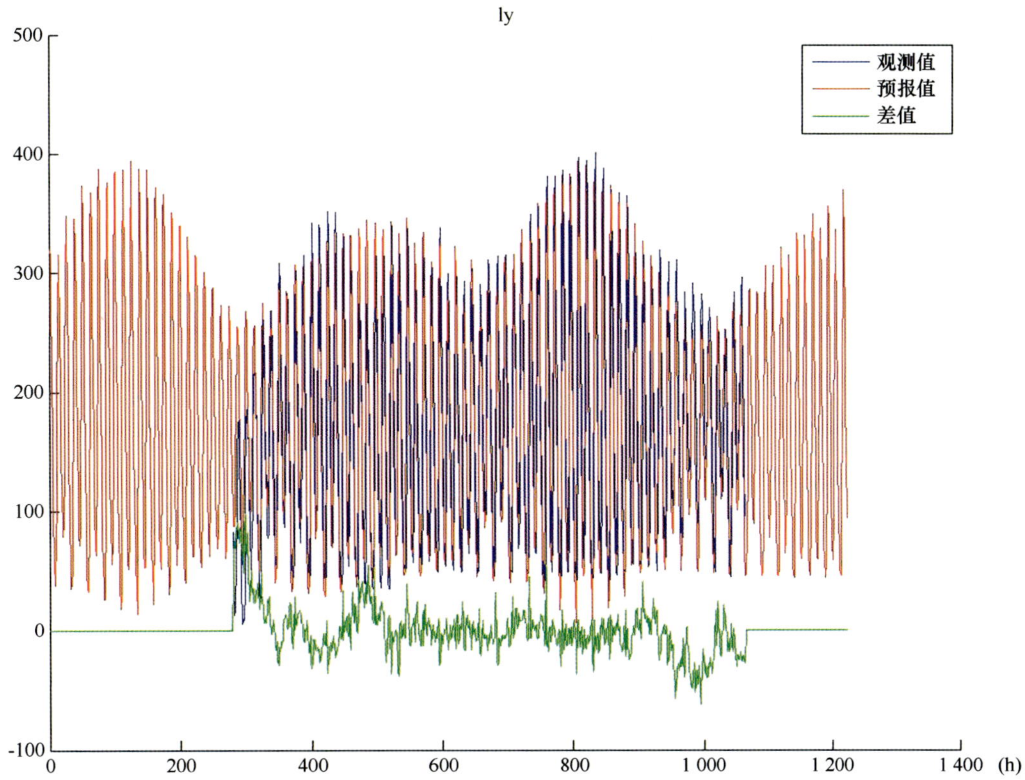

图 3.53　莱阳临时站水位观测数据与预报潮位图（单位：cm）

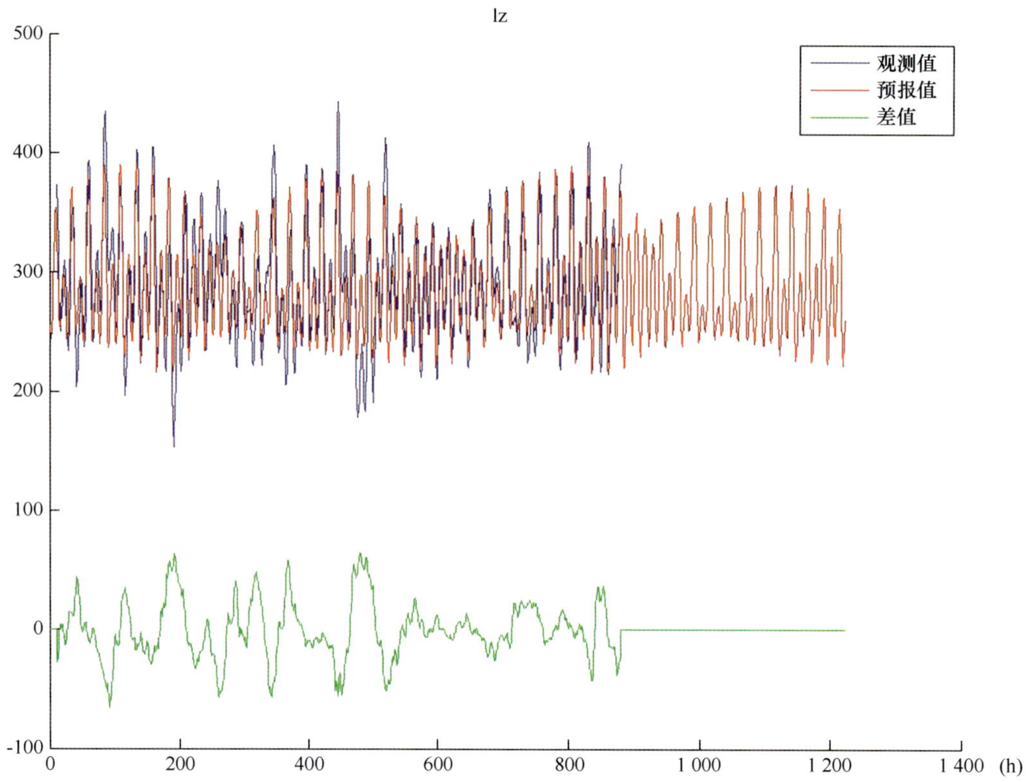

图 3. 54　莱州临时站水位观测数据与预报潮位图（单位：cm）

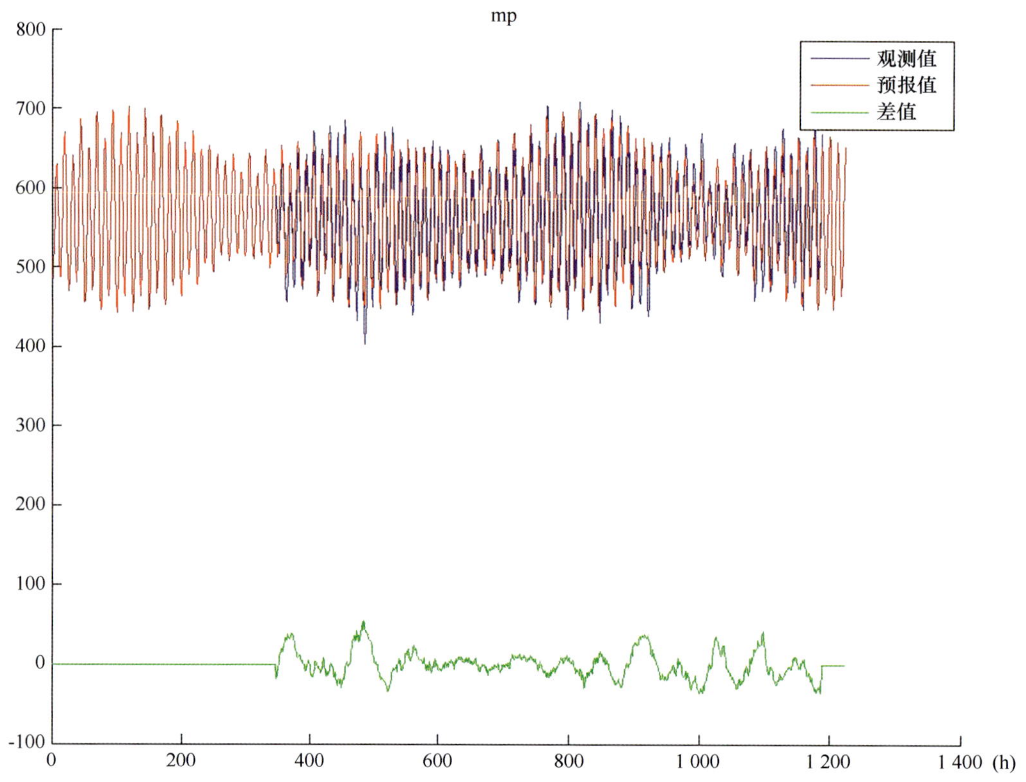

图 3. 55　牟平临时站水位观测数据与预报潮位图（单位：cm）

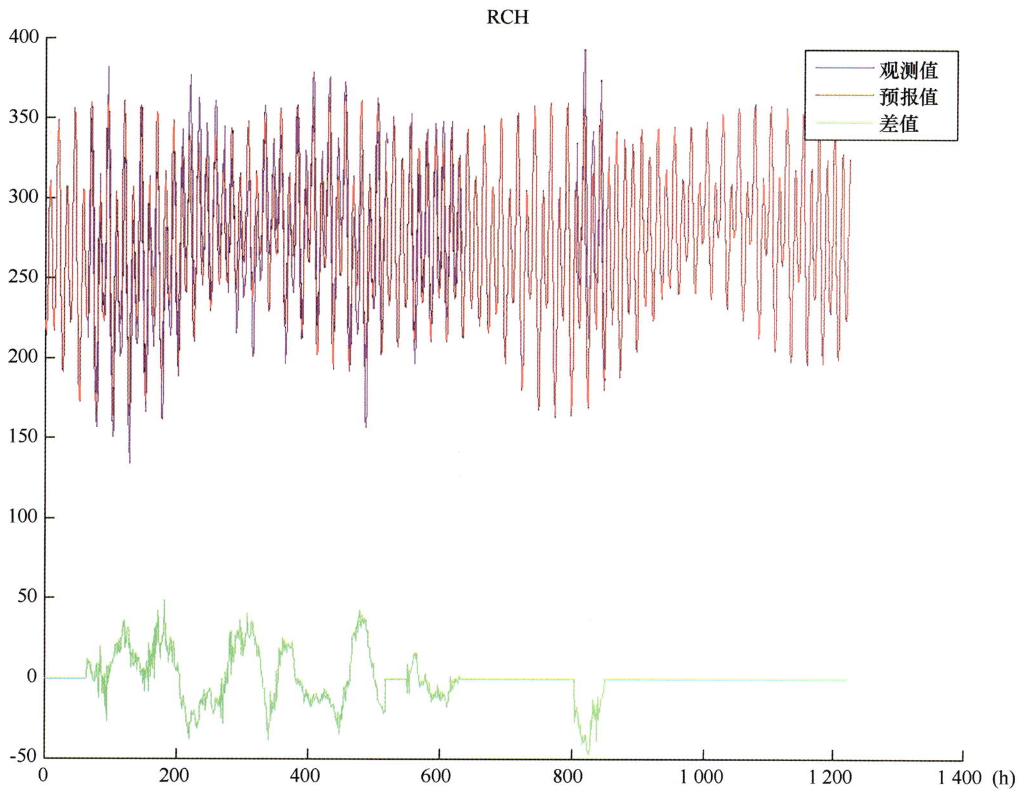

图 3.56　荣成临时站水位观测数据与预报潮位图（单位：cm）

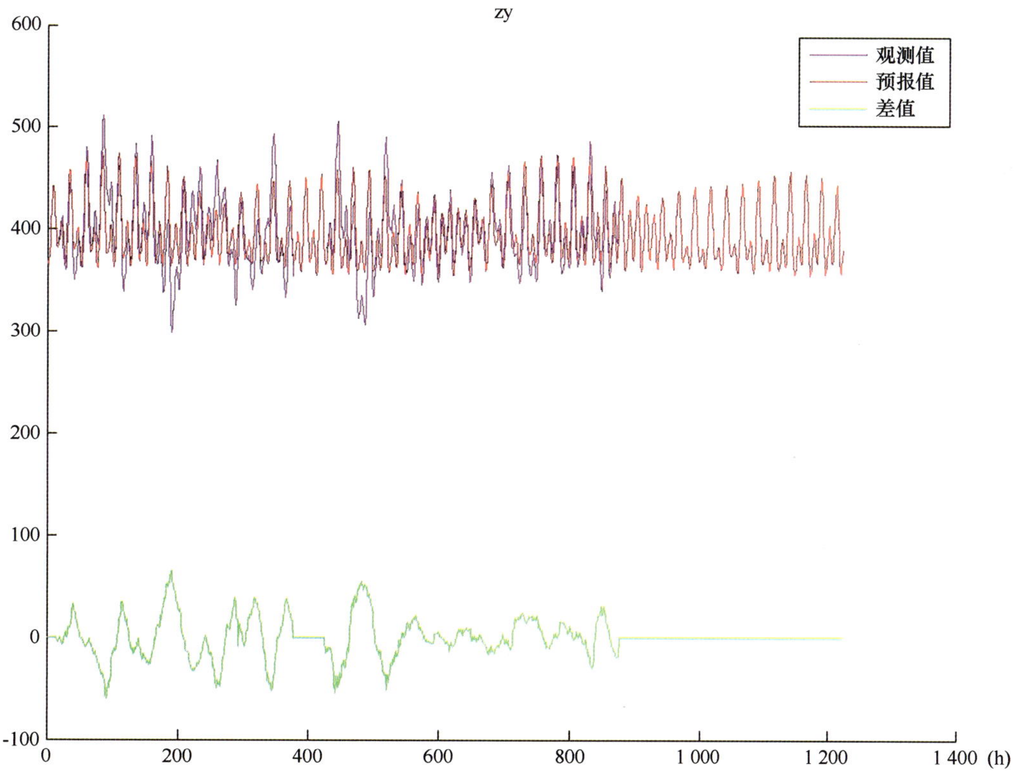

图 3.57　招远临时站水位观测数据与预报潮位图（单位：cm）

式中，h_p 为与年频率 p 对应的高潮位值，正负号分别对应于高、低潮位，$\bar{h}$ 为 n 年极值水位 h_i 的平均值，即

$$\bar{h} = \frac{1}{n}\sum_{i=1}^{n} h_i \tag{3.77}$$

λ_{pn} 为与年频率 ηP 及资料年数 n 有关的系数，可由《警戒潮位核定规范》附表 D. 1 中查得，S 为 n 年极值水位 h_i 的均方差：

$$S = \sqrt{\frac{1}{n}\sum_{i=1}^{n} h_i^2 - \bar{h}^2} \tag{3.78}$$

由上式计算出对应于不同频率 P 的极值水位 h_p，将这些理论高潮位和理论频率绘制在几率格纸上；同时将观测极值水位和经验频率点也点在该图上，这样可以检验理论频率曲线与观测点的拟合程度。

经验频率可由如下公式求得，按递减的次序把年极值水位 h_i 排列起来，对应于第 m 项极值水位 h_m 的经验频率 p 可表示为：

$$p = \frac{m}{n+1} \times 100\% \tag{3.79}$$

对应于理论年频率 P（%）的重现期 T_R（年）为：

$$T_R = \frac{100}{p} \tag{3.80}$$

3.1.5.2 重现期高潮位

根据《警戒潮位核定规范》和山东省警戒潮位核定的具体情况对其建立年极值水位序列所使用的方法进行总结（见表 3.7），并将每一种方法结合实际验潮站进行举例分析。

表 3.7 年极值水位序列建立方法分类表

类型	历史数据条件	使用方法	代表验潮站
方法 1	有 20 年以上的实测数据	直接计算极值	日照，五号码头，小麦岛，芝罘岛，蓬莱，龙口，羊角沟
方法 2	不足 20 年实测数据，附近有高潮相关性较好的长期验潮站	相关分析	潍坊港，石岛，岚山
方法 3	不足 20 年的实测数据，且无相关性较好的长期验潮站	用数值模拟、调和分析和部分实测资料	黄河海港，下营港
方法 4	无实测验潮资料	数值模拟和调和分析	滨州，文登，乳山等

方法 1：以龙口验潮站为例，龙口验潮站实测资料为 1970—2012 年，超过 20 年实测数据根据《警戒潮位核定规范》（GB/T 17839-2011）的要求，采用第Ⅰ型极值分布（Gumbel）直接计算，获得不同重现期的高水位值见表 3.8。

表 3.8 龙口验潮站不同重现期高水位值 单位：cm

站位	重现期（年） 基准面	2	5	10	20	50	100
龙口	1985 国家高程基准	161	186	203	219	240	256

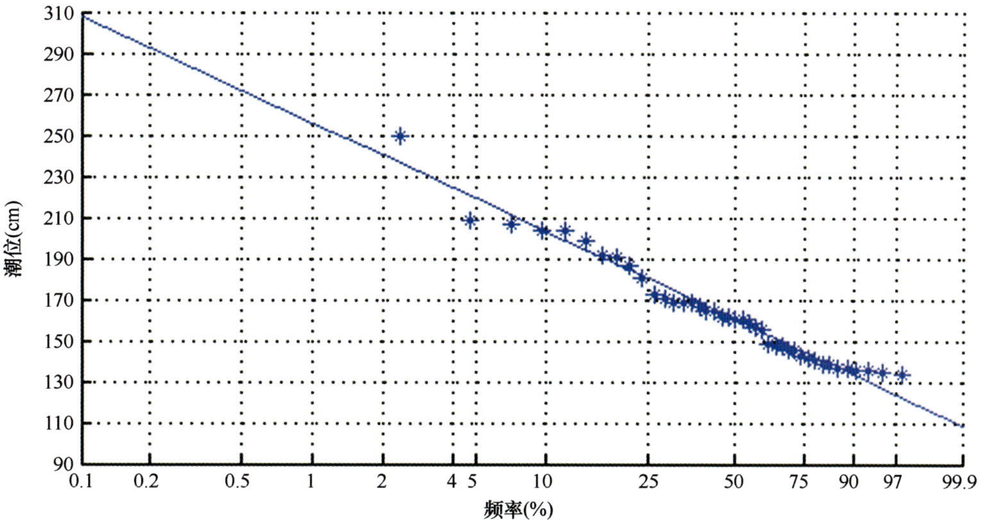

图 3.58　龙口验潮站高潮位年极值频率分布

方法 2：以岚山验潮站为例，由于岚山港验潮站只有 2004—2013 年的潮位资料，满足不了重现期推算的要求，根据与石臼港站验潮高潮位相关，把日照验潮站的多年极值引到岚山验潮站，根据《警戒潮位核定规范》（GB/T 17839-2011）的要求，采用第 I 型极值分布（Gumbel）进行计算。

岚山港验潮站和石臼港验潮站位置临近，潮汐性质相似，相关性较好，将日照验潮站 1977—2012 年历年最高潮位引申到岚山验潮站。相关分析结果显示，岚山验潮站和日照验潮站高潮位的相关系数为 0.992，建立的相关方程如下：

$$Y = 1.10X - 0.20 \quad (\text{高潮相关})$$

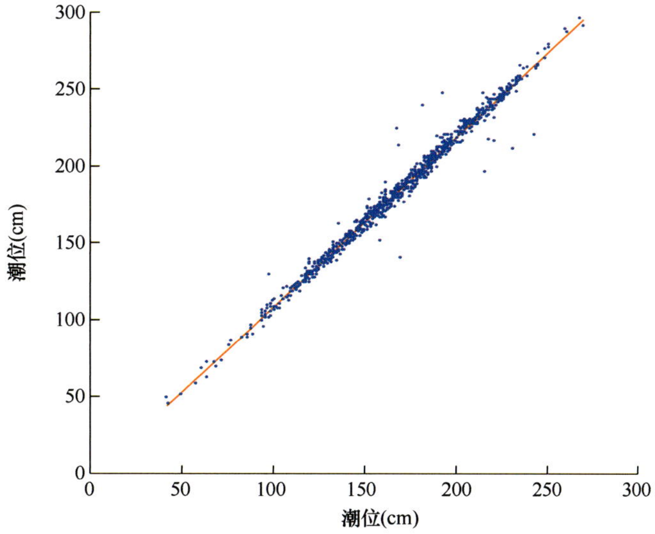

图 3.59　日照验潮站和岚山港验潮站高潮位相关图

表 3.9　岚山港验潮站不同重现期高水位值　　单位：cm

站位	重现期（年）/ 基准面	2	5	10	20	50	100
岚山	1985 国家高程基准	296	313	325	336	350	361

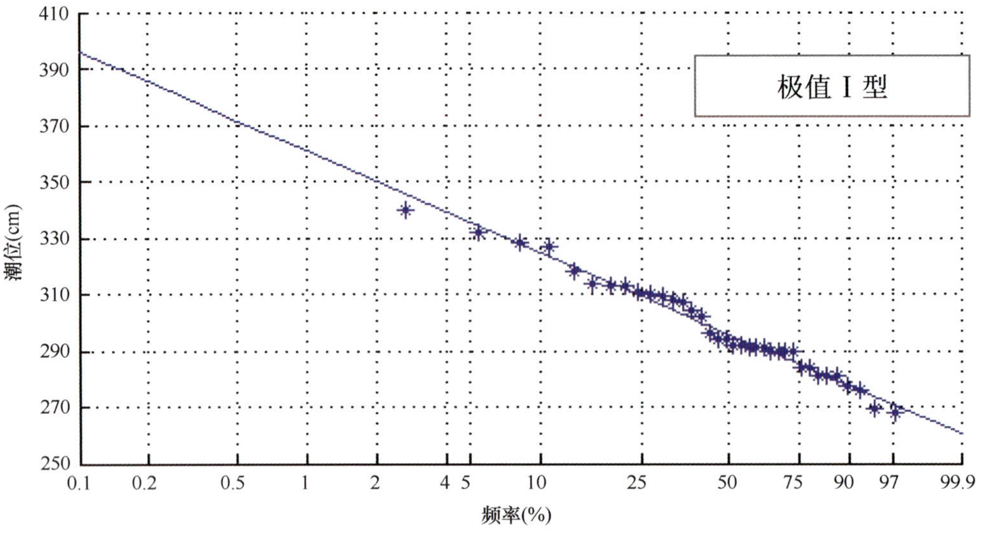

图 3.60 岚山港验潮站高潮位年极值频率分布

方法 3：以黄河海港验潮站为例，实测资料年限为 2008—2012 年，时间跨度不足 20 年，且由于黄河海港验潮站潮汐性质是正规日潮，导致附近没有潮汐性质一致的长期验潮站，所以采用数值模拟和调和分析手段建立年极值水位序列。

按第 I 型极值分布计算年高潮位极值及频率分布曲线和不同重现期高水位值（表 3.10 和图 3.61）。

表 3.10 黄河海港验潮站不同重现期极值高潮位 单位：cm

站位	重现期（年）/ 基准面	2	5	10	20	50	100
黄河海港	1985 国家高程基准	136	166	185	204	228	246

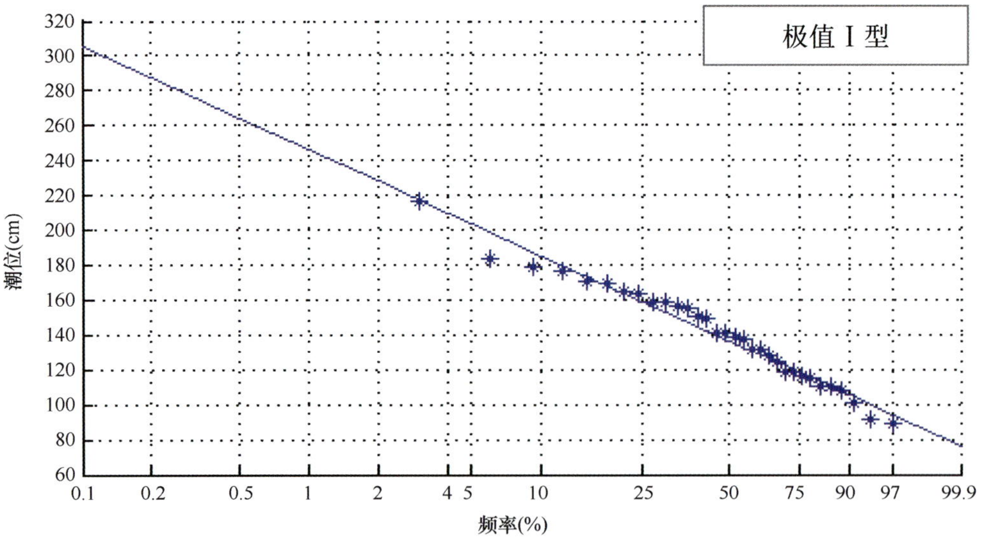

图 3.61 黄河海港验潮站高潮位年极值频率分布

方法 4：以滨州港验潮站为例，滨州港验潮站在 2012 年以前没有实测资料，所以数值模拟得到滨州站 1982—2012 年的最高潮位，并结合天文潮，根据《警戒潮位核定规范》（GB/T 17839-2011）的要求，按第 I 型极值分布计算年高潮位极值及频率分布曲线和不同重现期高水位值（见表 3.11 和图 3.62）。

表 3.11　滨州验潮站不同重现期极值高潮位　　单位：cm

站位	重现期（年）/ 基准面	2	5	10	20	50	100
滨州验潮站	1985 国家高程基准	220	252	274	295	301	322

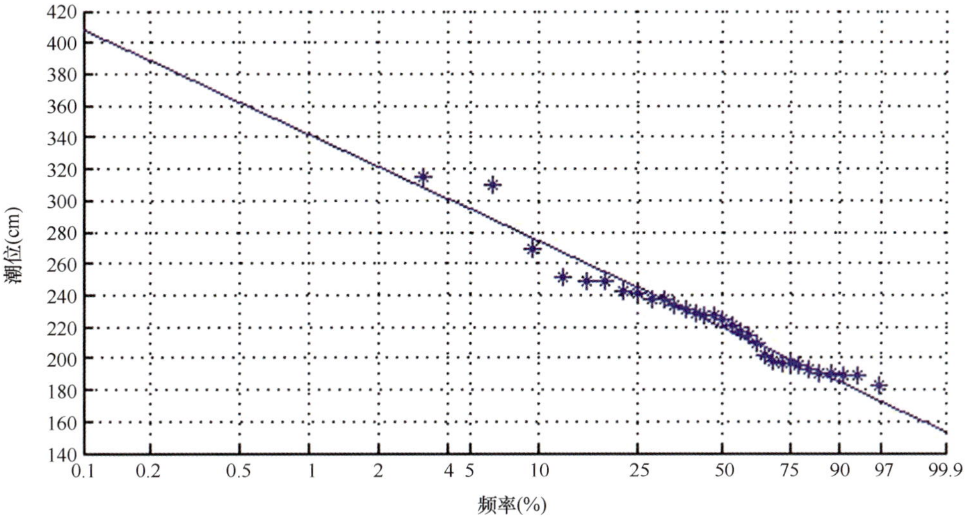

图 3.62　滨州港高潮位年极值频率分布图

利用上述 4 种方法计算核定区域代表验潮站年极值序列，然后根据《警戒潮位核定规范》（GB/T 17839-2011）的要求，按第 I 型极值分布计算不同重现期高水位值（表 3.12）。

表 3.12　山东省警戒潮位核定重现期潮位汇总表（基面：1985 国家高程基准）　　单位：cm

所属市	核定岸段	对应验潮站	使用方法	潮位 2 年	潮位 10 年	潮位 20 年	潮位 50 年	潮位 100 年
滨州市	无棣县	滨州港海洋站	方法 4	220	274	295	301	322
	沾化县							
东营市	河口区西部	新户临时验潮站	方法 4	211	268	289	317	338
	利津县							
	河口区东部	黄河海港验潮站	方法 3	136	185	204	228	246
	垦利县北部	垦东验潮站	方法 4	190	252	275	306	329
	垦利县南部	小岛河临时验潮站	方法 4	234	306	333	369	395
	东营区							
	广饶县							
潍坊市	寿光市	羊角沟水文站	方法 1	234	300	325	357	381
	寒亭区	潍坊港验潮站	方法 2	246	314	340	372	396
	昌邑市	下营临时验潮站	方法 3	246	304	326	354	375

续表

所属市	核定岸段	对应验潮站	使用方法	潮位				
				2 年	10 年	20 年	50 年	100 年
烟台市	莱州市	海庙临时验潮站	方法 4	178	221	238	259	275
	招远市	滨海临时验潮站	方法 4	140	180	197	218	233
	龙口市	龙口验潮站	方法 1	161	203	219	240	256
	蓬莱市	蓬莱验潮站	方法 2	163	204	219	240	255
	长岛县	长岛乐同临时验潮站	方法 4	137	184	202	225	243
	烟台经济技术开发区	八角码头临时验潮站	方法 4	170	213	230	251	267
	芝罘区	芝罘岛验潮站	方法 1	184	225	240	260	275
	莱山区	牟平临时验潮站	方法 4	183	226	244	265	281
	牟平区							
	海阳市	海阳东港临时验潮站	方法 4	228	255	265	279	289
	莱阳市	莱阳穴坊临时验潮站	方法 4	253	286	298	315	—
威海市	环翠区	小石岛验潮站	方法 2	200	239	254	273	287
	荣成市北	成山头验潮站	方法 1	115	150	163	180	192
	荣成市东南	石岛验潮站	方法 3	176	199	208	219	227
	文登市	文登验潮站	方法 4	236	269	281	297	309
	乳山市	乳山口验潮站	方法 4	224	258	270	287	299
青岛市	市南区	小麦岛验潮站	方法 3	225	247	255	266	274
	黄岛区东北部	五号码头验潮站	方法 3	265	292	302	316	326
	黄岛区东南部	董家口验潮站	方法 4	252	279	290	303	313
	崂山区	小麦岛海洋站	方法 3	225	247	255	266	274
	市北区	五号码头验潮站	方法 3	265	292	302	316	326
	李沧区							
	城阳区							
	胶州市							
	即墨市	田横验潮站	方法 4	264	290	300	313	323
日照市	东港区	日照验潮站	方法 1	264	290	300	312	322
	岚山区	岚山港验潮站	方法 2	296	325	336	350	361

3.2 波浪资料分析

波浪分风浪和涌浪，风浪是在风的直接作用下产生的，涌浪是由外海或邻近海域传入的波浪，当风突然转向时当地的浪亦称为涌浪。

3.2.1 实测海浪资料

山东省有实测波浪资料的地区较少，大多数资料来自地方海洋站，部门资料来自建设码头项目临时测量，如滨州波浪实测资料。

表 3.13 给出了山东地级市波浪统计结果，从结果分析得出：山东省沿岸主要以风浪为主，涌浪为辅；常浪向受地形影响较大，其中山东半岛北部、莱州湾和渤海湾主要受偏北风影响，而山东半岛南部主要受偏东和偏南风影响；强浪向均与风区长短有关，符合风浪成长关系。

表 3.13　山东省各地级市实测海浪分析表

所属市	测点位置	时间	年平均波高（cm）	常浪向	次浪向	强浪向	次强浪向	年平均周期（s）
滨州	38°19.3′N，118°06.6′E	2006 年 9 月至 2007 年 8 月	—	ENE	E	ENE	WSW	无
东营	—	—	—	—	—	—	—	—
潍坊	龙口海洋站	1960—2011 年	1.1	NE	NNE	NW，NNW		4.3
烟台	芝罘岛海洋站	1981—2011 年	1.2	NNW	NW	NNW，N		4.4
威海	石岛海洋站	1980—2011 年	0.8	S	SSE	SE	E	4.7
青岛	小麦岛海洋站	1980—2015 年	0.5	SE	ESE	ESE	SE	3.5
日照	东港港海洋站	1990—2012 年	0.5	E	ESE	SE	SSE	3.5
	岚山港海洋站	2003—2012 年	0.5	E	ESE	E	SE	3.4

3.2.2　海浪数值模拟

3.2.2.1　近岸海浪模拟

波浪计算区域一方面考虑所在区计算网格要充分细，另一方面必须满足计算海域足够大，所以波浪计算采用嵌套技术，大区为小区提供边界条件。模拟 2 年一遇波高，采用三重嵌套，在重点和岸线复杂区域用 MIKE21 BW 模型，可精细地刻画出沿岸波浪状况。海浪模拟风场是采用 WRF 模式模拟结果，具体参见 3.1.4.1 风场数据计算。

1）SWAN 模式简介

现代海浪模式研究始于第二次世界大战中的军事需要，发展至今经历了四代。最早由 Svrerdrup 与 Munk（1947）采用基于能量平衡的方法，由风要素直接计算海浪参数，这种方法以经验关系为主，具有局限性。此后，Gelci 等（1957）首次提出海浪谱模式并以数值方法进行海浪预报，SWAMP 研究组将之称为第一代海浪模式，这种方法没有独立的非线性作用项，避开了显式模拟海浪能量平衡的问题。第二代海浪模式发展于 20 世纪 70 年代，解决了第一代模式不能显式模拟能量平衡的问题，但是非线性相互作用项只能采用参数化的方式表达。1985 年，以 Hasselman 为首的 SWAMP 研究组系统分析并比较第一、二代海浪模式的特点，并组织了一个大的国际研究计划发展了第一个第三代海浪模式——WAM，第三代海浪模式不仅可以通过严格的数值方法计算波—波相互作用，同时使海浪能量平衡的计算不再局限于谱形。

由于第三代海浪模式在理论方面的先进性，使之在海浪研究和海浪业务化预报等方面得到广泛应用。目前流行的第三代海浪模式主要有深水模式 WAM cycle 4 和 WaveWatchIII（WWIII），浅水模式主要是

SWAN（Simulating WAve Nearshore）。我国主要有袁业立等（1992）在 WAM 的基础上发展的 LAGFD-WAM 等。

（1）波作用量平衡方程

SWAN 在考虑有流场影响时，谱能量密度不守恒，只有波作用量 $N(\sigma, \theta)$ [能量密度 $E(\sigma, \theta)$ 与相对频率 σ 之比] 守恒。$N(\sigma, \theta)$ 随时间、空间而变化。在笛卡尔坐标系下，波作用量平衡方程可表示为：

$$\frac{\partial}{\partial t}N + \frac{\partial}{\partial x}C_x N + \frac{\partial}{\partial y}C_y N + \frac{\partial}{\partial \sigma}C_\sigma N + \frac{\partial}{\partial \theta}C_\theta N = \frac{S}{\sigma} \tag{3.81}$$

式（3.81）左边第一项为波作用量 N 随时间的变化率；第二和第三项表示 N 在空间 x、y 方向上的传播；第四项表示由于流场和水深所引起的 N 在 σ 空间的变化，表示流场和变化的水深引起的频移；第五项表示 N 在 θ 空间的传播，亦即水深及流场引起的折射和变浅作用；方程右边的 S 代表以谱密度表示的波浪能量的源汇项，主要包括：风能输入、波—波非线性相互作用和由于底摩擦、白浪、破碎等引起的能量损耗；C_x、C_y、C_θ 和 C_σ 分别代表在 x、y、σ 和 θ 空间的波浪传播速度：

$$C_x = \frac{\mathrm{d}x}{\mathrm{d}t} = \frac{1}{2}\left[1 + \frac{2kd}{\sinh(2kd)}\right]\frac{\sigma k_x}{k^2} + U_x \tag{3.82}$$

$$C_y = \frac{\mathrm{d}y}{\mathrm{d}t} = \frac{1}{2}\left[1 + \frac{2kd}{\sinh(2kd)}\right]\frac{\sigma k_y}{k^2} + U_y \tag{3.83}$$

$$C_\sigma = \frac{\mathrm{d}\sigma}{\mathrm{d}t} = \frac{\partial \sigma}{\partial k}\left[\frac{\partial d}{\partial t} + \vec{U}\cdot\nabla d\right] - C_g \vec{k}\cdot\frac{\partial \vec{U}}{\partial s} \tag{3.84}$$

$$C_\theta = \frac{\mathrm{d}\theta}{\mathrm{d}t} = -\frac{1}{k}\left[\frac{\partial \sigma}{\partial d}\frac{\partial d}{\partial m} + \vec{k}\cdot\frac{\partial \vec{U}}{\partial k}\right] \tag{3.85}$$

式中，$\vec{k} = (k_x, k_y)$ 为波数；d 为水深；$\vec{U} = (U_x, U_y)$ 为流速；s 为沿 θ 方向空间坐标；m 为垂直于 s 的坐标；算子 $\frac{\partial}{\partial t}$ 定义为：$\frac{\mathrm{d}}{\mathrm{d}t} = \frac{\partial}{\partial t} + \vec{C}\cdot\nabla_{x,y}$。

（2）源汇项的处理方法

对于源函数项：

$$S = S_{wind}(\sigma, \theta) + S_{ds} + S_{nl} \tag{3.86}$$

处理如下。

①风—浪间的相互作用 [$S_{wind}(\sigma, \theta)$]

关于风生浪的计算方案采用 Phillips 于 1957 年提出的“共振”机制及 Miles 于 1957 年提出的平行流不稳定性风浪生成理论的结合形式。前者适用于风浪产生的初始阶段，后者适用于风浪成长的主要阶段，两者之间互为补充。因此，该计算方案充分考虑了这两种物理机制在海浪生成过程中不同阶段的重要作用。若用 $S_{wind}(\sigma, \theta)$ 代表风对浪的作用，则风生浪源函数可表示为线性增长部分和指数增长部分，即：$S_{wind}(\sigma, \theta) = A + BE(\sigma, \theta)$，其中 A 与 B 依赖于波的频率、方向及其风的频率和方向，系数 A、B 的选取直接影响着海浪的模拟效果。

$$A = \frac{1.5\times 10^{-3}}{g^2 2\pi}\{U_* \max[0, \cos(\theta - \theta_w)]\}^4 H \tag{3.87}$$

式中，$H = \exp\left[-\left(\frac{\sigma}{\sigma_{FM}^*}\right)^{-4}\right]$；$\theta_w$ 为风向；H 为滤波器；σ_{FM}^* 为风海面状态充分发展后的峰值频率。根据 Janssen（1989，1991），B 的表达式：

$$B = \beta \frac{\rho_a}{\rho_w}\left(\frac{U_*}{C_{ph}}\right)^2 \max\left[0,\ \cos(\theta - \theta_w)\right]^2 \sigma \tag{3.88}$$

式中，β 为 Miles 常数，它是通过无维临界高度 λ 得出，即

$$\beta = \frac{1.2}{k^2}\lambda \ln^4\lambda,\ \lambda \leqslant 1,\ \lambda = \frac{gZ_e}{C_{ph}{}^2}e^r \tag{3.89}$$

式中，Z_e 称为有效海表粗糙长度，依赖于粗糙长度及由于海表波浪的存在而引起的波诱导应力和海表风引起的湍流风应力，因此，该方案综合考虑了包含海、气边界层及海面粗糙度在内的风、浪之间的相互作用。

②耗散作用（$S_{ds} = S_{white} + S_{bottem} + S_{breaking}$）

海浪成长、消亡过程中，耗散机制起着至关重要的作用，它也是决定海浪能否充分发展的重要因素。该模式主要考虑三种耗散机制：白浪耗散、底摩擦作用及深度诱导的破碎（depth—induced breaking）所引起的能量耗散。

白浪耗散作用

海面在风的持续作用下（特别是大风），风浪不断产生、发展，其中一部分破碎，波破碎直接形成海洋白浪，白浪衰败后留下的泡沫要很长时间才能消亡；同时，与白浪伴生的还有海水中的气泡和空气中的水沫滴。研究表明：白浪在海—气交换过程中起着重要作用。SWAN 模式中的白浪耗散取 WAMDI group 的表达式，用 $S_{white}(\sigma,\ \theta) = -\Gamma\tilde{\sigma}\frac{k}{\tilde{k}}E(\sigma,\ d)$ 来表示，$\tilde{\sigma}$ 和 $\tilde{k}$ 分别表示平均频率和平均波数；Γ 是波陡系数，依赖于所有波的波陡，同时，它也依赖于风输入源函数的计算公式。

底摩擦作用

底摩擦作用与海底地形及粗糙度有关，本文选取 Hasselmann 的表达式：

$$S_{bottom}(\sigma,\ \theta) = -C_{bottom}\frac{\sigma^2}{g^2\sinh^2(kd)}E(\sigma,\ \theta) \tag{3.90}$$

式中，C_{bottom} 是底摩擦系数，本文中 C_{bottom} 取常数 0.038 m^2s^{-3}

深度诱导波破碎作用

当波浪从深水传到有限水深处，波高与水深的比率变得很大时，波能因破碎而耗散。取水平方向上，由于波破碎导致单位面积上能量的平均耗散率为：

$$D_{tot} = -\frac{1}{4}\alpha_{BJ}Q_b\left(\frac{\bar{\sigma}}{2\pi}\right)H_m{}^2 \tag{3.91}$$

式中，$\alpha_{BJ} = 1$，$\bar{\sigma}$ 为平均频率，H_m 为给定深度的最大波高，Q_b 是由破碎的波所决定 $E_{tot} = \int_0^{2\pi}\int_0^{\infty}E(\sigma,\ \theta)\,\mathrm{d}\theta\mathrm{d}\sigma$。

因此，波破碎源函数的表达式为：

$$S_{breaking}(\sigma,\ \theta) = -D\frac{E(\sigma,\ \theta)}{E_{tot}} \tag{3.92}$$

非线性波—波相互作用（S_{nl}）

波浪从风中获得能量后成长，其能量又在不同波之间再分配。因此，波—波相互作用是海浪发展、

成长的重要机制。研究发现：在深水情形，四波共振相互作用控制着海浪波谱的发展，它把能量从高频转移到低频中去；而在浅水中，三波相互作用变得重要，结果是把低频的能量向高频转换。在近岸浅水区，由于海底地形复杂多变，因此一般须考虑三波和四波之间的相互作用。四波共振相互作用的计算较为复杂，SWAN 采用 Hassenlmann 所提出的方案，并用 DIA（Discrete Interaction Approximation）的方法求解，而三波相互作用则根据 E1deberk 的方案获得并利用 LTA（Lumped Trida Approximation）的方法求解。

（3）波作用量平衡方程的数值算法

SWAN 模式采用全隐式有限差分格式，无条件稳定，允许较大的时间步长。对波作用量平衡方程进行离散：

$$\left[\frac{N^{i_t,n}-N^{i_t-1}}{\Delta t}\right]_{i_x,i_y,i_\sigma,i_\theta}+\left[\frac{[C_xN]_{i_x}-[C_xN]_{i_x-1}}{\Delta x}\right]_{i_y,i_\sigma,i_\theta}^{i_t,n}+\left[\frac{[C_yN]_{i_y}-[C_yN]_{i_y-1}}{\Delta x}\right]_{i_x,i_\sigma,i_\theta}^{i_t,n^*}$$

$$+\left[\frac{(1-v)[C_\sigma N]_{i_\sigma+1}+2v[C_\sigma N]_{i_\sigma}-(1+v)[C_\sigma N]_{i_\sigma-1}}{2\Delta\sigma}\right]_{i_x,i_y,i_\sigma}^{i_t,n^*}$$

$$+\left[\frac{(1-\eta)[C_\theta N]_{i_\theta+1}+2v[C_\theta N]_{i_\theta}-(1+\eta)[C_\theta N]_{i_\theta-1}}{2\Delta\sigma}\right]_{i_x,i_y,i_\theta}^{i_t,n^*}$$

$$=\left[\frac{S}{\sigma}\right]_{i_x,i_y,i_\sigma,i_\theta}^{i_t,n} \tag{3.93}$$

式中，i_t 为时间层标号；i_x，i_y，i_σ 和 i_θ 为 x，y，σ 和 θ 方向相应网格标号；Δt，Δx，Δy，$\Delta\sigma$ 和 $\Delta\theta$ 为时间步长、地理空间（x，y）方向步长、谱空间相对频率 σ、方向分布 θ 的步长；n 为每时间层迭代次数；方程右边源汇项中的 n^* 为 n 或 $n-1$；$\eta\in[0,1]$，$\nu\in[0,1]$，系数 ν 和 η 的取值大小决定了谱空间的差分格式是偏于迎风格式还是偏于中心格式，因此决定了在频谱空间和方向空间的数值离散程度和收敛性强弱，如当 $\nu=0$ 或 $\eta=0$ 时为中心差分格式，数值离散趋于0，计算准确度最高；当 $\nu=1$ 或 $\eta=1$ 时为迎风差分格式，数值离散程度最大，但收敛性最好。计算时采用一次迭代四次扫描技术。

2）山东海域海浪数值计算

（1）海浪计算方向

按波浪生成及成长的原理，凡是影响计算点浪高的风以及可能传播过来的海浪都应纳入计算范围。由山东沿海县、市的地理位置及岸线朝向可知，山东半岛北部 NW、N 和 NE 向传过来的浪对近岸海域影响最大，山东半岛南部 E、SE 及 S 向传过来的浪对近岸海域影响最大，因此，针对山东半岛南北海域强浪向及常浪向，考虑采用 SWAN 模式推算近岸附近不同方向的波浪分布情况。

（2）计算频率范围和分辨率

模式计算频率范围为：0.04~1.0 Hz，共分成 40 个频段，41 个频率数，频率并不是等分，而是

$$\Delta f_i=\left[\left(\frac{f_{high}}{f_{low}}\right)^{1/msc}-1\right]f_i \tag{3.94}$$

式中，f_{high} 为频率范围的高频，f_{low} 为频率范围的低频，msc 为频段数。通过这种方法，对低频含能谱可以采用更精细的频率分辨率，而高频部分采用较粗的频率网格。

（3）计算区域和空间分辨率

波浪计算区域一方面考虑所在区计算网格要充分细，另一方面必须满足计算海域要大，所以波浪计算采用嵌套技术，大区为小区提供边界条件。

①大区（第一重网格），中国东部海域，包括渤海、黄海、东海等海域，其模拟范围是：24.38°—41°N，117°—127.97°E，空间分辨率为 $\left(\frac{1}{30}\right)^{\circ} \times \left(\frac{1}{30}\right)^{\circ}$。

②中区（第二重网格），包括长江口以北、整个渤海海域，其模拟范围是：32°—41°N，117°—127°E，空间分辨率为 $\left(\frac{1}{120}\right)^{\circ} \times \left(\frac{1}{120}\right)^{\circ}$。

③小区（第三重网格），即山东沿海及其附近海域，本次将山东沿海的潍坊、龙口、烟台、威海划分为 6 个区域分别进行模拟计算，1 区其模拟范围是：37°1′—38°4′N，118°51′—120°19′E；2 区模拟范围是：37°22′—38°37′N，119°46′—121°4′E；3 区模拟范围是：37°23′—38°27′N，120°37′—121°56′E；4 区模拟范围是：37°7′—38°8′N，121°44′—123°3′E；5 区模拟范围是：36°11′—37°14′N，121°33′—123°2′E；6 区模拟范围是：35°50′—36°56′N，120°33′—121°45′E，空间分辨率均为 $\left(\frac{1}{1200}\right)^{\circ} \times \left(\frac{1}{1200}\right)^{\circ}$。

具体的模拟计算区域见图 3.63。

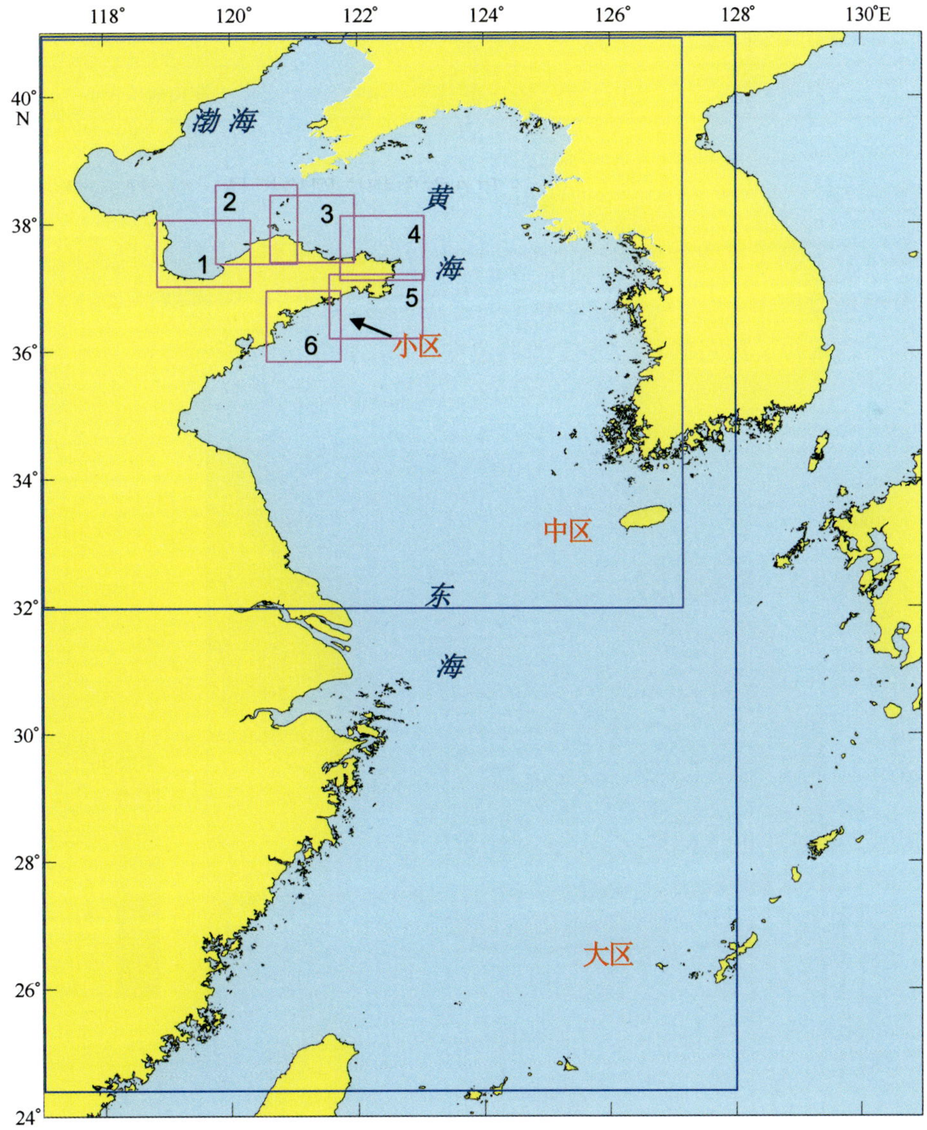

图 3.63　计算区域范围图

（4）海浪模式考虑的物理过程

表 3.14 为 SWAN 模式考虑的物理过程，包括风输入、波浪破碎、四波相互作用、三波相互作用、底摩擦、深度诱导的破碎、障碍物的阻挡和反射以及波浪传播过程的衍射和绕射。

表 3.14　SWAN 模式考虑的物理过程

SWAN 考虑的物理过程		采用的方法和参考文献
风输入	线性增长	Cavaleri 和 Malanotte-Rizzoli（1981）
	指数增长	Komen 等（1984）
波浪破碎		Komen 等（1984）
四波相互作用		Hasselmann 等（1985）
三波相互作用		Eldeberky（1996）
深度诱导的破碎		Battjes 和 Janssen（1978）
底摩擦		Hasselmann 等（1973）
障碍物的阻挡和反射		在传播项表示
衍射和绕射		在传播项表示

（5）水深地形资料

采用中国人民解放军海军司令部航海保证部出版的海图水深资料，山东半岛及附近海域采用最新实测的水陆域地形资料进行修正。6 个小区海域的水深分布见图 3.64。实际模拟计算时，在海图水深的基础上加上 2 年一遇的平均水位，以反映比较真实的海浪变化。

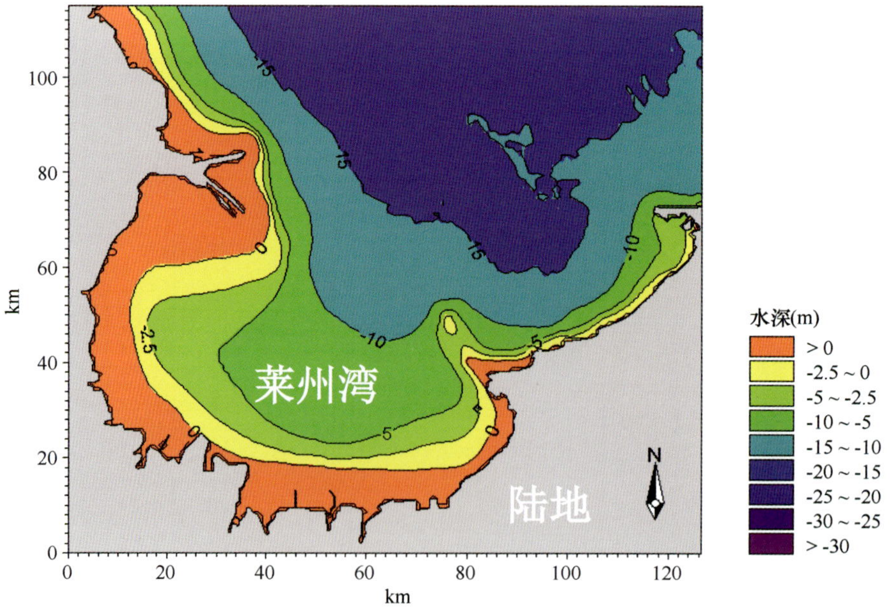

图 3.64　莱州湾及其附近海域的水深分布

（6）风场资料

采用模式 WRF 计算的结果，见 3.1.4.1 风场数值计算。为了证明使用的此海浪数值方法能用来计算山东沿海的波要素，我们利用渤、黄海的浮标观测资料作为检验模式的依据，位置见图 3.65。波浪模拟的检验工作共选择了 2011 年 4 个天气过程，模拟波要素随时间的变化，并与上述实测波浪资料进行对比。图 3.66 至图 3.69 分别是 4 个天气过程波要素随时间的变化过程曲线比对图，由图中所示的模拟结果与实测资料的比较可以看出，两者间的结果是接近的。因此，本方法可用于渤、黄海海域的波浪要素模拟。

图 3.65　各验证浮标的位置示意

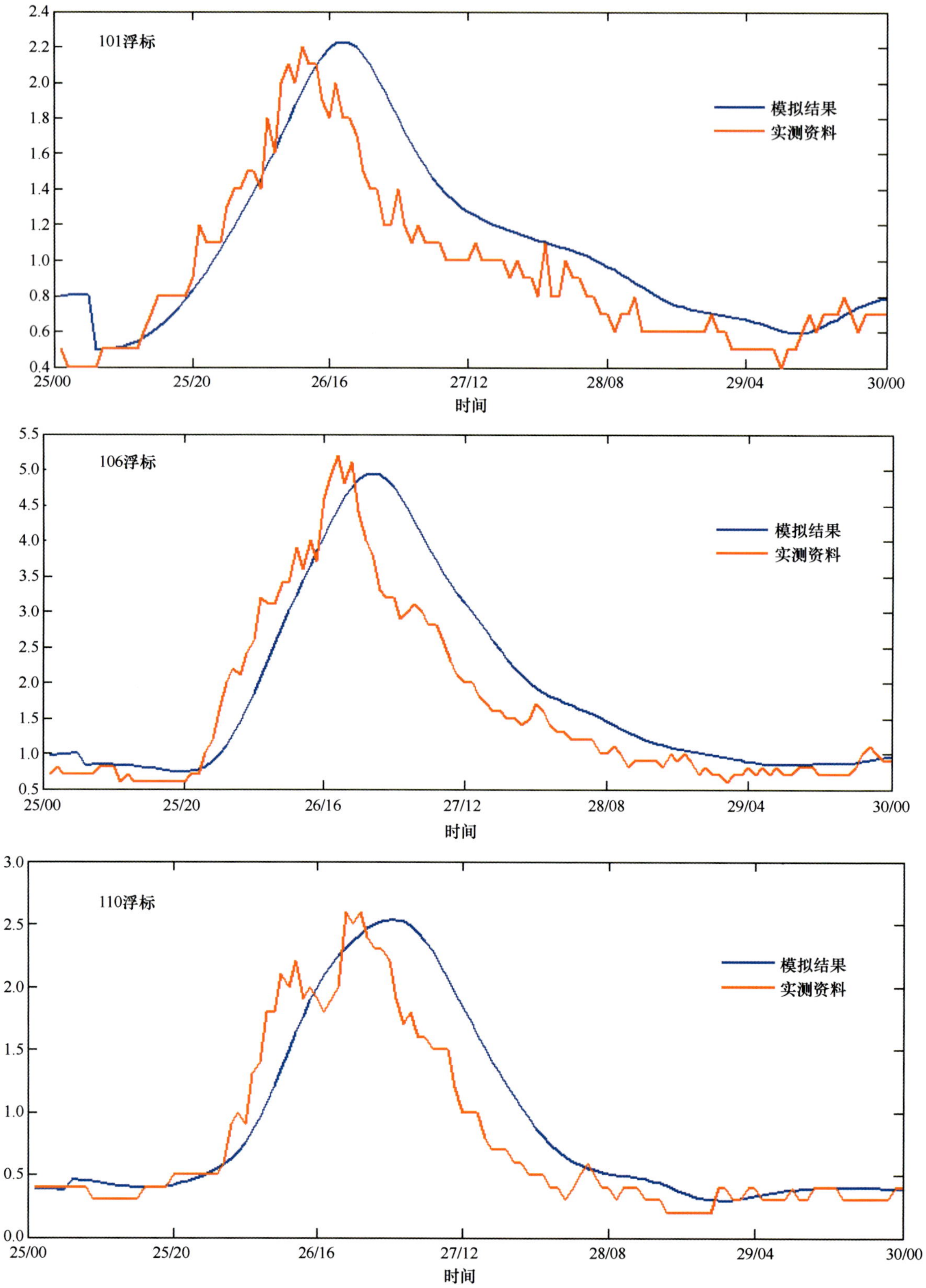

图 3.66　2011 年 6 月 25—30 日海浪过程模拟和实测对比

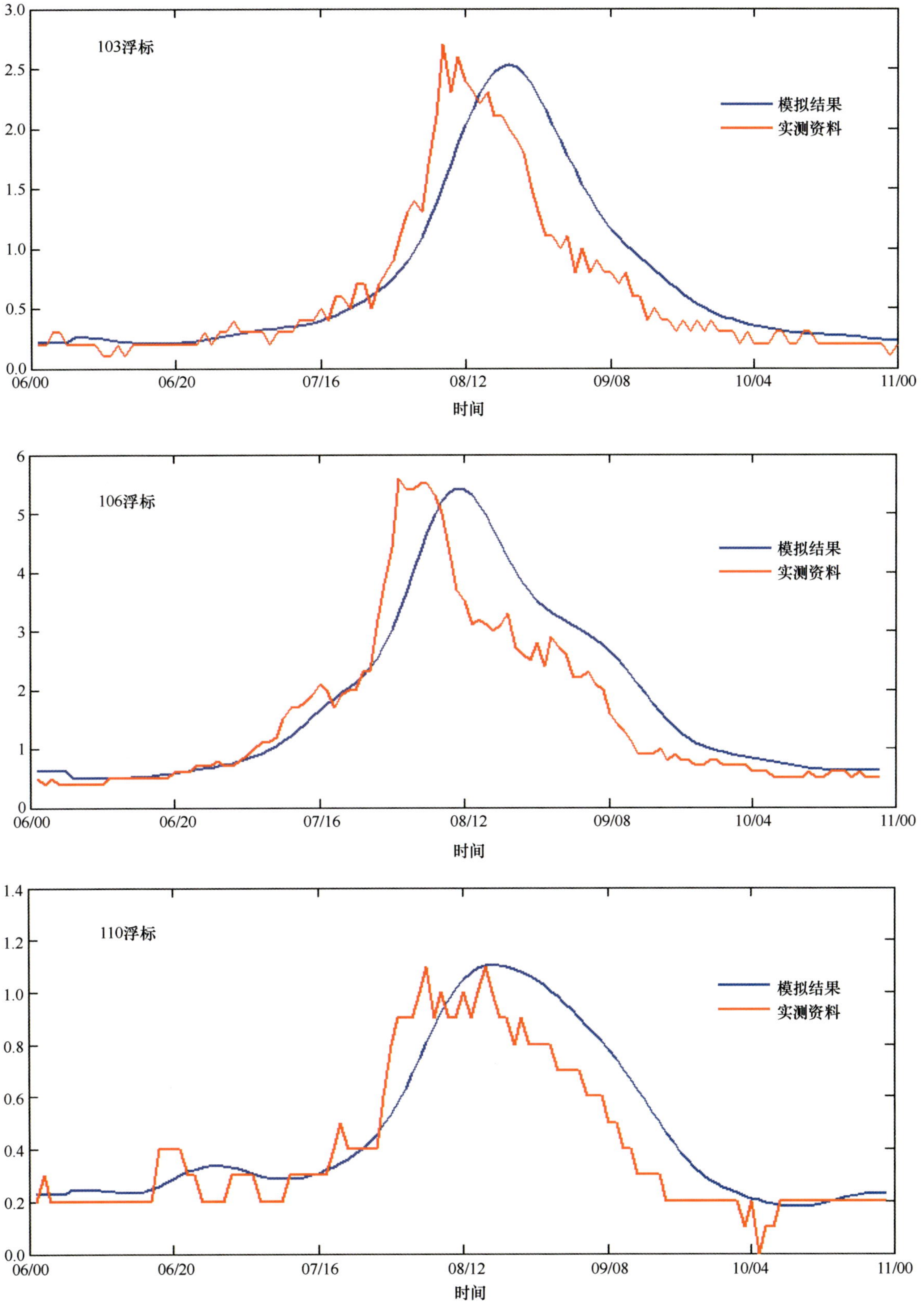

图 3.67 2011 年 8 月 6—11 日海浪过程模拟和实测对比

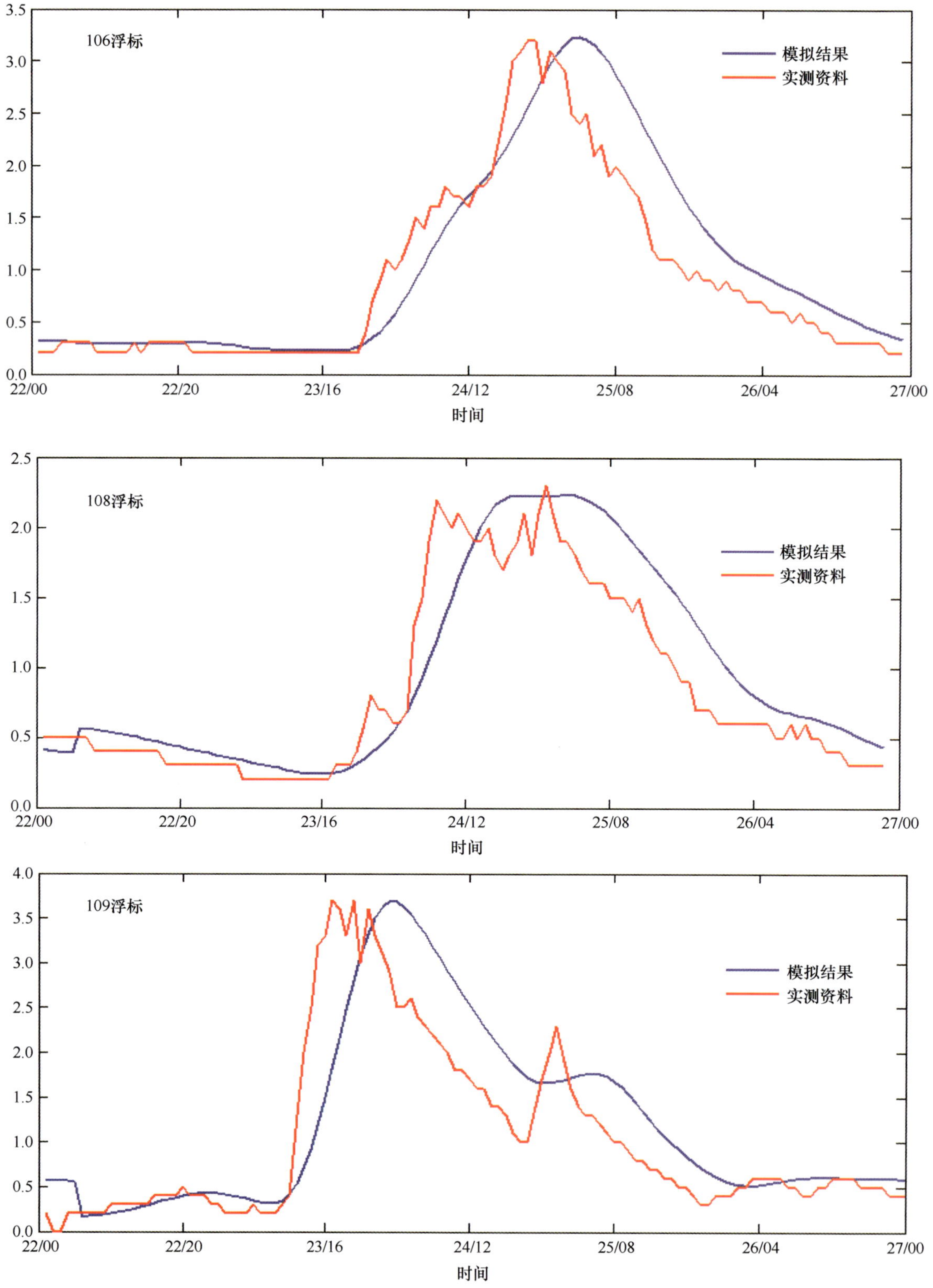

图 3.68　2011 年 10 月 22—27 日海浪过程模拟和实测对比

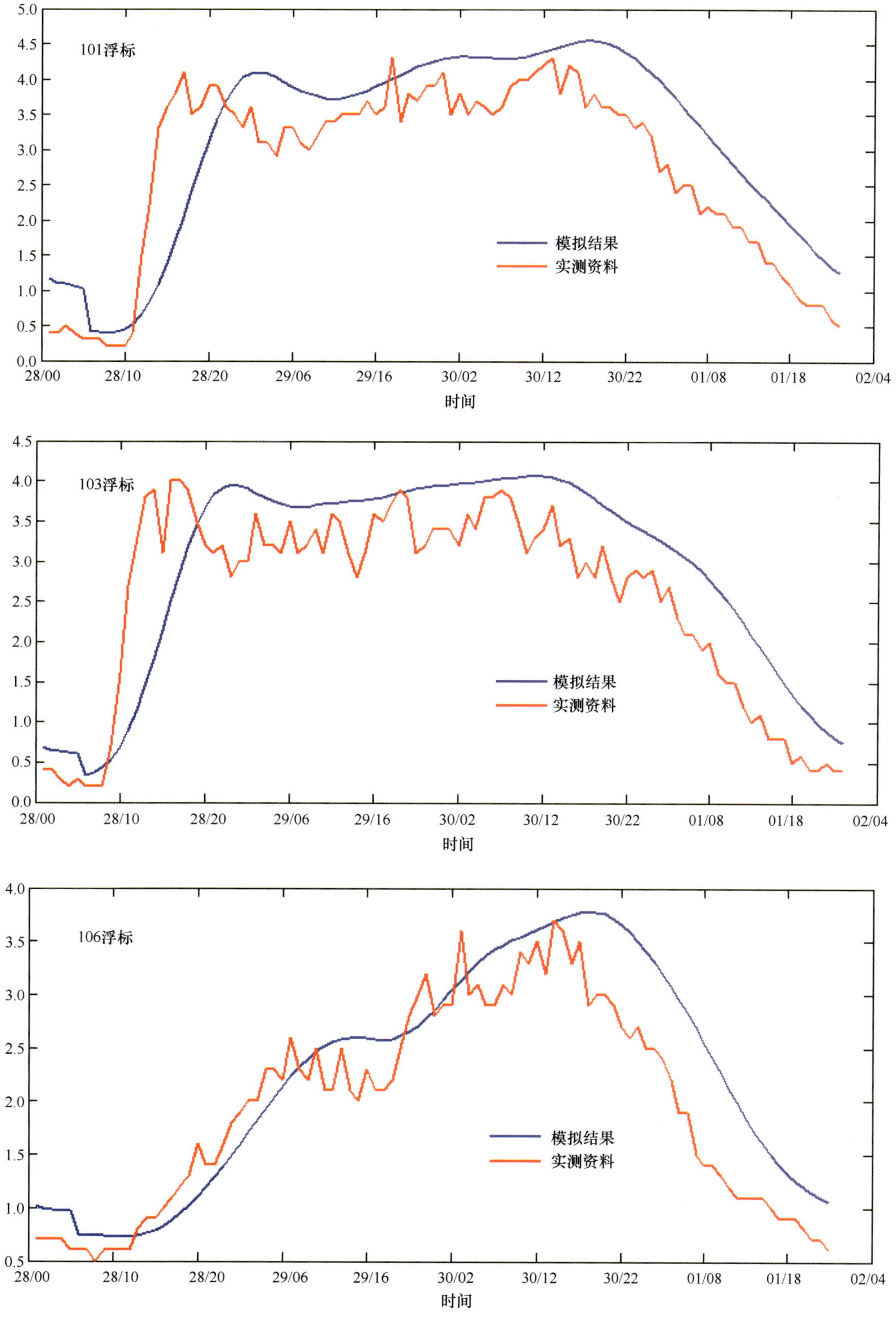

图 3.69　2011 年 11 月 28 至 12 月 2 日海浪过程模拟和实测对比

为了验证模式在不同区域的适用性和准确性，首先通过该模式计算了所在区域中就近海洋观测站点的 $H_{1/10}$ 大波波高，并与海洋站统计分析推算波高进行了比较。表 3.15 为龙口海洋站、芝罘岛海洋站、成山头海洋站、石岛海洋站的模式计算波高与推算波高的比较结果。由表中所示的模拟结果与统计推算结果的比较可以看出，两者间的结果是接近的。因此，本模式可用于各海域的波浪要素模拟。

表 3.15　山东半岛沿岸海洋观测站模拟计算波高与统计分析推算波高的比较

模拟区域	方向	海洋站推算 $H_{1/10}$ 波高（m）	模式计算 $H_{1/10}$ 波高（m）
龙口海洋观测站	SW	1.44	1.49
	W	2.35	2.50
	NW	2.99	3.00
	N	3.29	3.35
	NE	3.49	3.58
	E	1.38	1.48
芝罘岛海洋观测站	NW	3.08	3.00
	N	3.23	3.20
	NE	2.86	2.95
成山头海洋观测站	E	2.48	2.50
	SE	2.63	2.60
	S	1.81	1.86
石岛海洋观测站	E	1.12	1.20
	SE	2.90	3.05
	S	2.97	3.10
	SW	1.90	1.85

3）模式结果

为了能清楚地了解山东半岛及附近沿海海域波浪的基本特征，我们利用 SWAN 海浪模式模拟计算了在 2 年一遇高潮位情况下 SW、W、NW、N、NE、E 等方向共计 28 种组合的波浪场的分布情况。

图 3.70 至图 3.109 分别为 2 年一遇高潮位的情况下不同方向的山东半岛沿岸及附近海域的有效波高的波浪场分布图。由图可知，波要素与水深有关，但总体是波高等值线与等深线趋势基本一致，渤海湾沿岸以 N 向及 NE 向波高较大；莱州湾西部沿岸以 NE 波高较大，莱州湾以偏北向波高较大；山东半岛北部及附近海域，在同一区域情况下 N 向及 NE 向波高较大，SW、E 向波高最小；山东半岛南部海域在同一区域情况下 S 和 SE 向波高较大，E 向波高最小；青岛附近海域以 SE 向波高较大。

需要说明的是，日照海域由于有实测海浪资料，无需利用数值模拟补充 2 年一遇浪场数据。

3.2.2.2　重点港湾波浪模拟

为了精细刻画出重点和岸线复杂区域沿岸的波浪状况，选用 MIKE21 BW 模型对烟台市区、威海市区和荣成石岛湾海区近岸的波浪进行模拟。

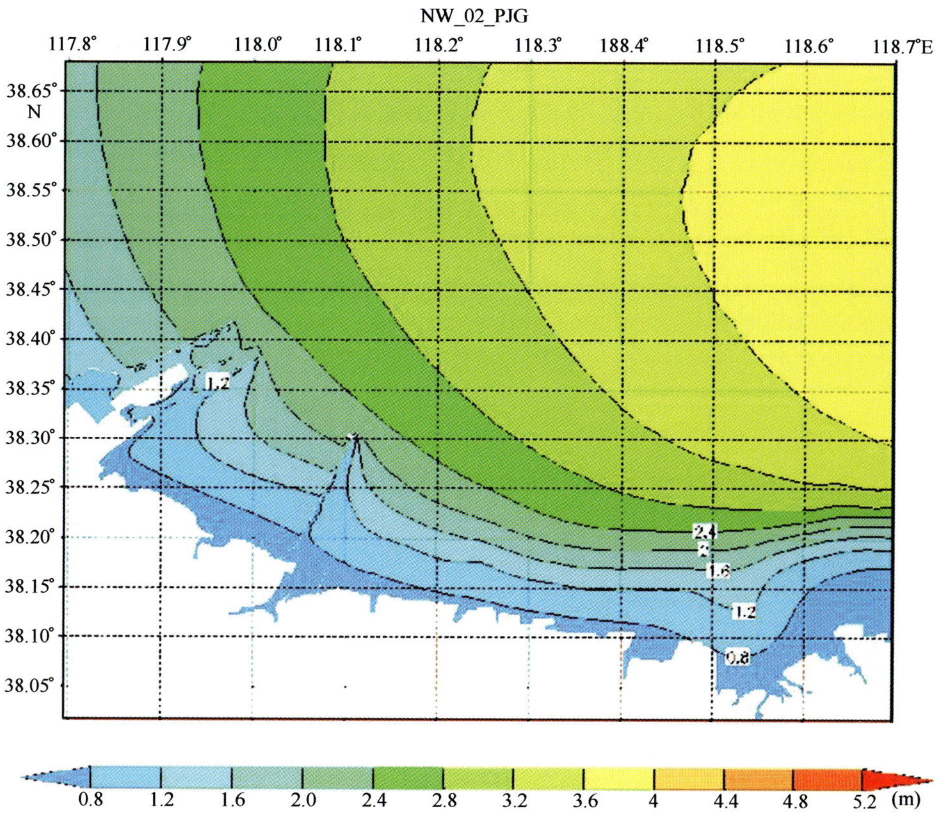

图 3.70　滨州近海 NW 向 2 年一遇波浪场

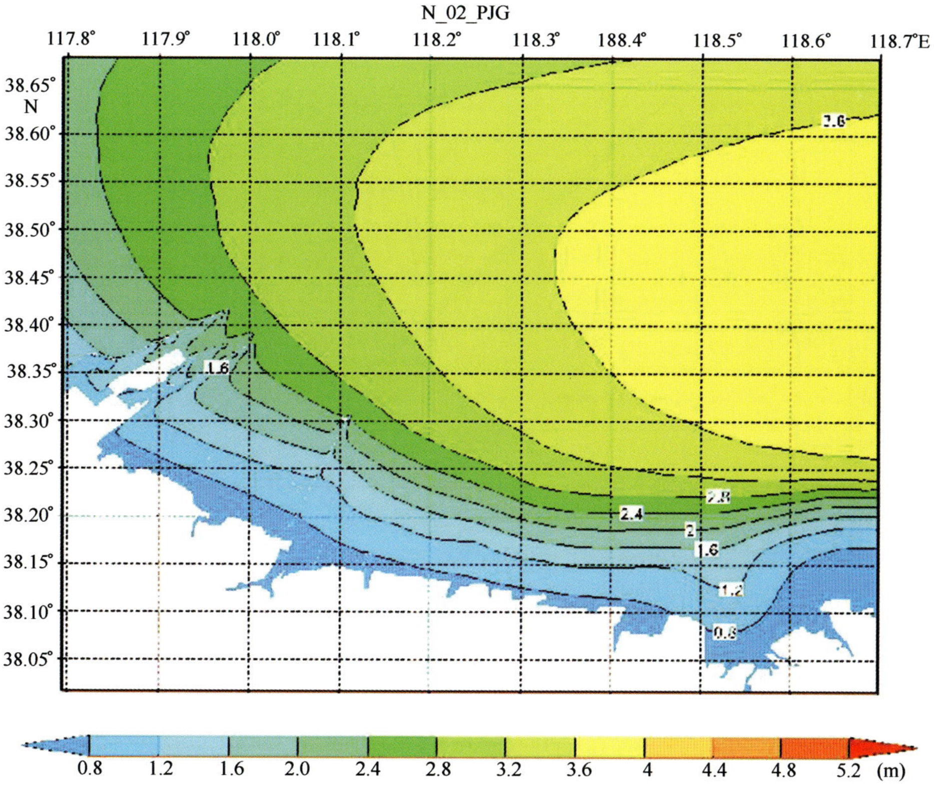

图 3.71　滨州近海 N 向 2 年一遇波浪场

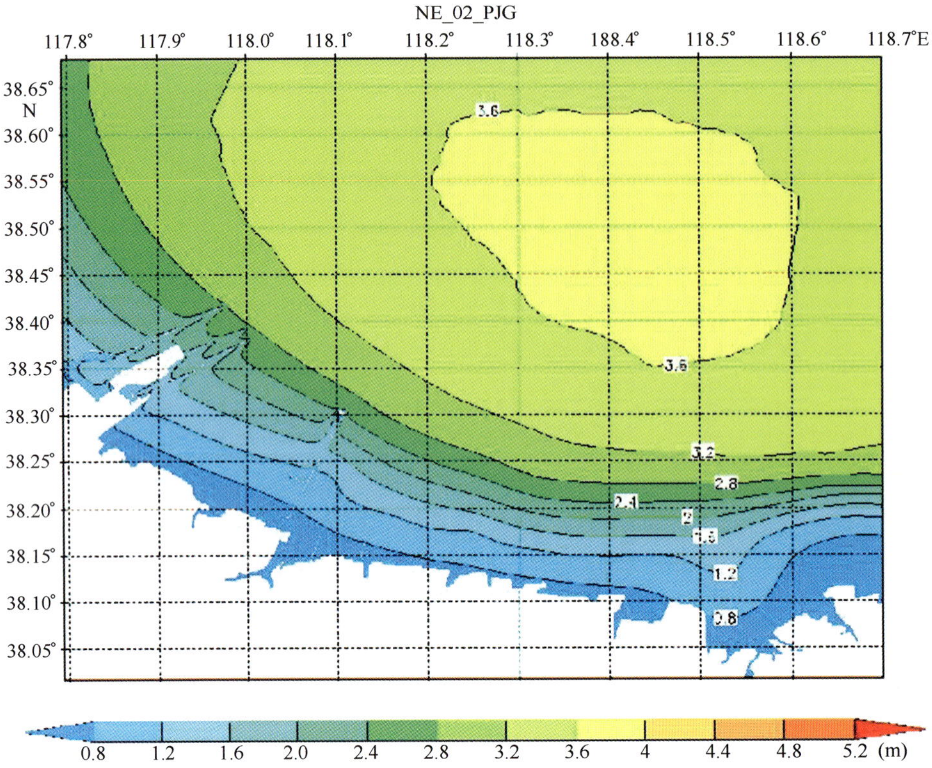

图 3.72　滨州近海 NE 向 2 年一遇波浪场

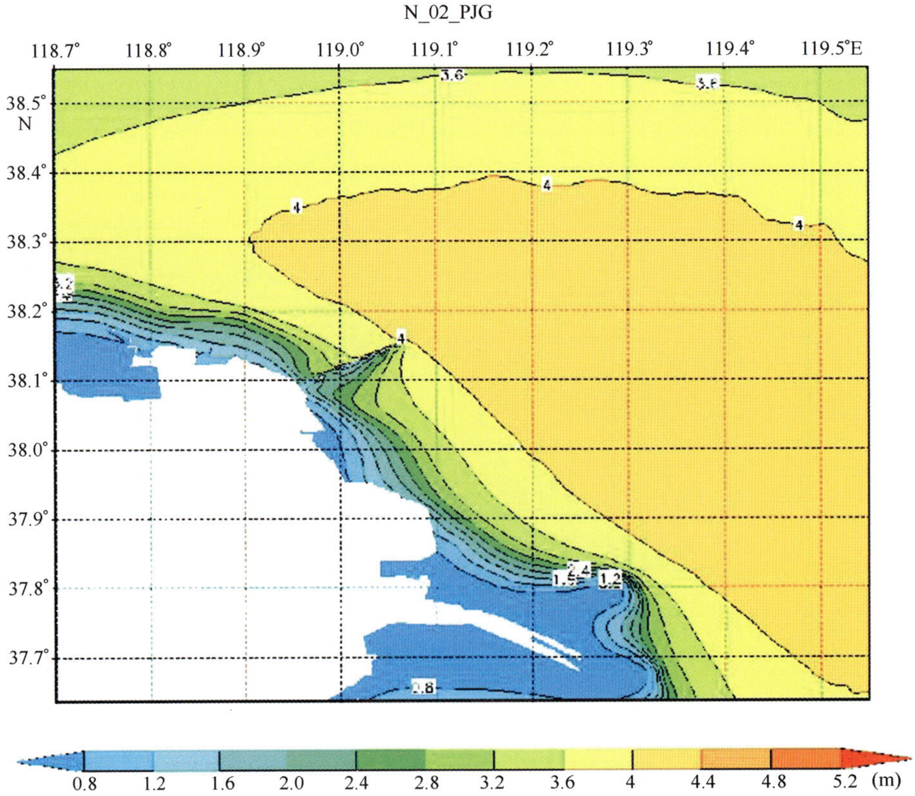

图 3.73　黄河海港近海 N 向 2 年一遇波浪场

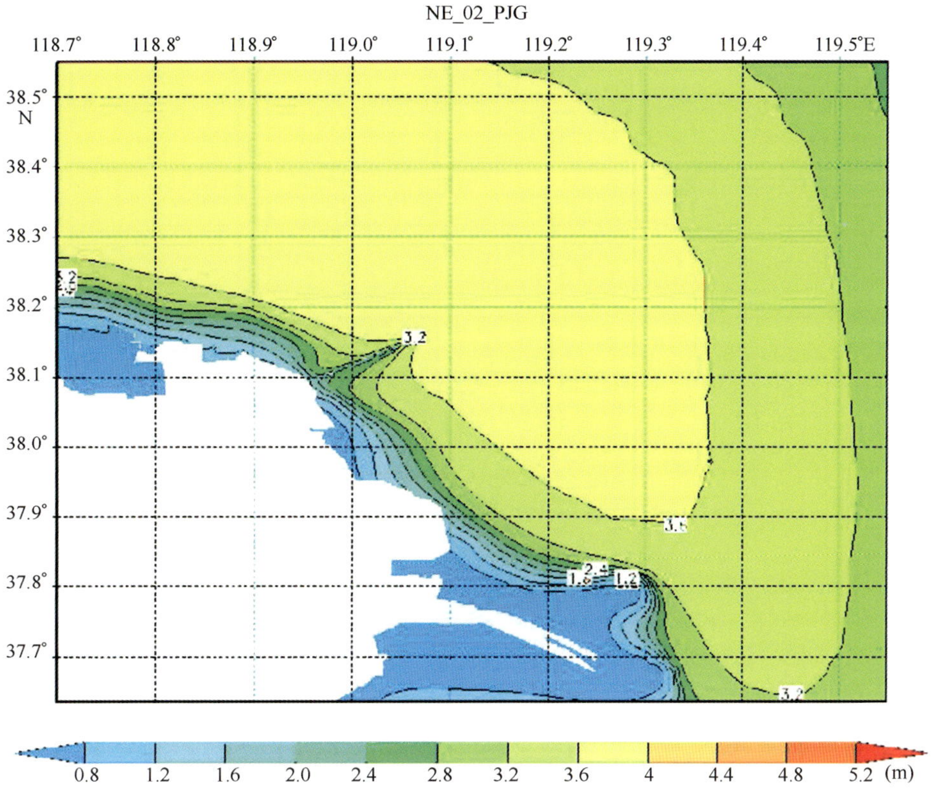

图 3.74　黄河海港近海 NE 向 2 年一遇波浪场

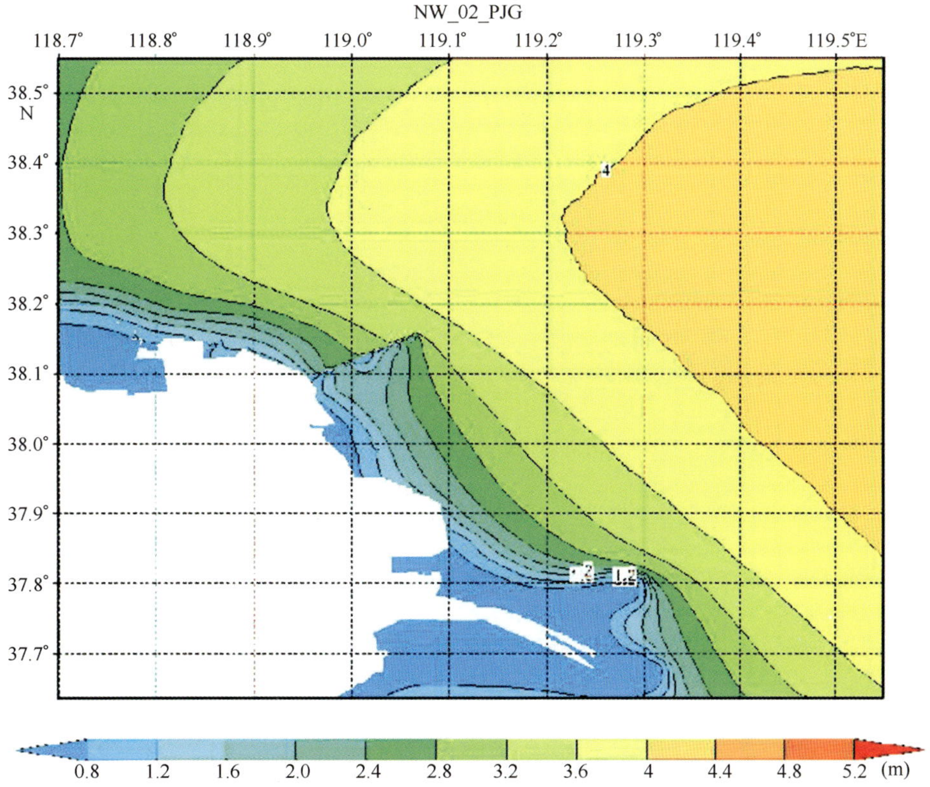

图 3.75　黄河海港近海 NW 向 2 年一遇波浪场

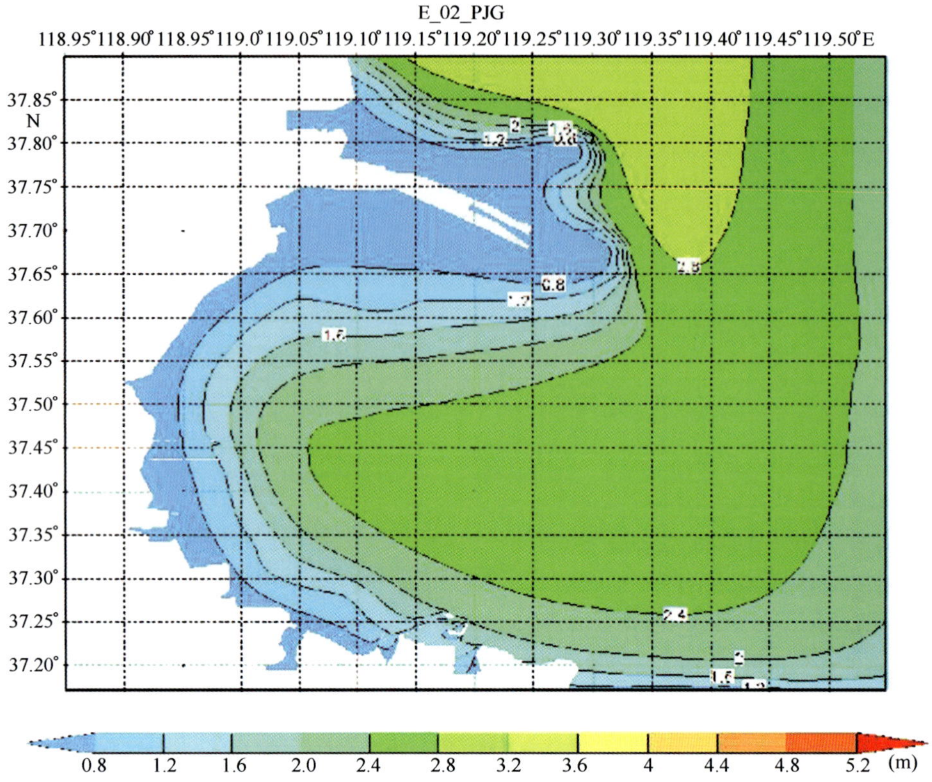

图 3.76　东营区和广饶县近海 E 向 2 年一遇波浪场

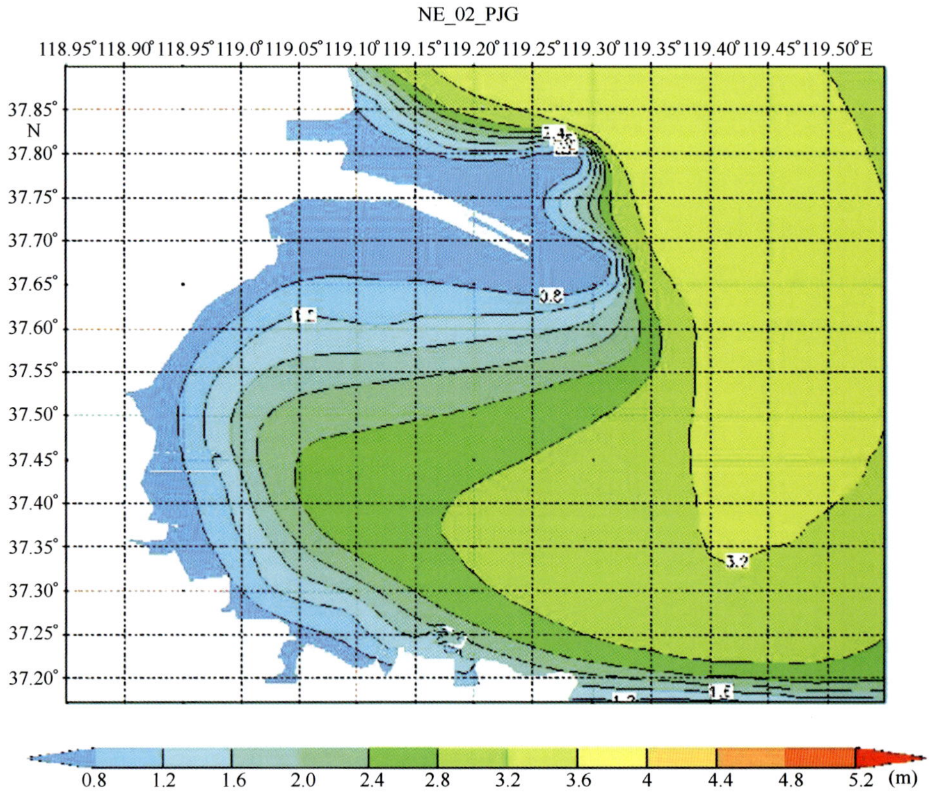

图 3.77　东营区和广饶县近海 NE 向 2 年一遇波浪场

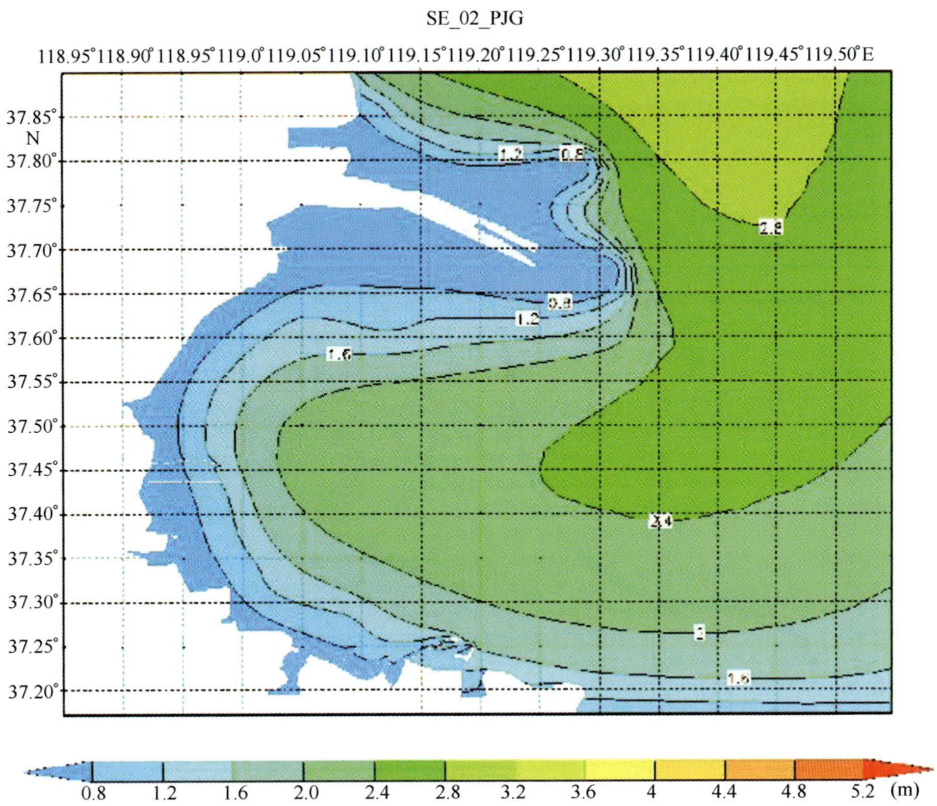

图 3.78　东营区和广饶县近海 SE 向 2 年一遇波浪场

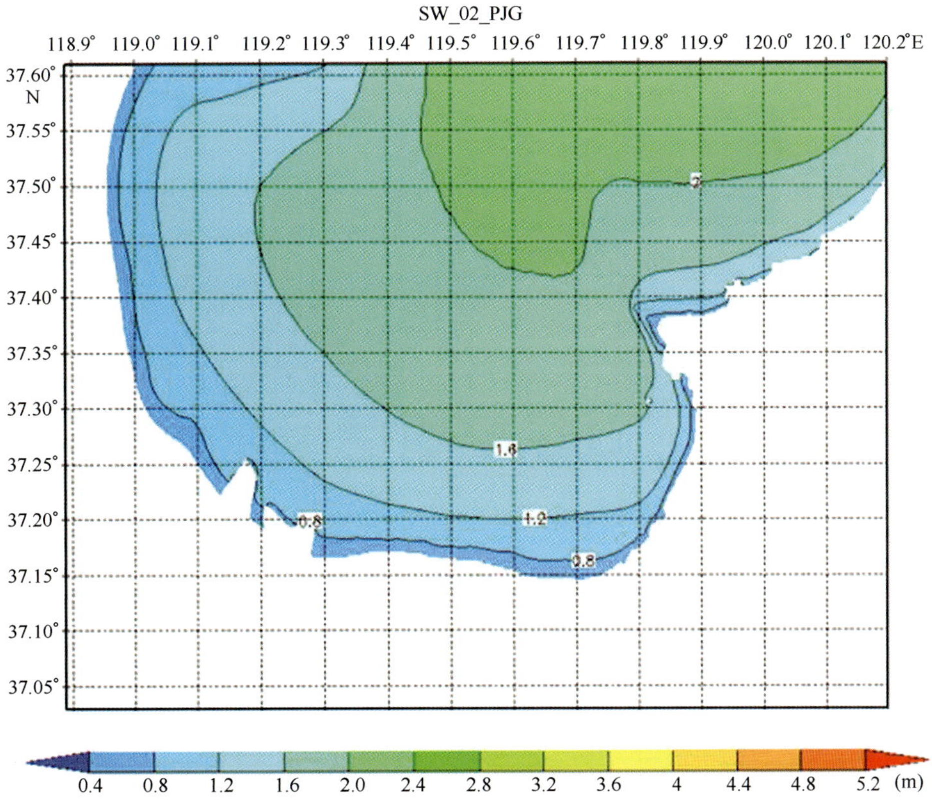

图 3.79　莱州湾海域 SW 向 2 年一遇波浪场分布

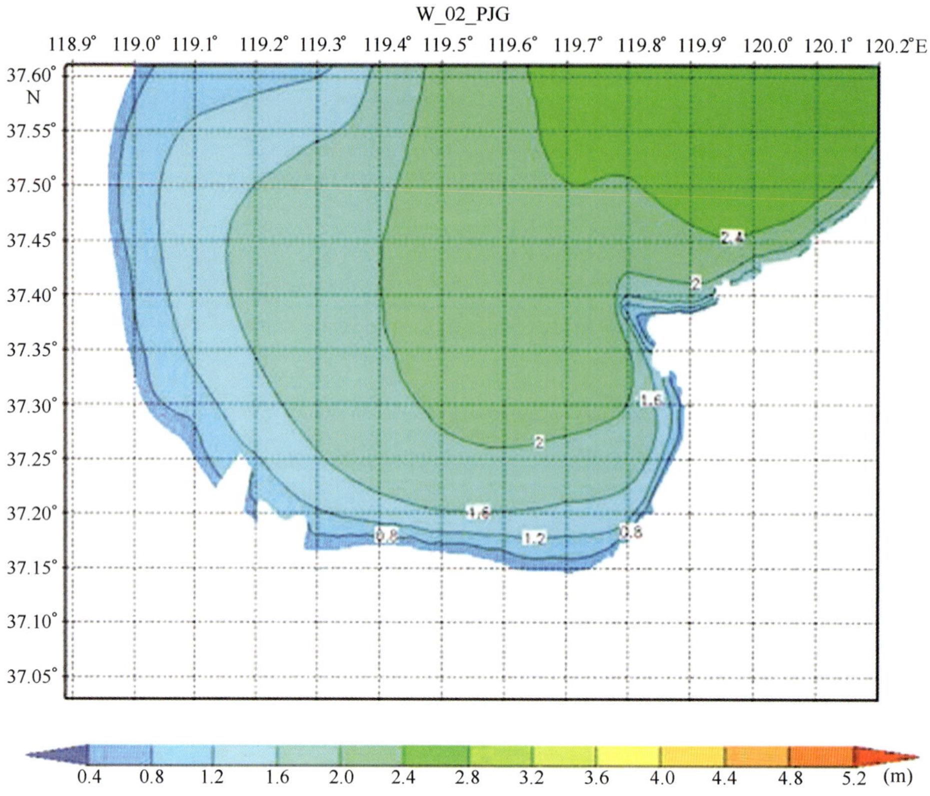

图 3.80 莱州湾海域 W 向 2 年一遇波浪场分布

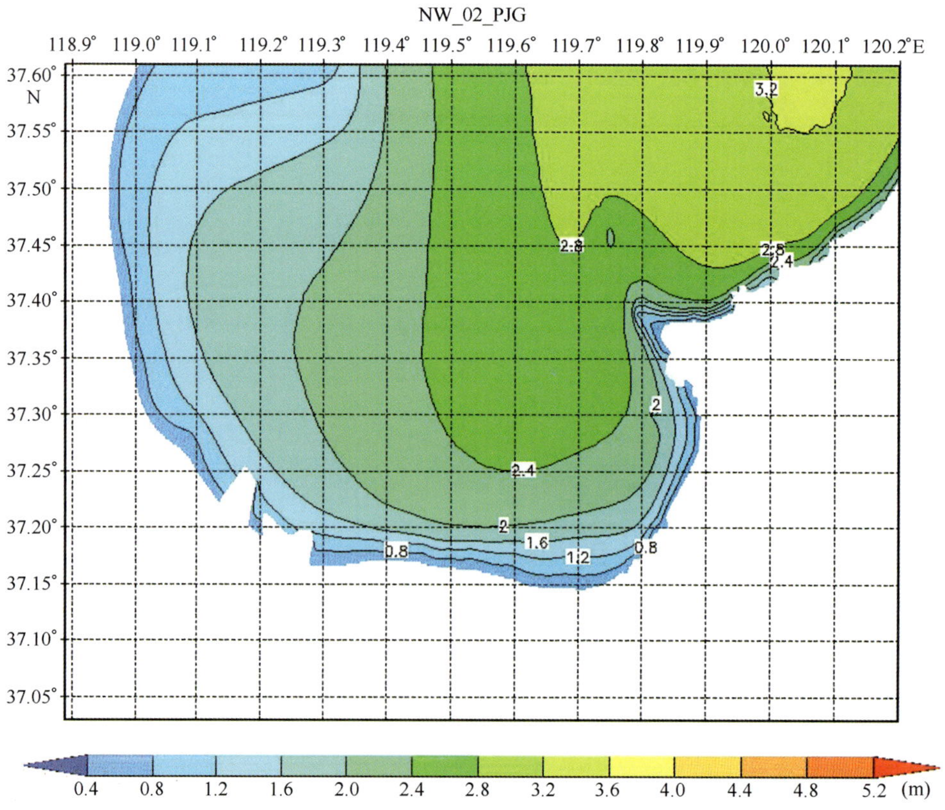

图 3.81 莱州湾海域 NW 向 2 年一遇波浪场分布

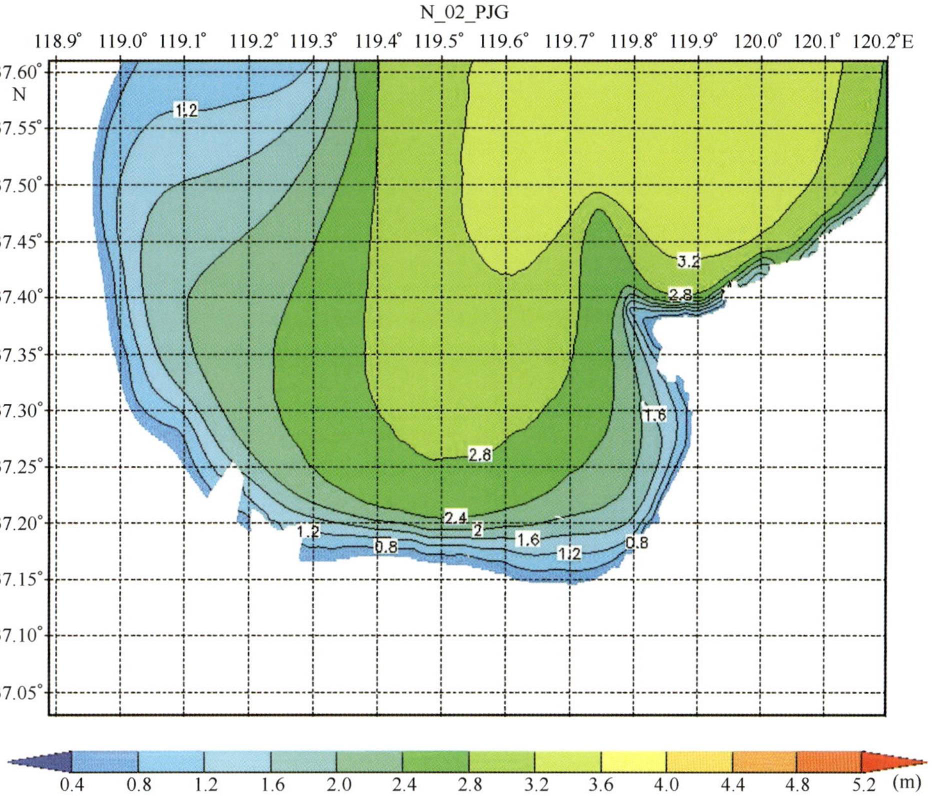

图 3.82　莱州湾海域 N 向 2 年一遇波浪场分布

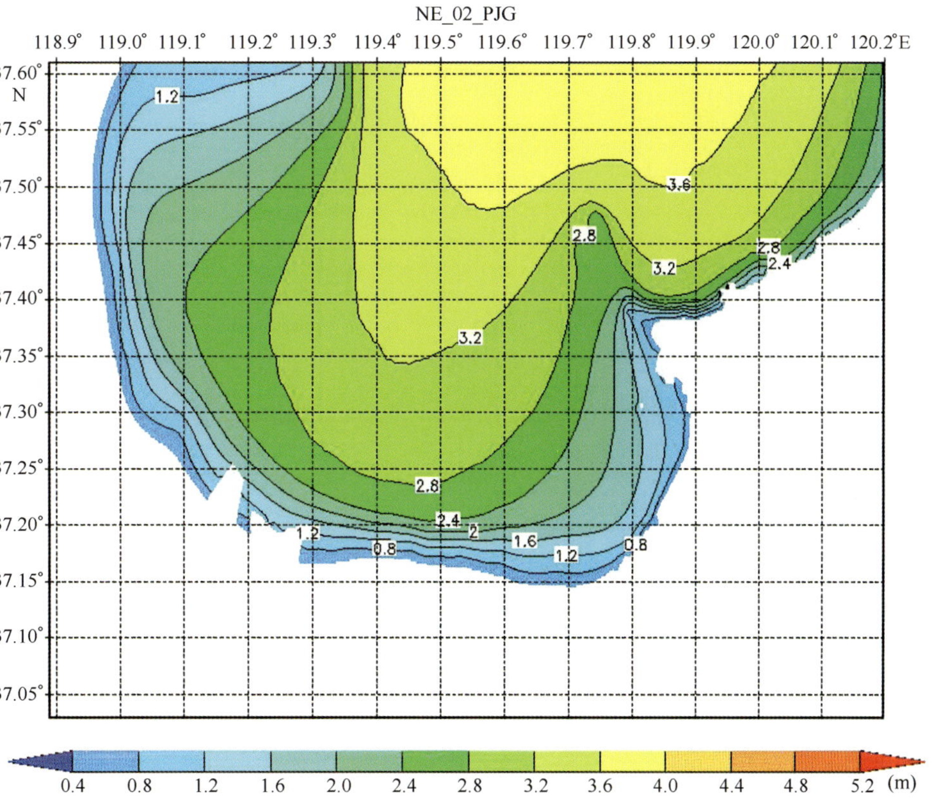

图 3.83　莱州湾海域 NE 向 2 年一遇波浪场分布

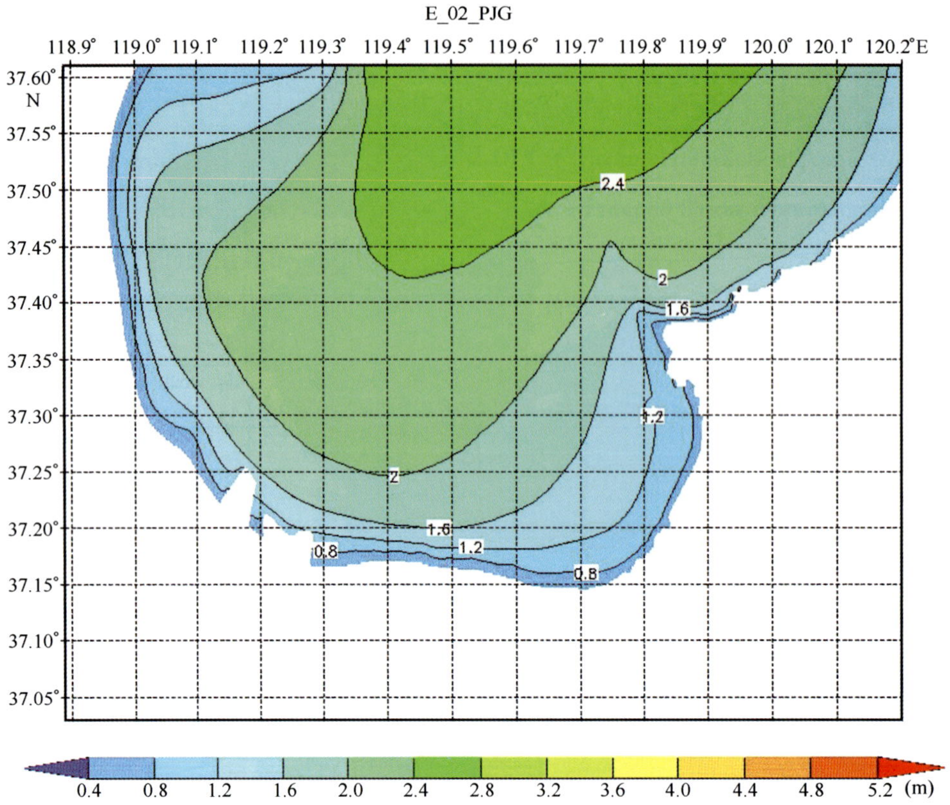

图 3.84 莱州湾海域 E 向 2 年一遇波浪场分布

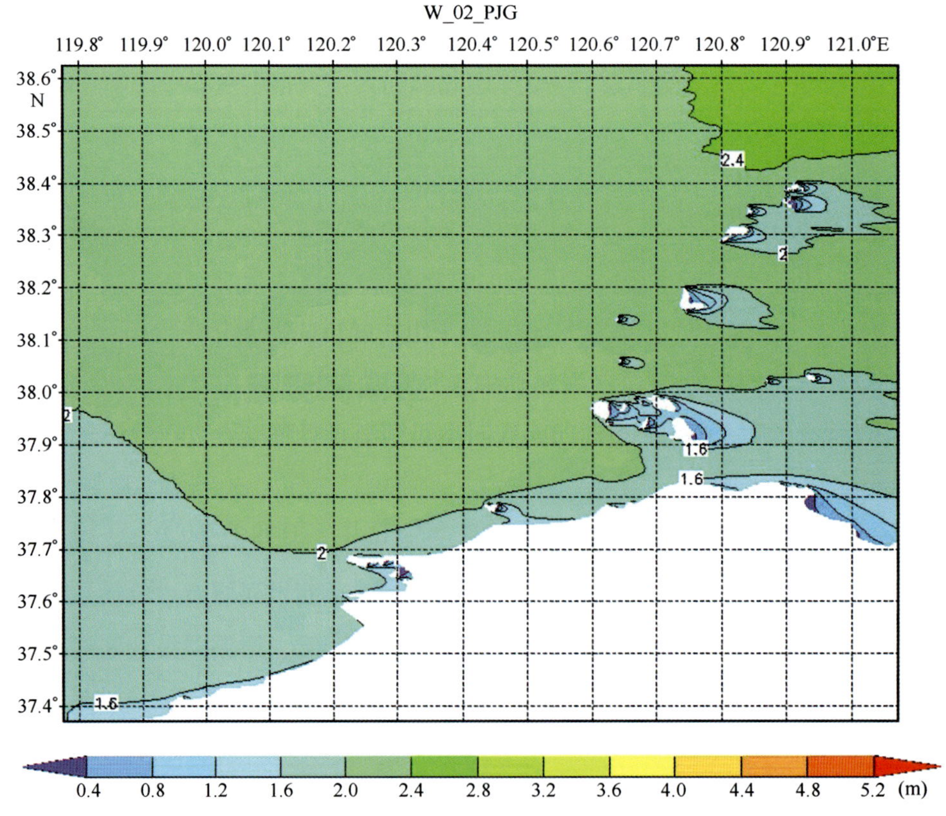

图 3.85 龙口沿海及其附近海域 W 向 2 年一遇波浪场分布

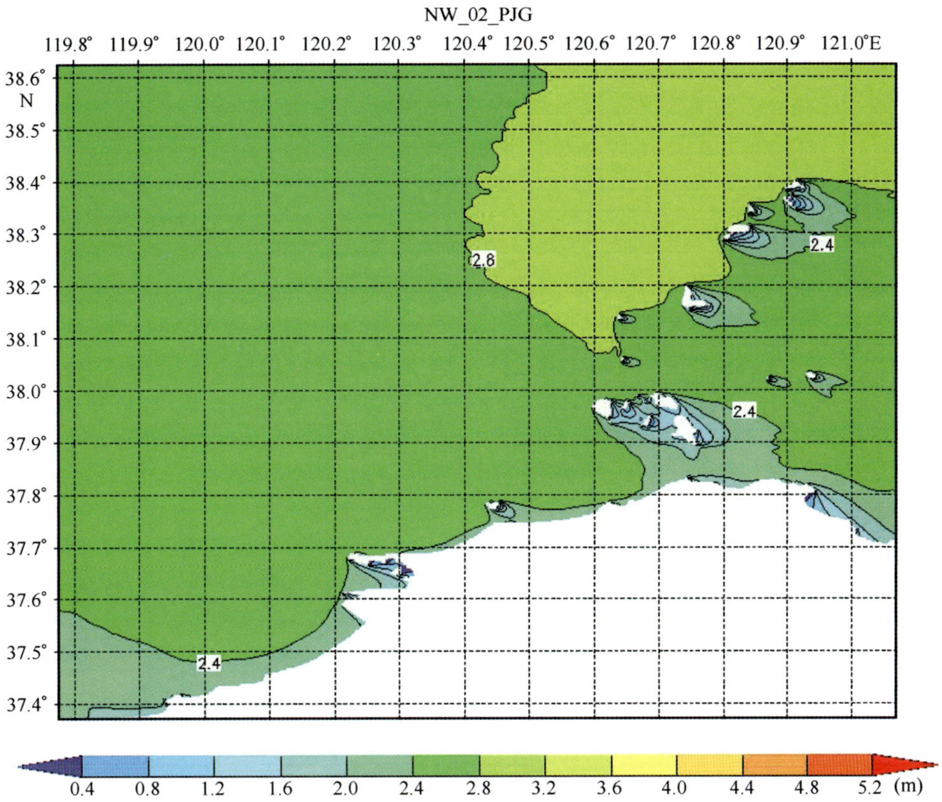

图 3.86　龙口沿海及其附近海域 NW 向 2 年一遇波浪场分布

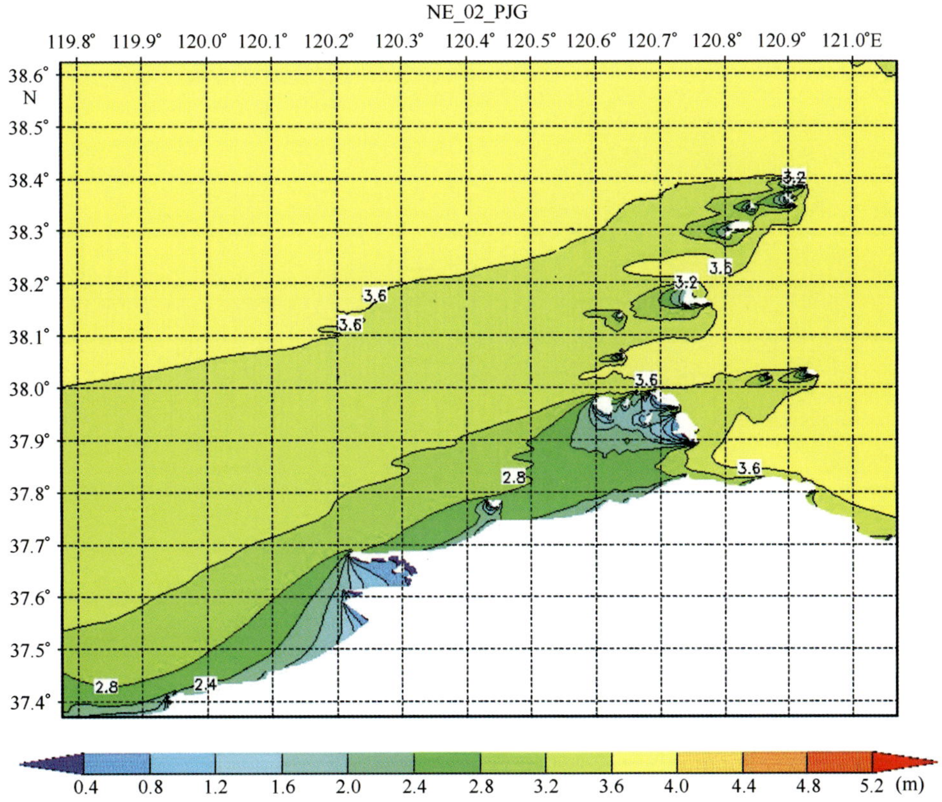

图 3.87　龙口沿海及其附近海域 N 向 2 年一遇波浪场分布

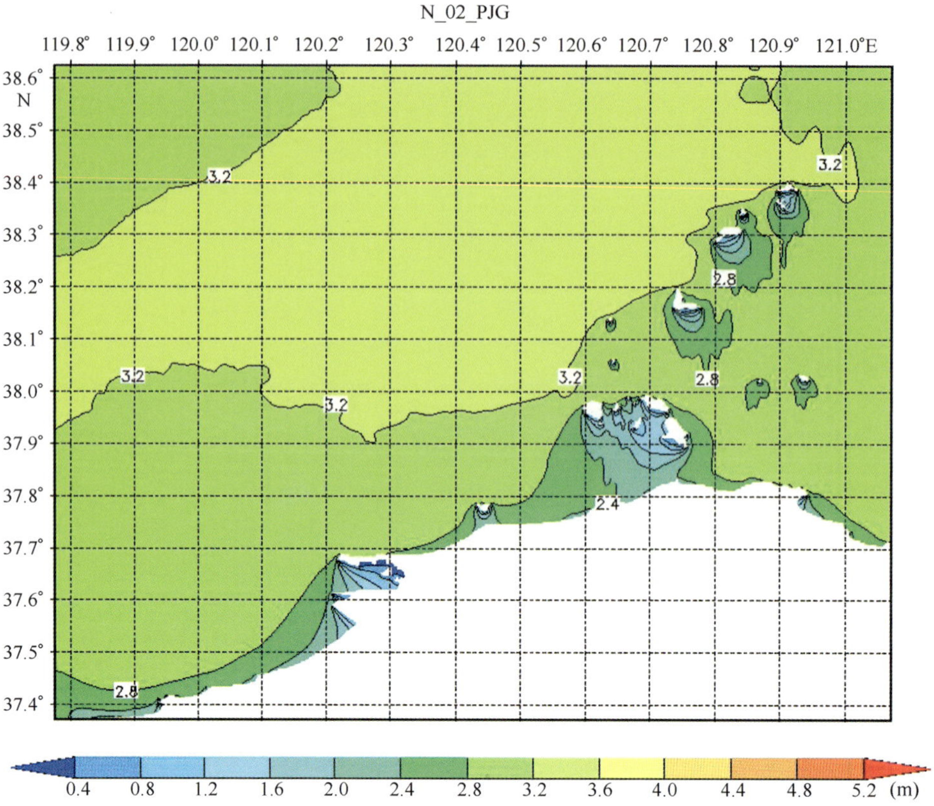

图 3.88 龙口沿海及其附近海域 NE 向 2 年一遇波浪场分布

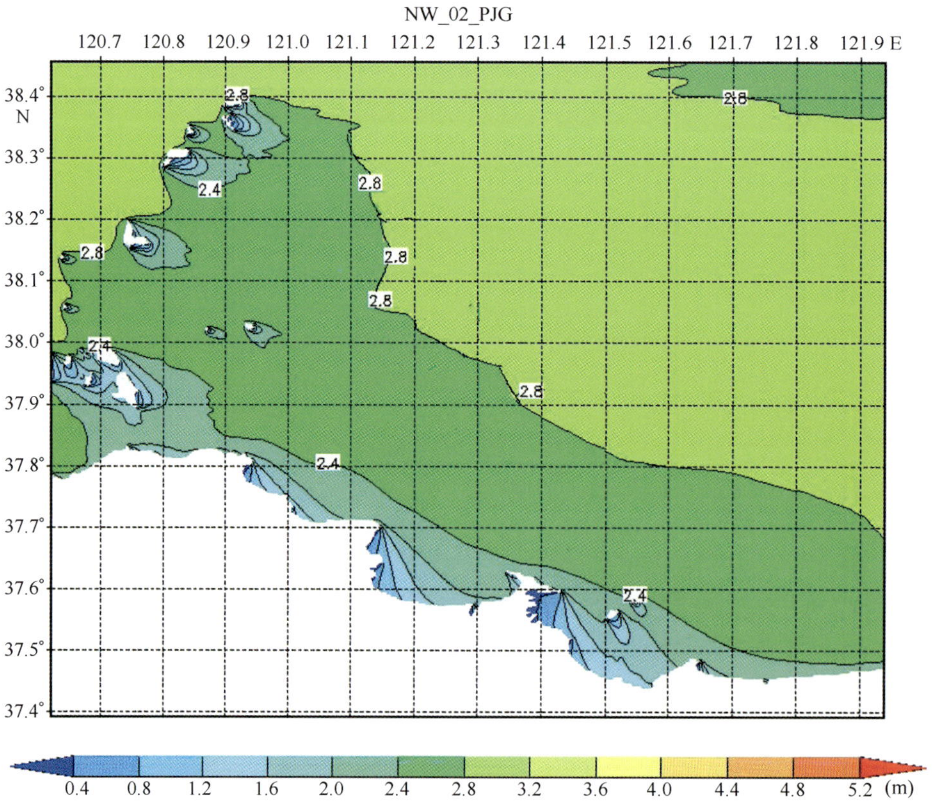

图 3.89 烟台沿海及其附近海域 NW 向 2 年一遇波浪场分布

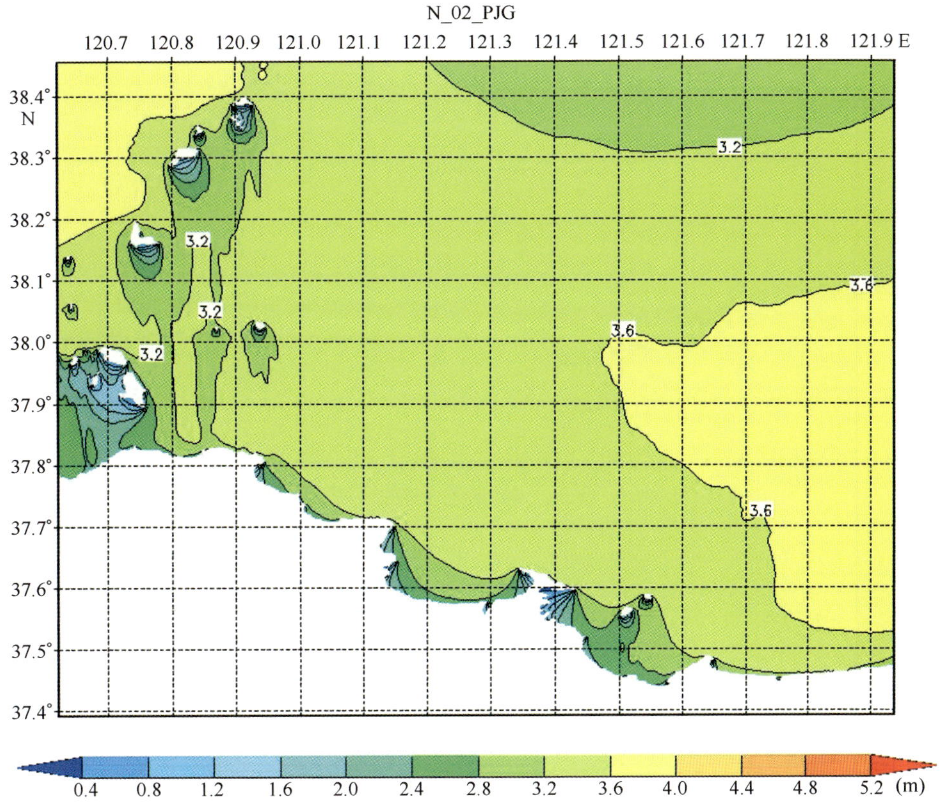

图 3.90　烟台沿海及其附近海域 N 向 2 年一遇波浪场分布

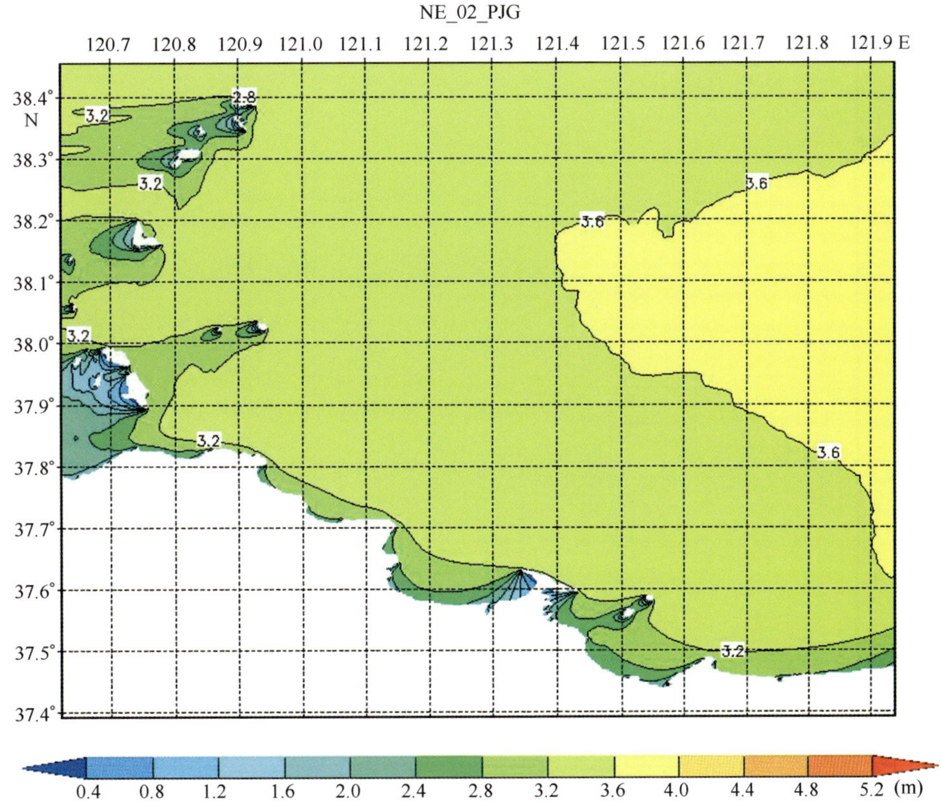

图 3.91　烟台沿海及其附近海域 NE 向 2 年一遇波浪场分布

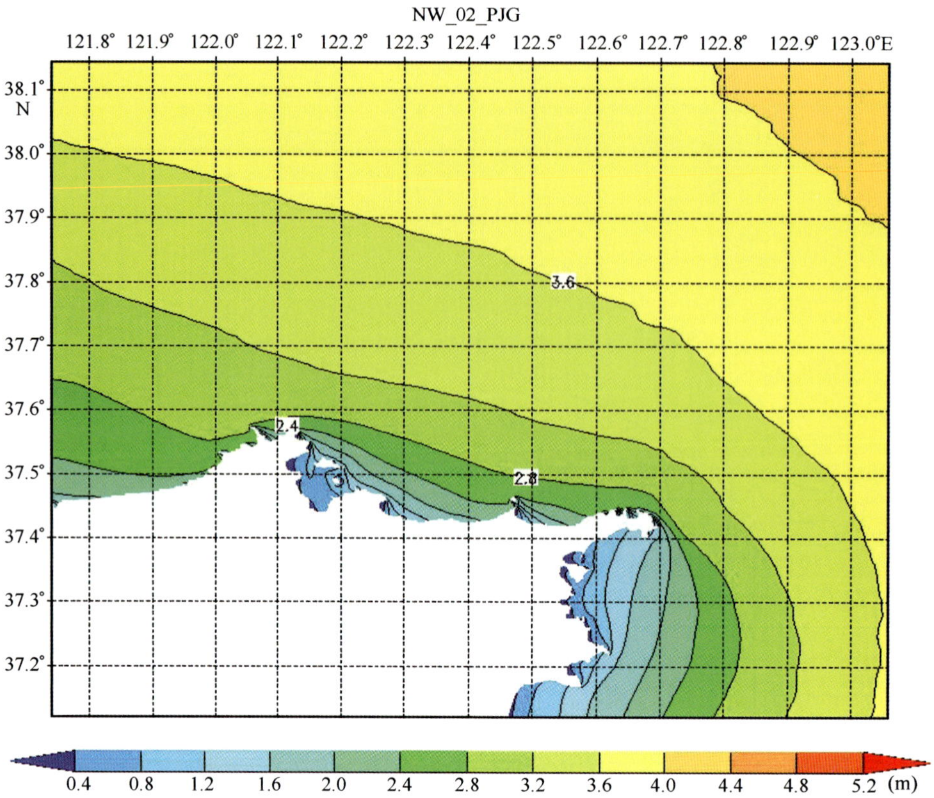

图 3.92　威海北部沿海 NW 向 2 年一遇波浪场分布

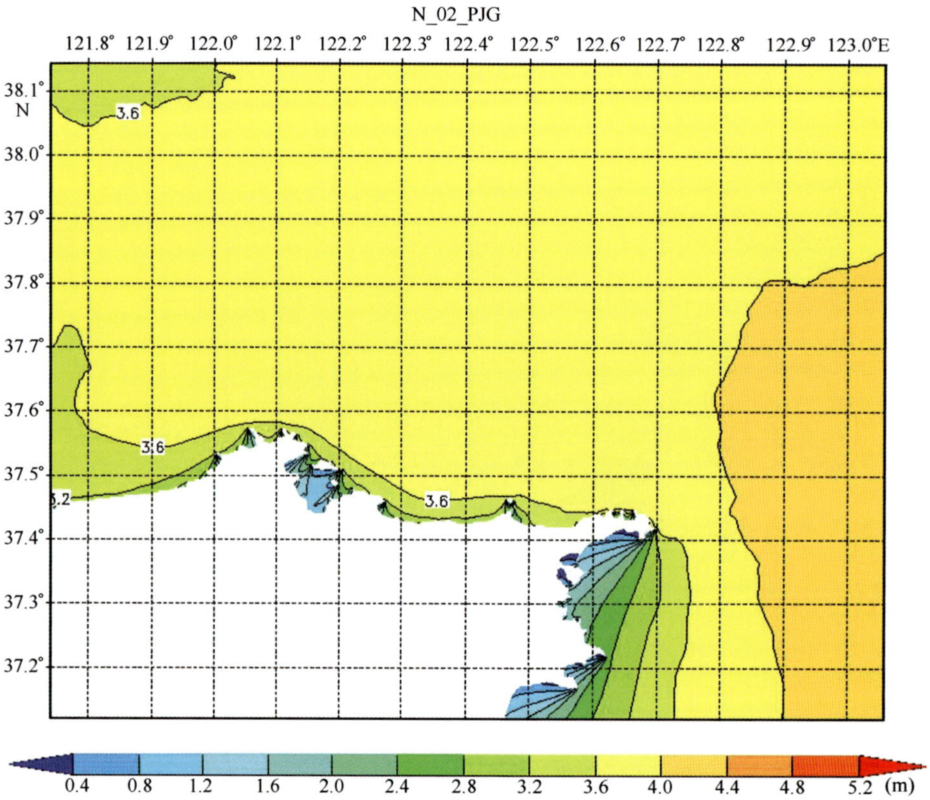

图 3.93　威海北部沿海 N 向 2 年一遇波浪场分布

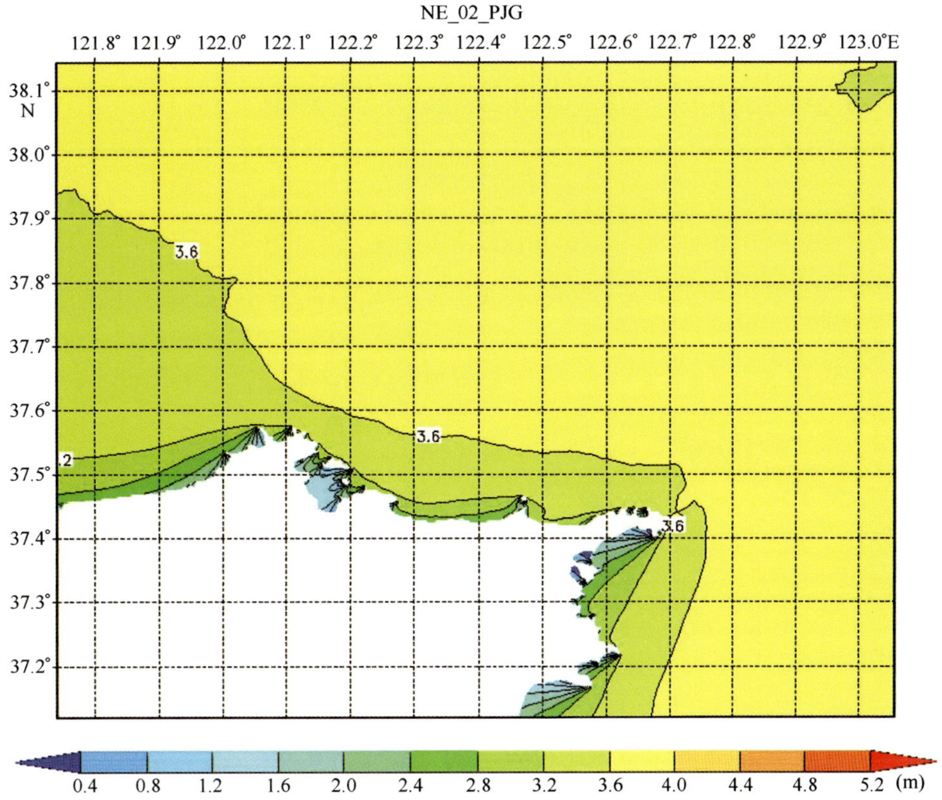

图 3.94　威海北部沿海 NE 向 2 年一遇波浪场分布

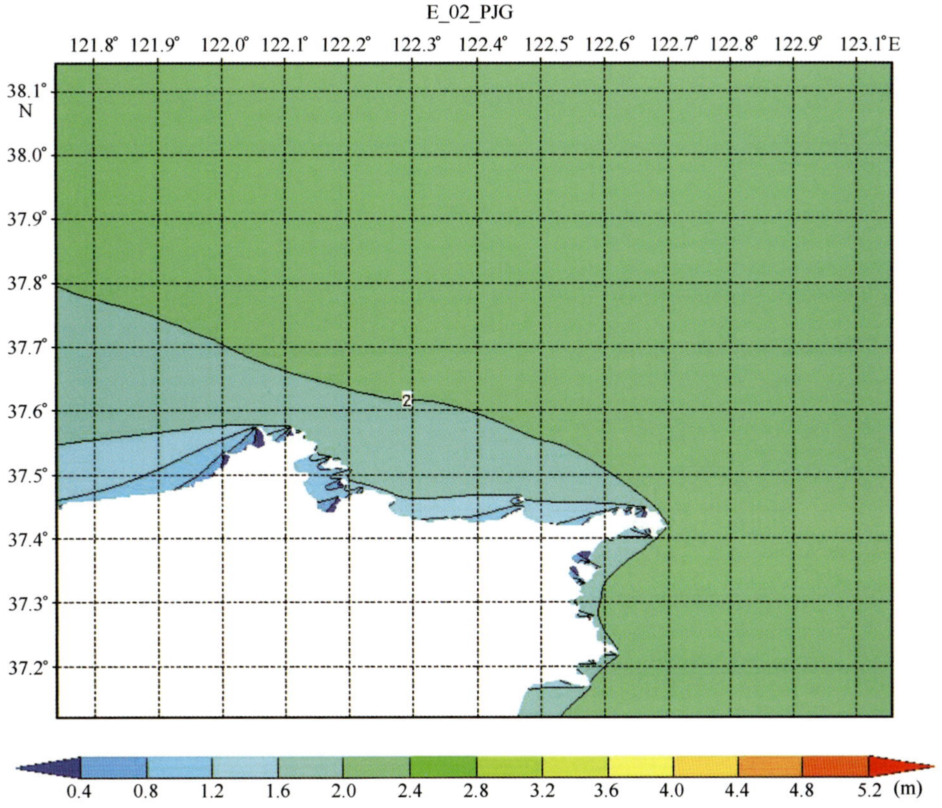

图 3.95　威海北部沿海 E 向 2 年一遇波浪场分布

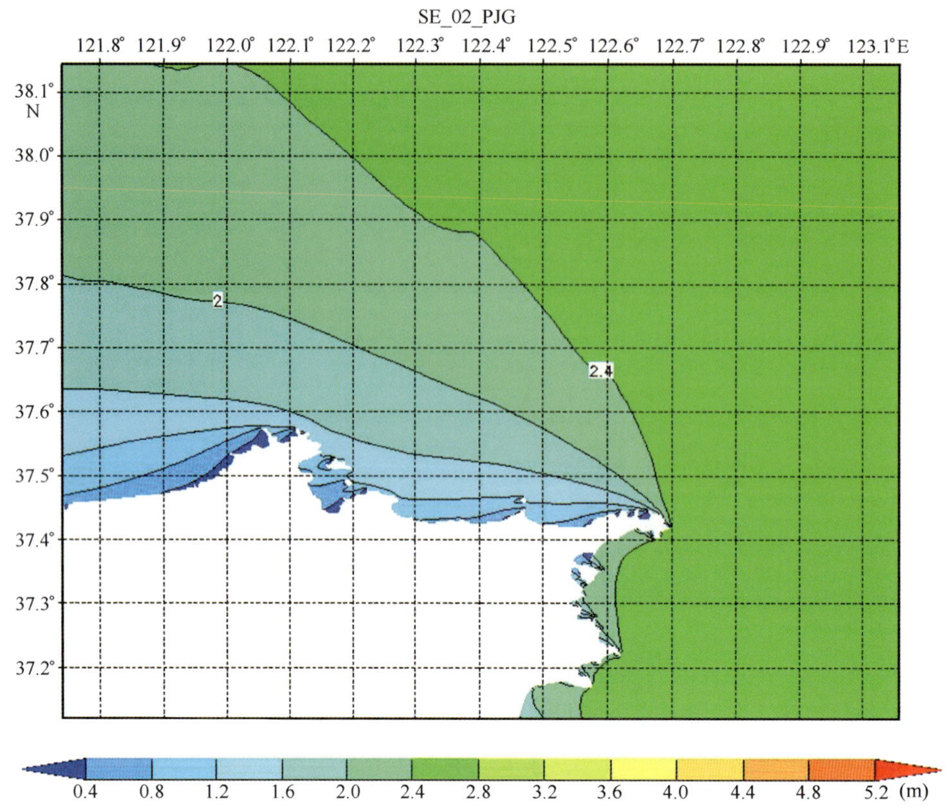

图 3.96 威海北部沿海 SE 向 2 年一遇波浪场分布

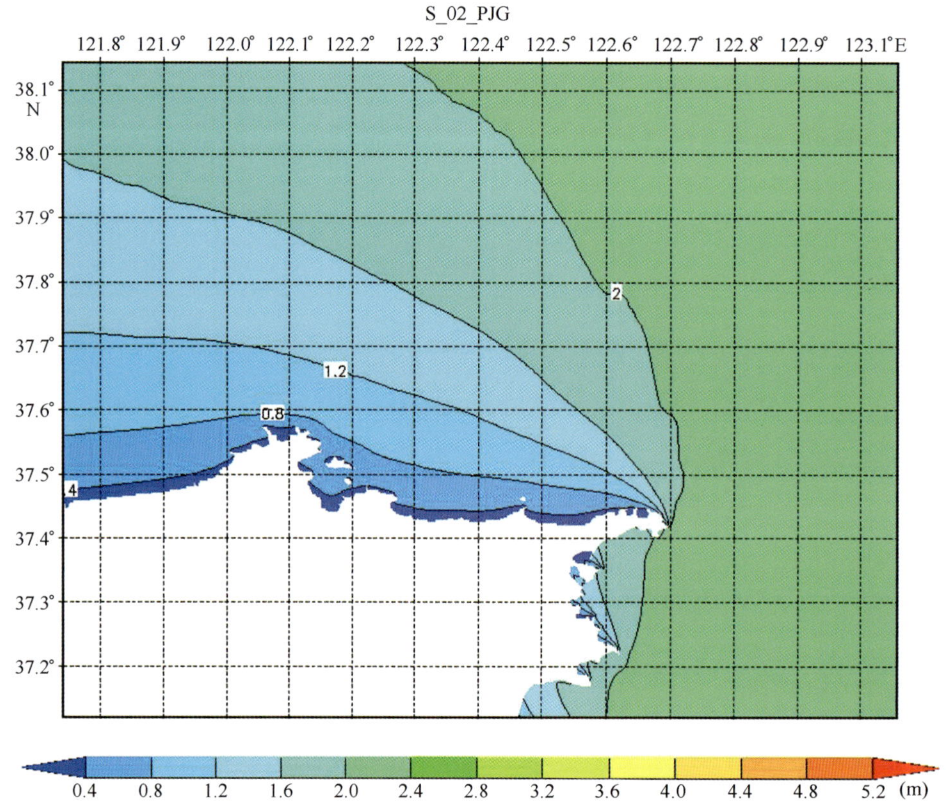

图 3.97 威海北部沿海 S 向 2 年一遇波浪场分布

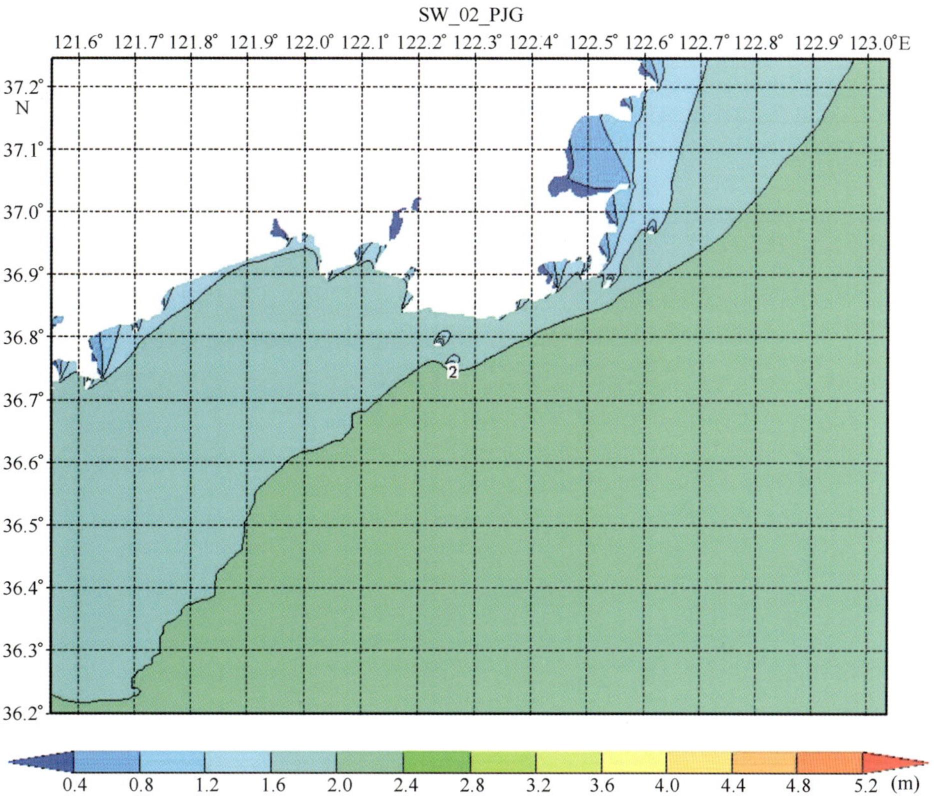

图 3.98 威海南部沿海 SW 向 2 年一遇波浪场分布

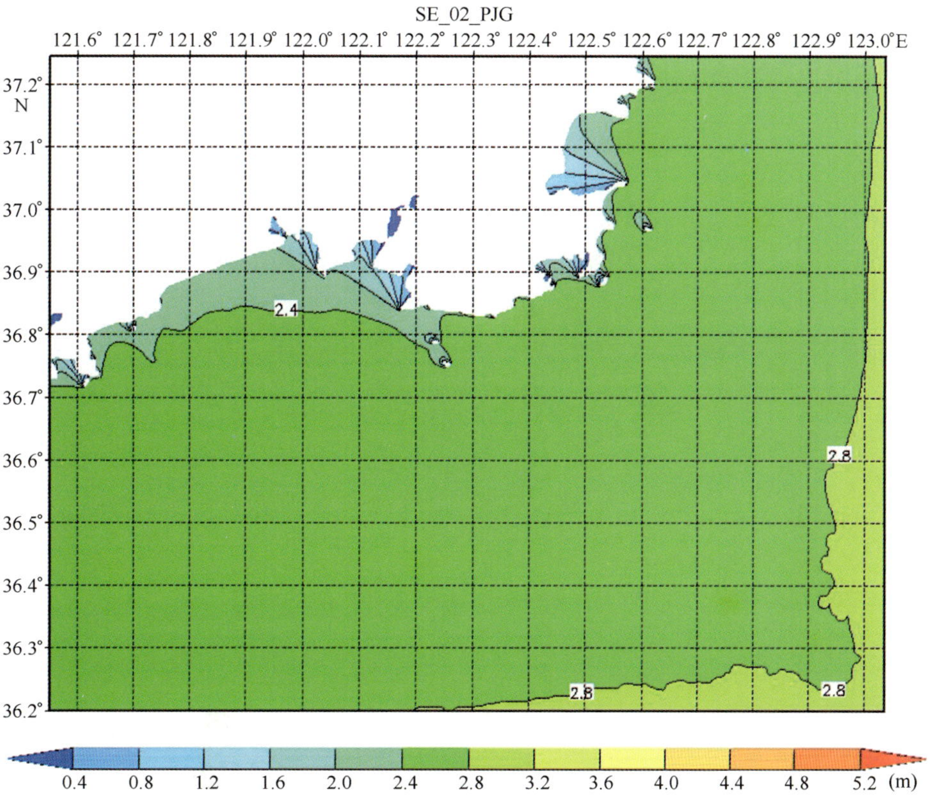

图 3.99 威海南部沿海 SE 向 2 年一遇波浪场分布

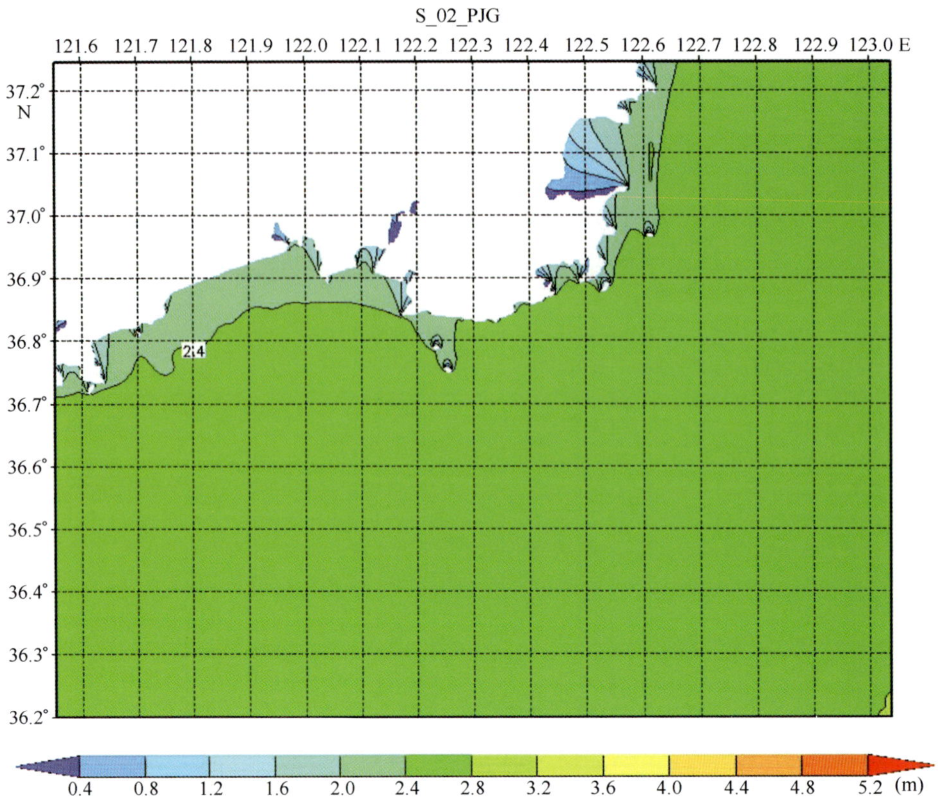

图 3.100　威海南部沿海 S 向 2 年一遇波浪场分布

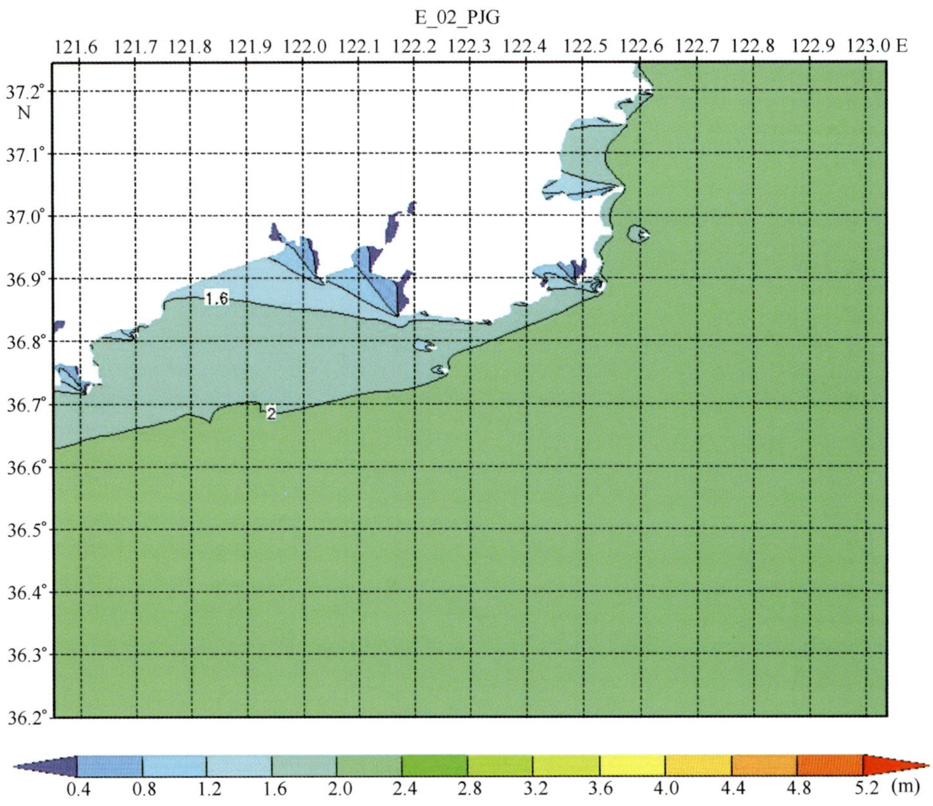

图 3.101　威海南部沿海 E 向 2 年一遇波浪场分布

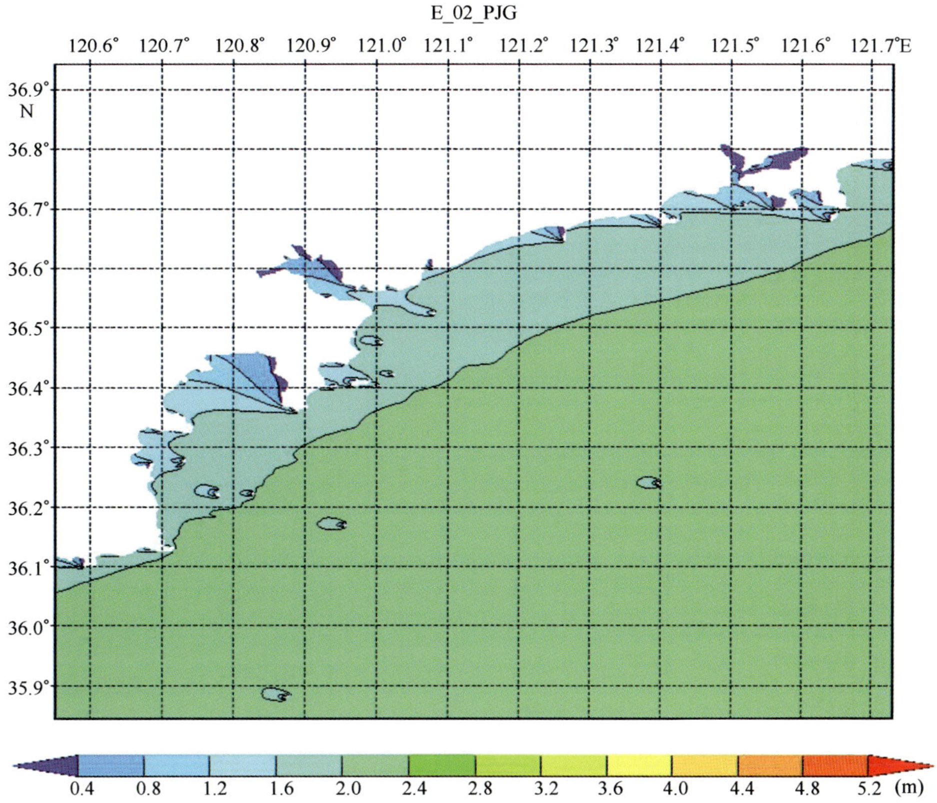

图3.102　海阳沿海及其附近海域E向2年一遇波浪场分布

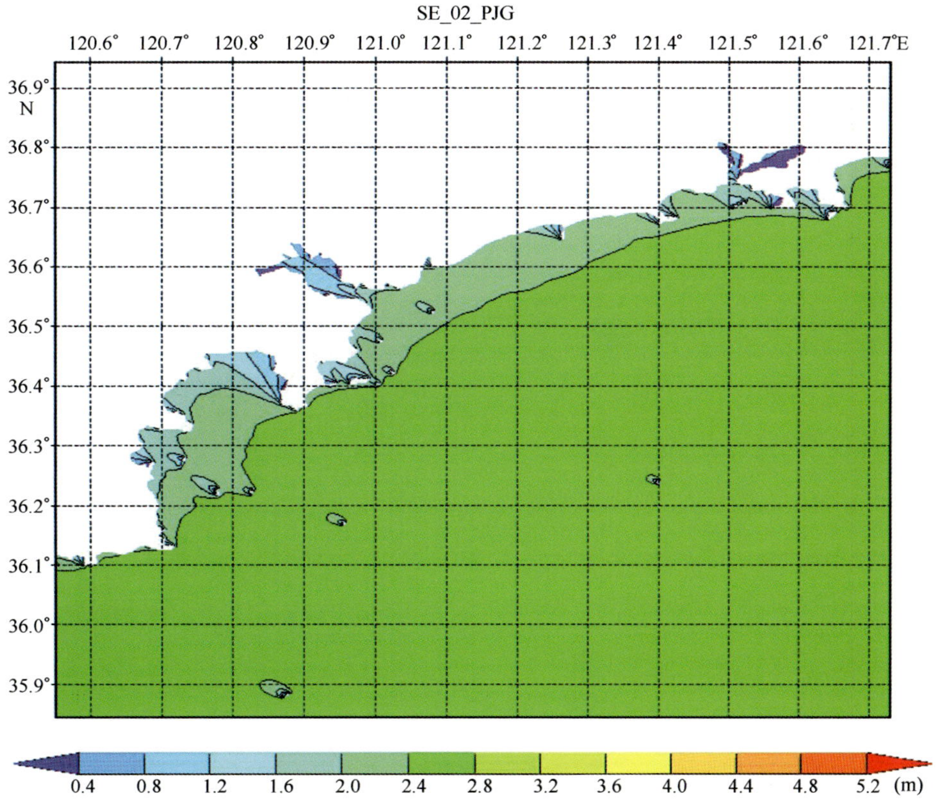

图3.103　海阳沿海及其附近海域SE向2年一遇波浪场分布

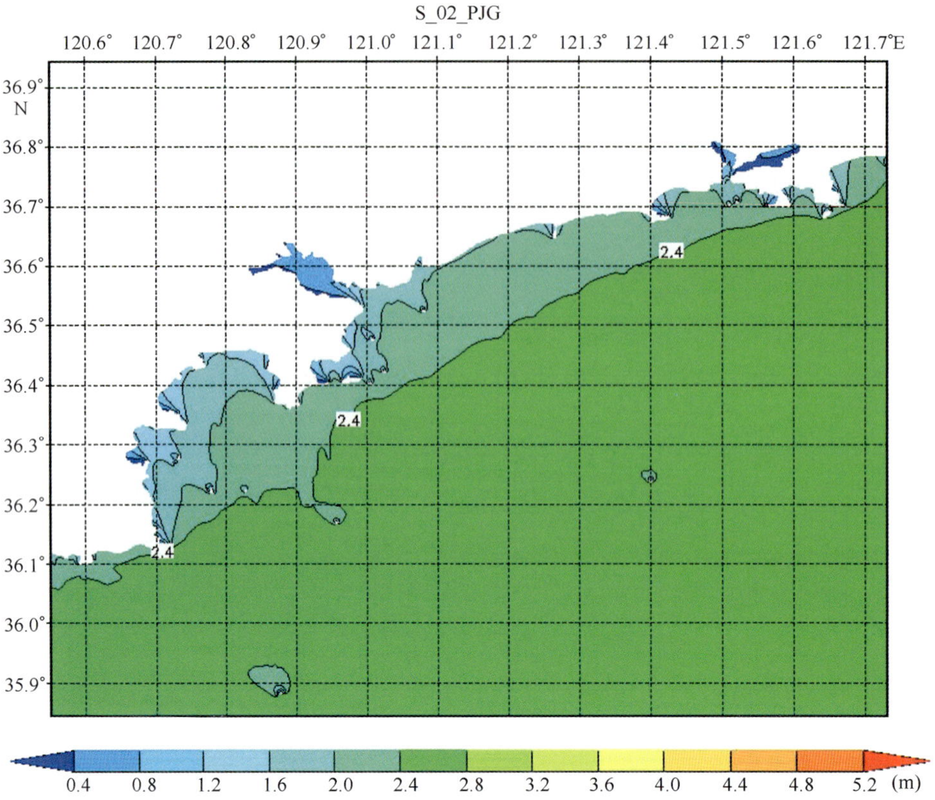

图 3.104　海阳沿海及其附近海域 S 向 2 年一遇波浪场分布

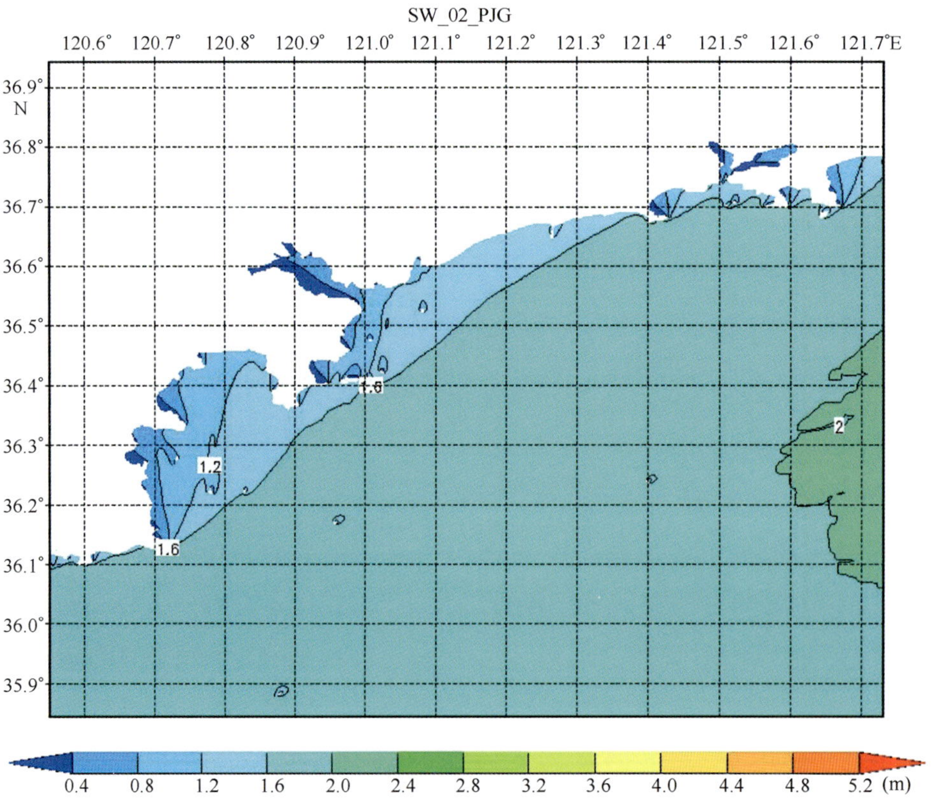

图 3.105　海阳沿海及其附近海域 SW 向 2 年一遇波浪场分布

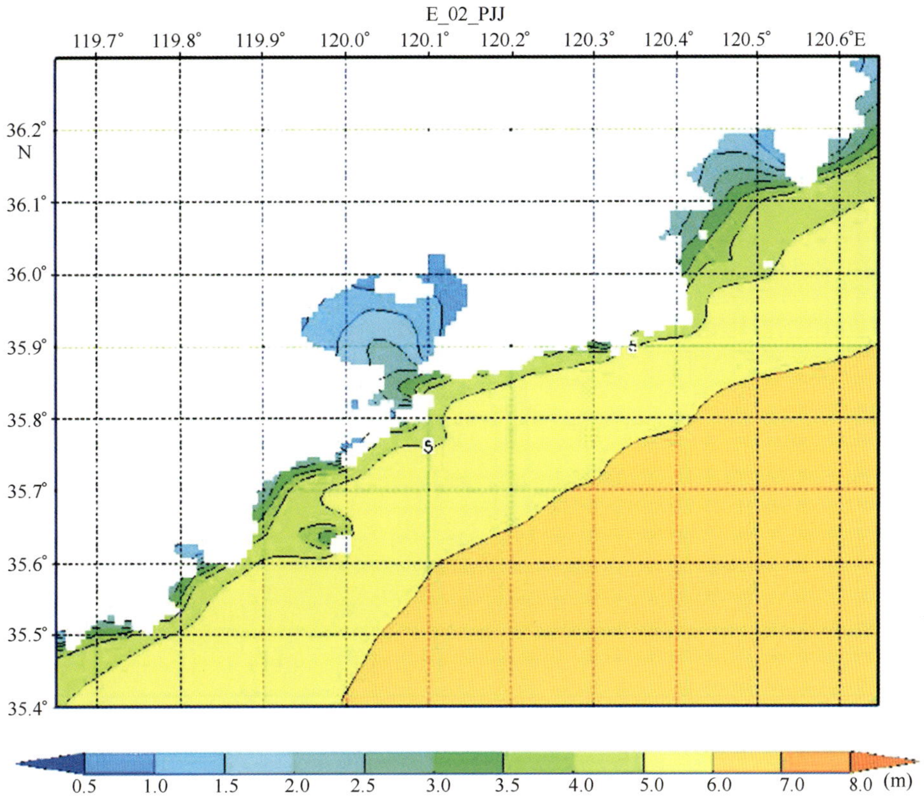

图 3.106　青岛近海 E 向 2 年一遇波浪场

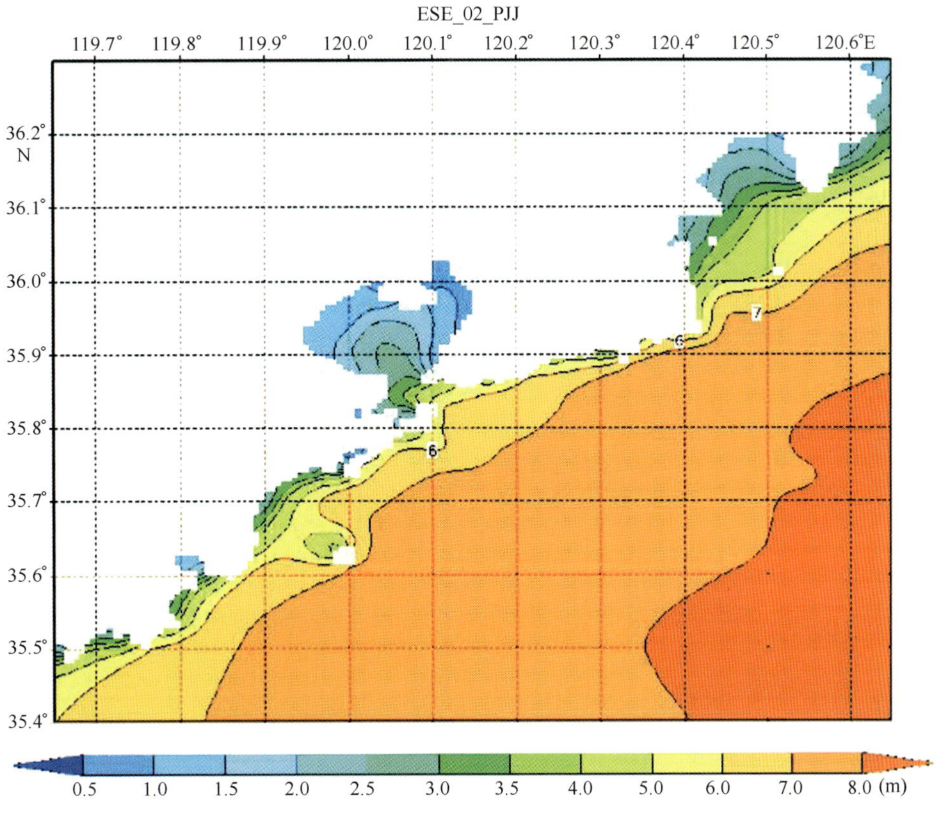

图 3.107　青岛近海 ESE 向 2 年一遇波浪场

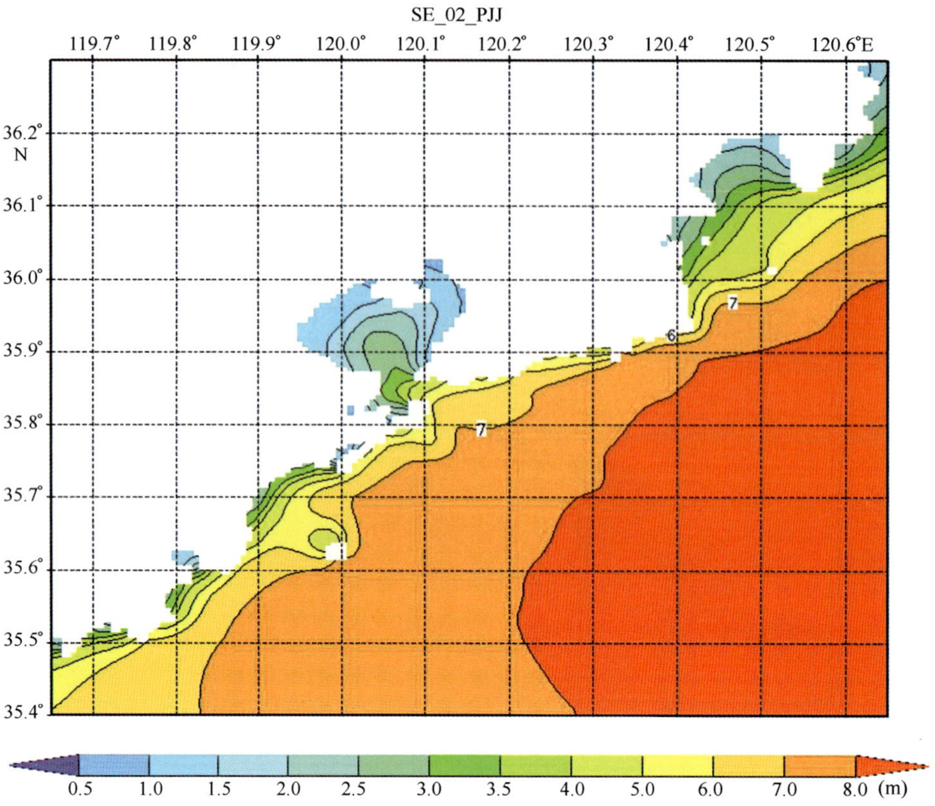

图 3.108 青岛近海 SE 向 2 年一遇波浪场

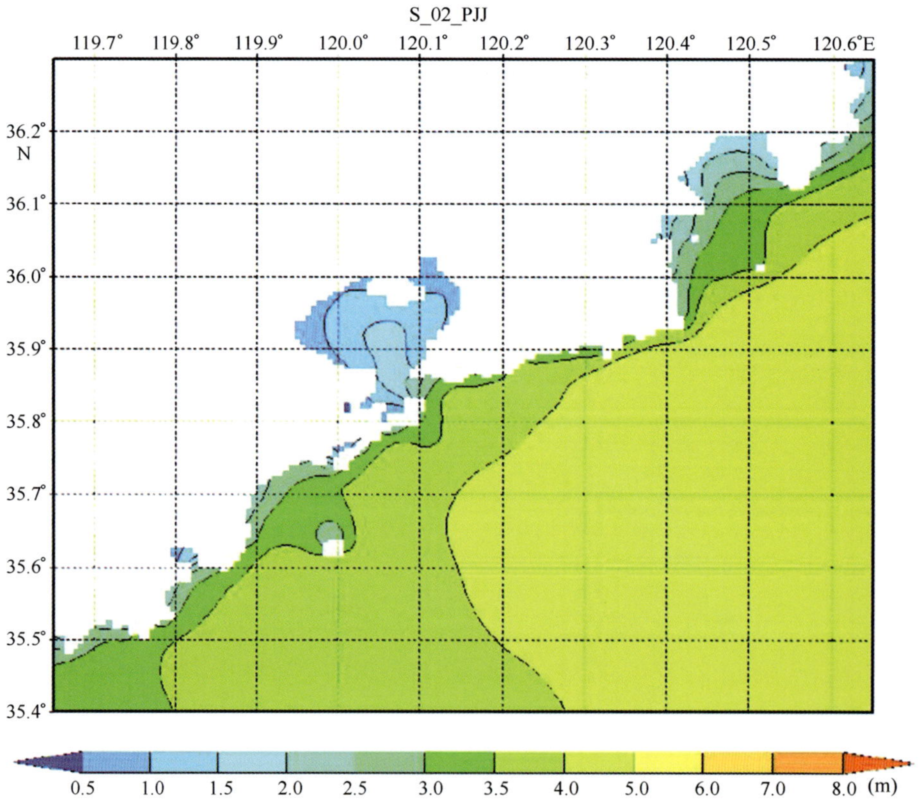

图 3.109 青岛近海 S 向 2 年一遇波浪场

1）MIKE21 BW 模型简介

港湾内的波浪模拟采用 MIKE21 BW（Boussinesq Wave Model）模型，它是丹麦水动力研究所（DHI）开发的先进的小尺度海浪模式。主要用于港口、海港和海岸工程的海浪模拟，还可以用于波生流场、破碎带动力和冲流带摆动的详细模拟。

模式基于增强的 Boussinesq 的方程（Madsen and Sørensen，1992），通过考虑波浪破碎和动岸线使模式扩展到破碎带。

MIKE21 BW 详细、合理考虑了浅水波浪的物理性质。主要包括：浅化、折射、衍射、波浪破碎、底摩擦、动岸线、障碍物的部分反射和传播、非线性波—波相互作用、波能频率分布、波能方向分布、波浪的成长、拍岸浪、三波相互作用等物理过程。这些过程对于描述港湾内波浪的共振、湖震和沿岸过程是非常重要的。

MIKE21 BW 控制方程如下。

连续方程为：

$$n\frac{\partial \xi}{\partial t}+\frac{\partial P}{\partial x}+\frac{\partial Q}{\partial y}=0 \tag{3.95}$$

X 方向动量为：

$$n\frac{\partial P}{\partial t}+\frac{\partial}{\partial x}\left(\frac{P^2}{h}\right)+\frac{\partial}{\partial y}\left(\frac{PQ}{h}\right)+\frac{\partial R_{xx}}{\partial x}+\frac{\partial R_{xy}}{\partial x}+F_x$$

$$+n^2gh\frac{\partial \xi}{\partial x}+n^2P\left[\alpha+\beta\frac{\sqrt{P^2+Q^2}}{h}\right]+\frac{gP\sqrt{P^2+Q^2}}{h^2C^2}+n\Psi_1=0 \tag{3.96}$$

Y 方向动量：

$$n\frac{\partial Q}{\partial t}+\frac{\partial}{\partial y}\left(\frac{Q^2}{h}\right)+\frac{\partial}{\partial x}\left(\frac{PQ}{h}\right)+\frac{\partial R_{yy}}{\partial y}+\frac{\partial R_{xy}}{\partial y}+F_y$$

$$+n^2gh\frac{\partial \xi}{\partial y}+n^2Q\left[\alpha+\beta\frac{\sqrt{P^2+Q^2}}{h}\right]+\frac{gP\sqrt{P^2+Q^2}}{h^2C^2}+n\Psi_2=0 \tag{3.97}$$

式中，Ψ_1 和 Ψ_2 为 Boussinesq 散射项；P 为 x 方向通量密度，单位 $m^3/(m \cdot s)$；Q 为 y 方向通量密度，单位 $m^3/(m \cdot s)$；F_x 为 x 方向水平应力；F_y 为 y 方向水平应力；t 为时间，单位 s；h 为总水深，单位 m；d 为水深，单位 m；n 为孔隙率；C 为谢才数，$m^{0.5}/s$；α 为孔隙质的 lamianar 阻力系数；β 为孔隙质的湍阻力系数；ξ 为海表水位，单位 m。

2）MIKE 21 BW 参数设置

（1）模块选择

选择二维 Boussinesq 波浪模块。

（2）水深

根据 BW 空间网格的要求以及模拟的需要，空间网格分辨率设置为 6 m。

模拟海区岸线和水深采用最新海图数据。

模拟范围分别为烟台市区（1 区和 2 区）、威海市区（3 区）和荣成石岛湾海区（4 区），模拟示意图见图 3.110。根据各海区的不同岸形特点和易产生大浪的方向，分别模拟了 1 区的 NE 向、2 区的 N 向和 NE 向、3 区的 NE 向、4 区的 S 向和 NE 向波浪向近岸的传播情况。

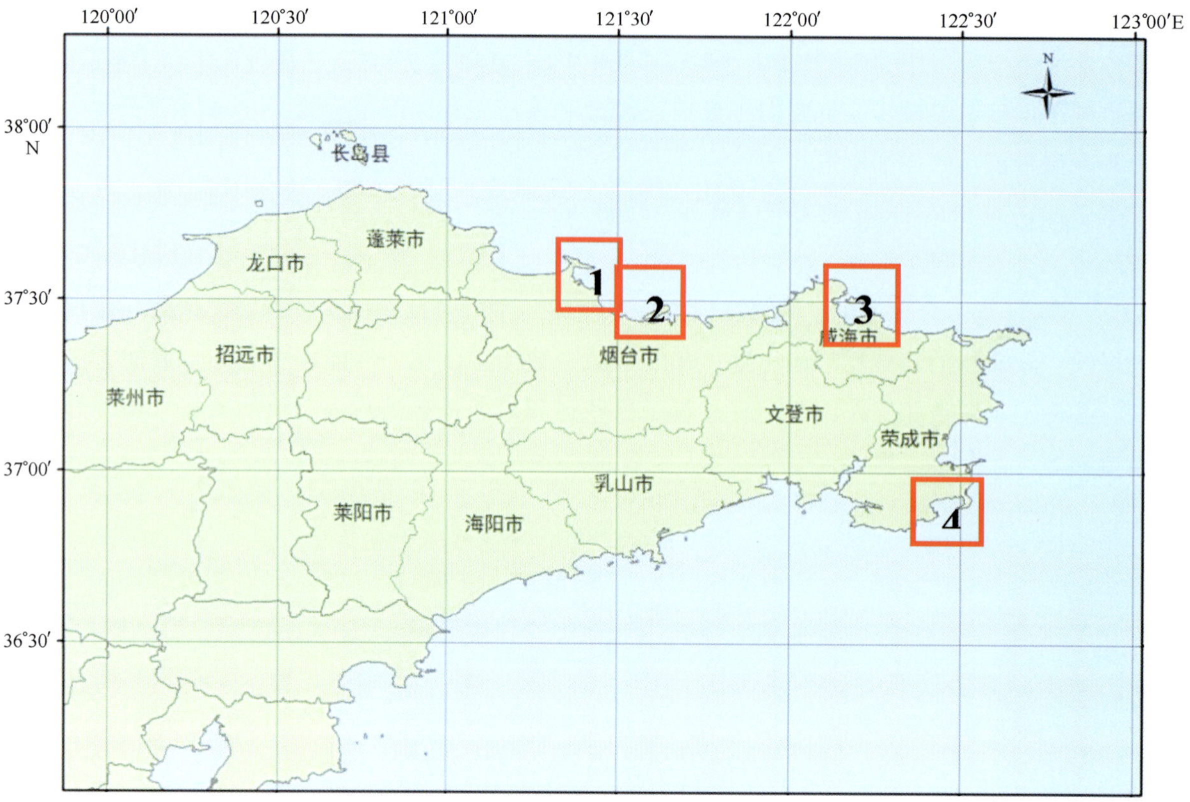

图 3.110　模拟范围示意

（3）模拟时间

模拟时间与边界传入的海浪有关，传入的波浪传播速度越快，近海波浪场达到稳定的时间越短。考虑到计算区域的空间距离，2 h 传播时间足以使模拟区域内部的波浪场达到稳定。模拟采用空间网格分辨率为 6 m×6 m，积分时间步长设为 0.25 s。

（4）模拟水位

模拟水位为 2 年一遇波高水位。

（5）边界条件

根据模拟方向设定开边界，数据采用 SWAN 推算工程外边界波高数据，见表 3.16；各区各向分别设置开边界，见图 3.111 至图 3.115。

表 3.16　各区各向边界条件

海域	1 区	2 区		3 区	4 区	
模拟波向	NE	N	NE	NE	S	SE
边界值	3.19	3.34	3.02	3.56	2.75	2.65

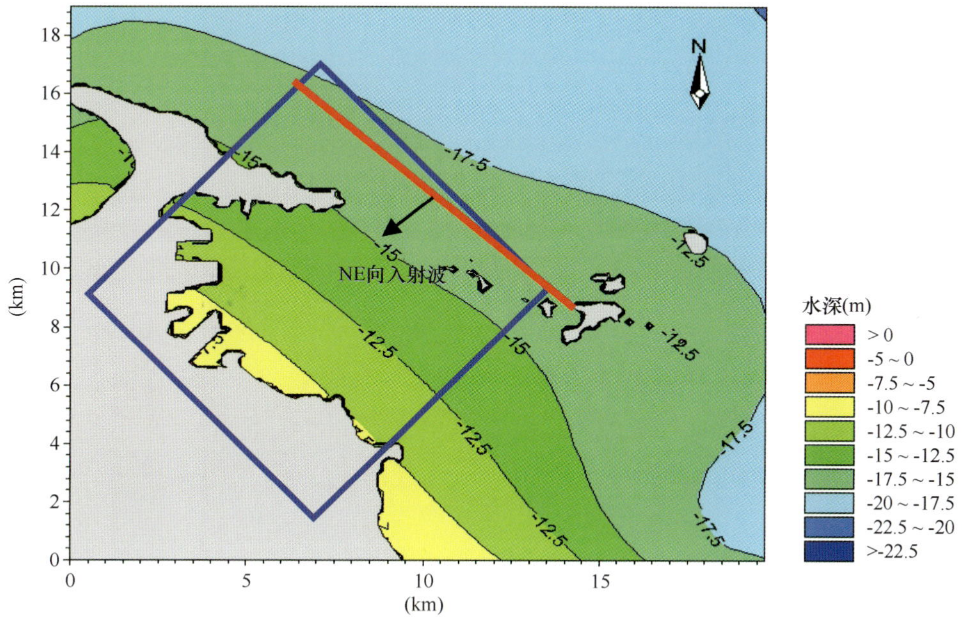

图 3.111　模拟 1 区水深与 NE 向模拟范围

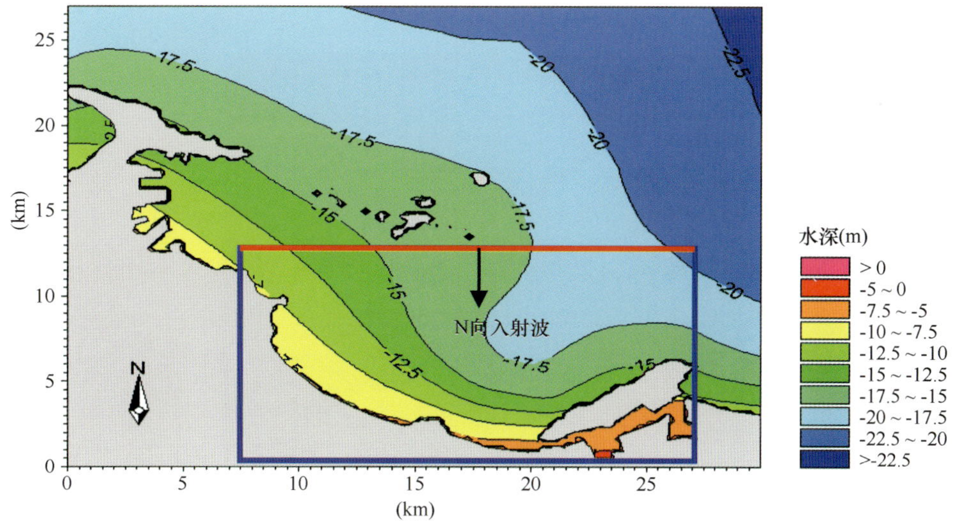

图 3.112　模拟 2 区水深与 N 向模拟范围

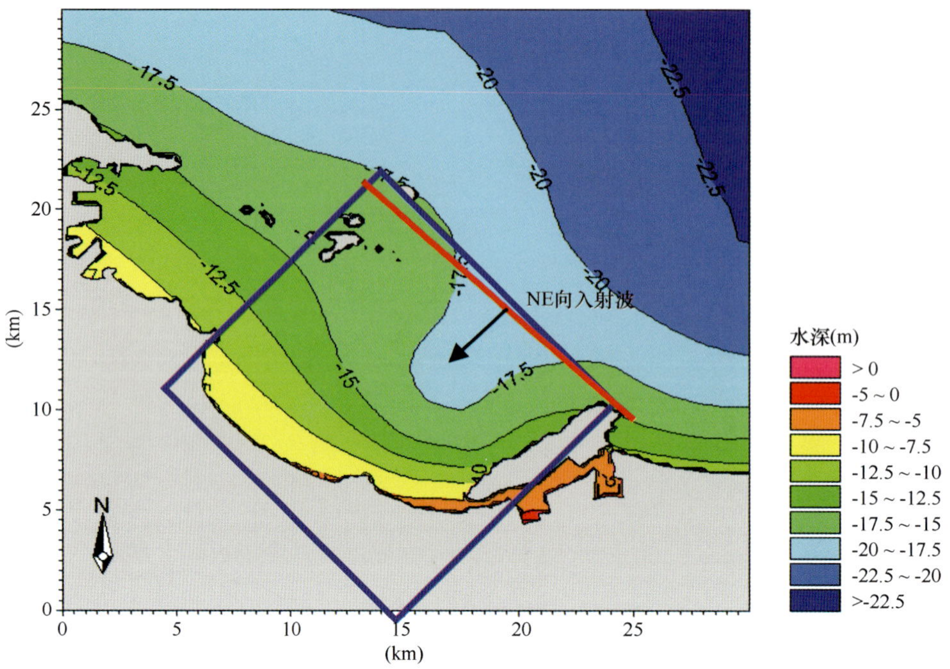

图 3.113　模拟 2 区水深与 NE 向模拟范围

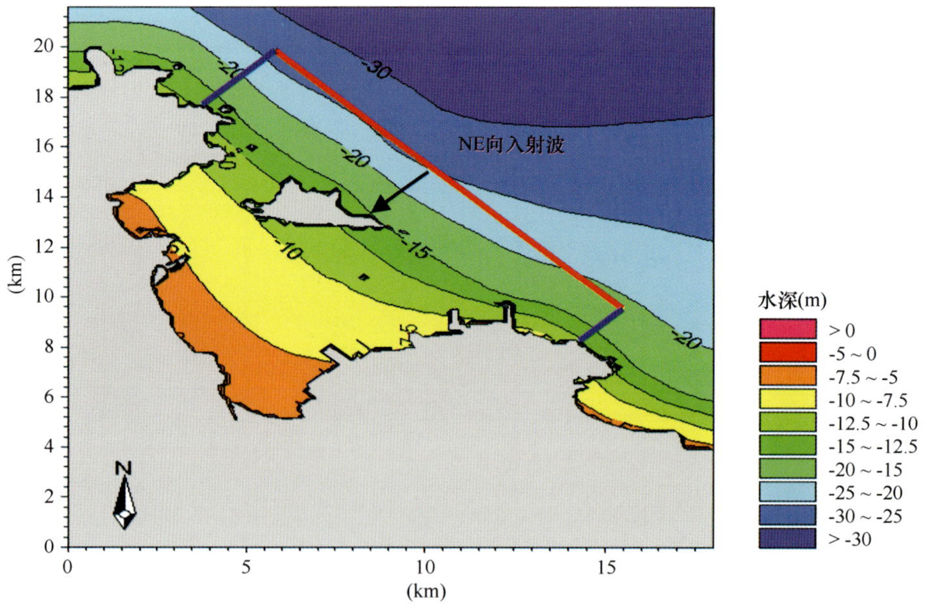

图 3.114　模拟 3 区水深与 NE 向模拟范围

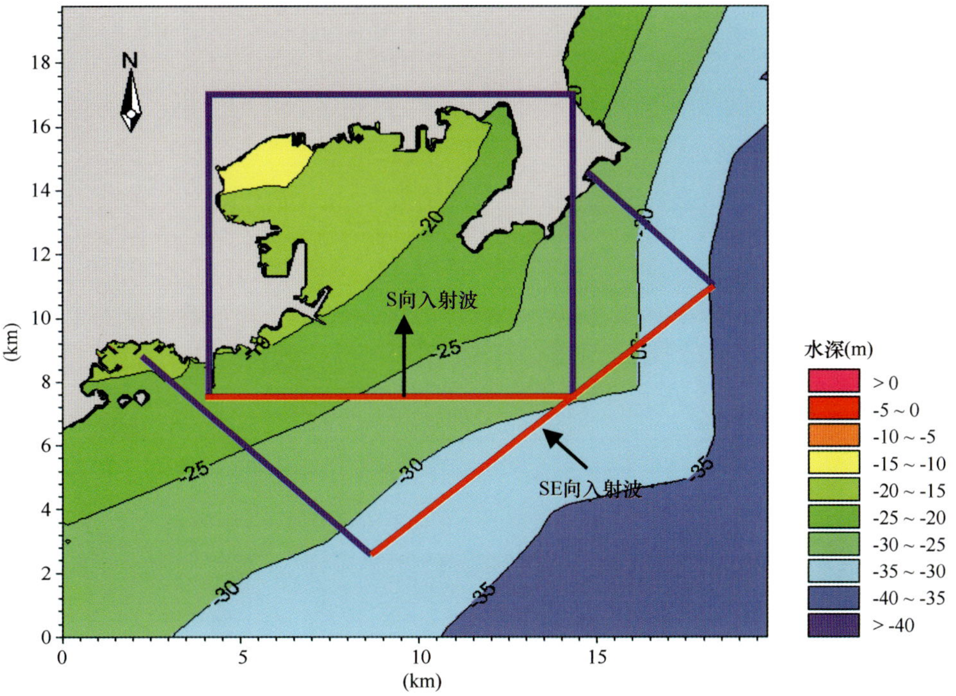

图 3. 115　模拟 4 区水深与 S 向和 SE 向模拟范围

3）模拟结果

根据要求绘出了达到平衡后的各区、各向波浪场图，见图 3. 116 至图 3. 121。

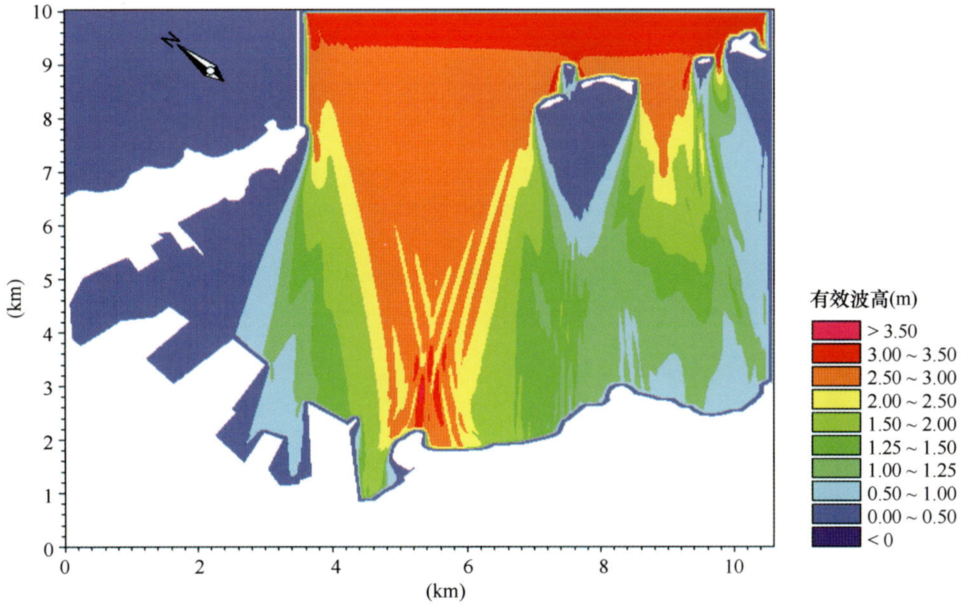

图 3. 116　模拟 1 区 NE 向波浪场分布

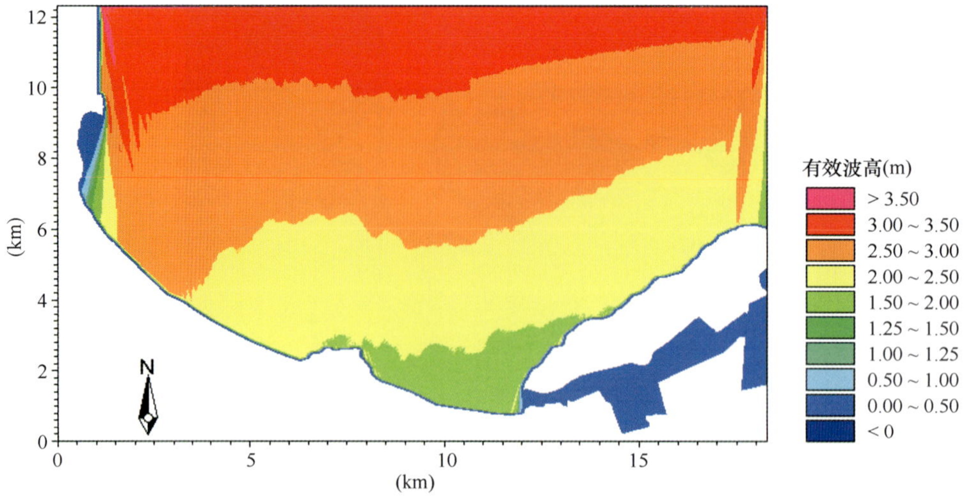

图 3.117　模拟 2 区 N 向波浪场分布

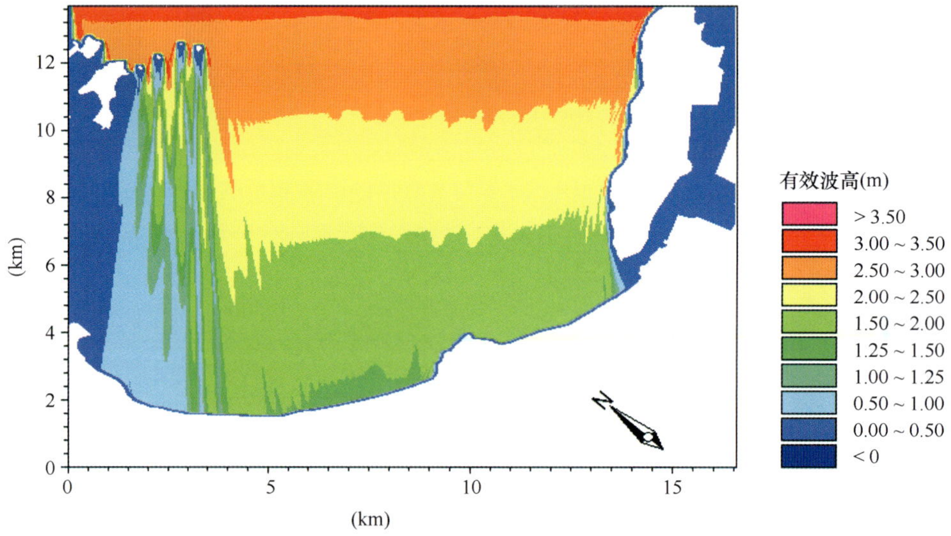

图 3.118　模拟 2 区 NE 向波浪场分布

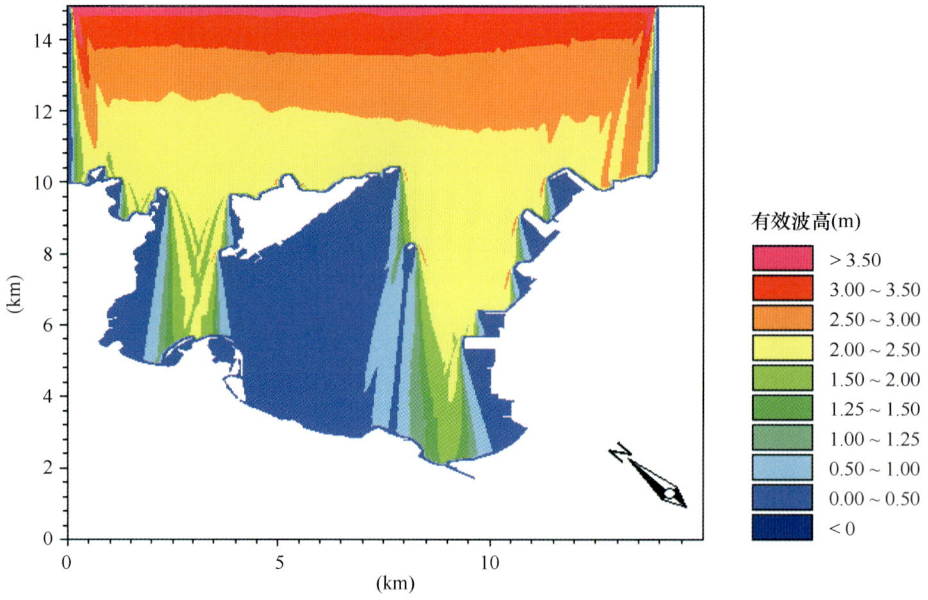

图 3.119　模拟 3 区 NE 向波浪场分布

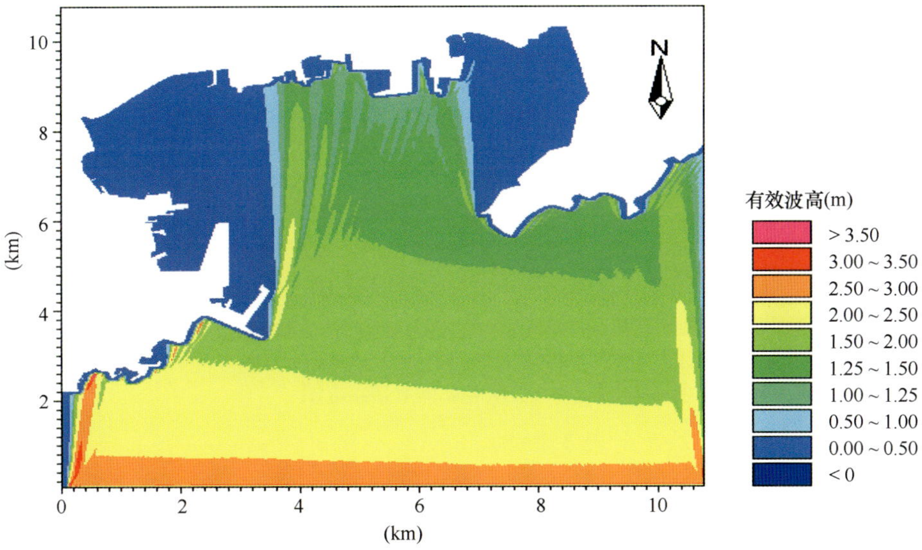

图 3.120　模拟 4 区 S 向波浪场分布

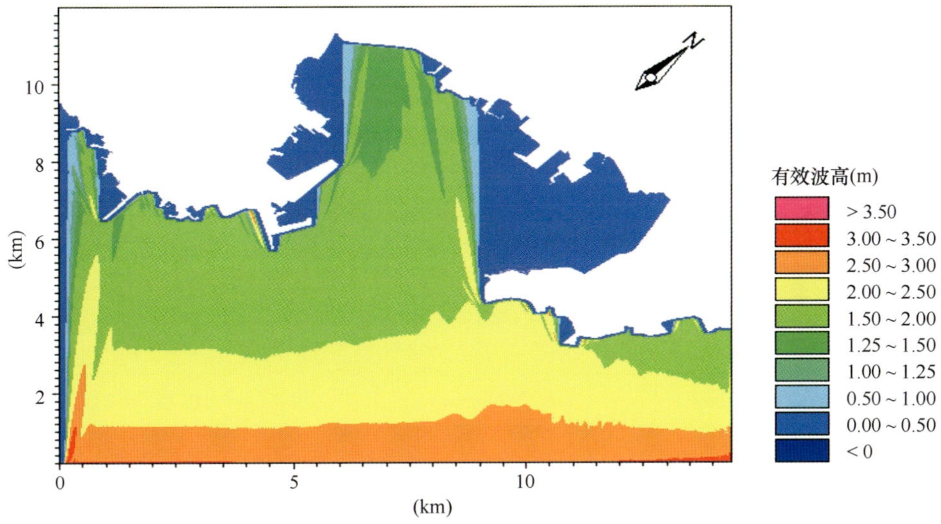

图 3.121　模拟 4 区 SE 向波浪场分布图

3.2.3　波浪爬高计算

按照《警戒潮位核定规范》（GB/T 17839-2011），在风的作用下，正向来波在单一斜坡上的波浪爬高按照下列方法确定。

a）当 $1.5 \leqslant m \leqslant 5.0$ 时，按照下式计算：

$$R_p = \frac{K_\Delta K_\nu K_p}{\sqrt{1 + m^2}} \sqrt{\bar{H} L} \tag{3.98}$$

b）当 $m \leqslant 1.25$ 时，按照下式计算：

$$R_p = K_\Delta K_\nu K_p R_0 \bar{H} \tag{3.99}$$

c）当 $1.25 < m < 1.5$ 时，可由 $m = 1.25$ 与 $m = 1.5$ 时对应的波浪爬高值使用内插法计算。

式中：

R_p——累积频率，为 P 的波浪爬高，单位为（m）；

K_Δ——斜坡的糙率及渗透系数；

K_V——经验系数；

K_p——爬高累计频率换算系数；

m——斜坡坡率，$m = \text{ctg}\alpha$，α 为斜坡坡角；

$\bar{H}$——堤前波浪的平均波高；

R_0——无风情况下，光滑不透水护面 $K_\Delta = 1$、$\bar{H} = 1$ 时的爬高值。

以上有关系数的确定详见表 3. 2-5 至表 3. 2-8。

表 3.17　爬高累计频率换算系数 K_p 的确定

$\bar{H}/d$	K_p									
	$p=0.1\%$	$p=1\%$	$p=2\%$	$p=3\%$	$p=4\%$	$p=5\%$	$p=10\%$	$p=13\%$	$p=20\%$	$p=50\%$
< 0. 1	2. 66	2. 23	2. 07	1. 97	1. 9	1. 84	1. 64	1. 54	1. 39	0. 96
0. 1~0. 3	2. 44	2. 08	1. 94	1. 86	1. 8	1. 75	1. 57	1. 48	1. 36	0. 97
> 0. 3	2. 13	1. 86	1. 76	1. 7	1. 65	1. 61	1. 48	1. 4	1. 31	0. 99

表 3.18　斜坡的糙率及渗透系数 K_Δ

护面类型	K_Δ
光滑不透水护面（沥青混凝土）	1. 0
混凝土及混凝土护面	0. 9
草皮护面	[0. 85，0. 9]
砌石护面	[0. 75，0. 8]
抛填两层块石（不透水基础）	[0. 6，0. 65]
抛填两层块石（透水基础）	[0. 5，0. 55]
四角空心方块（安放一层）	0. 55
四角锥体（安放两层）	0. 4
扭工字块体（安放两层）	0. 38

表 3.19　R_0 值

$m = \text{ctg}\alpha$	0	0. 5	1. 0	1. 25
R_0	1. 24	1. 45	2. 2	2. 5

表 3.20　经验系数 K_V 的确定

$V/\sqrt{gd}$	≤1	1. 5	2	2. 5	3	3. 5	4	≥5
K_V	1	1. 02	1. 08	1. 16	1. 22	1. 25	1. 28	1. 30

注：V 为风速，单位为 m/s；d 为堤前水深，单位为 m；g 为重力加速度，单位为 m/s^2。

根据上述方法和实际岸堤情况，计算山东省沿岸沿岸 2 年一遇波浪爬高值，见图 3.122 至图 3.137。

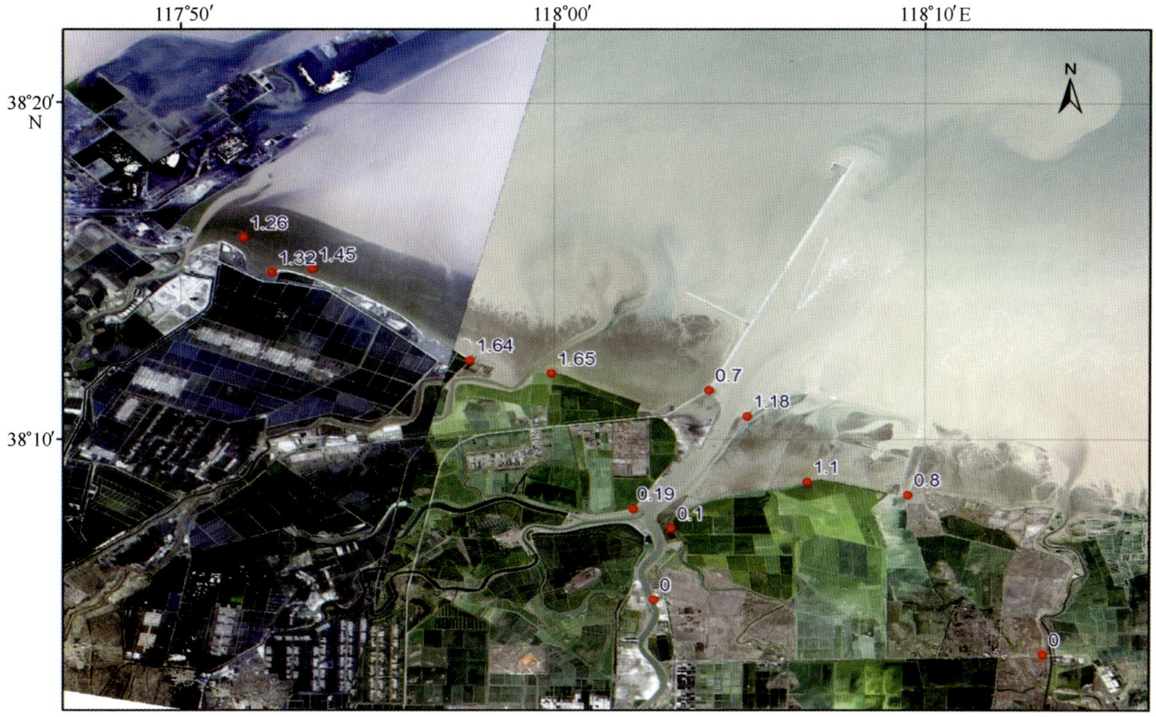

图 3.122　滨州海岸 2 年一遇波浪爬高值（单位：m）

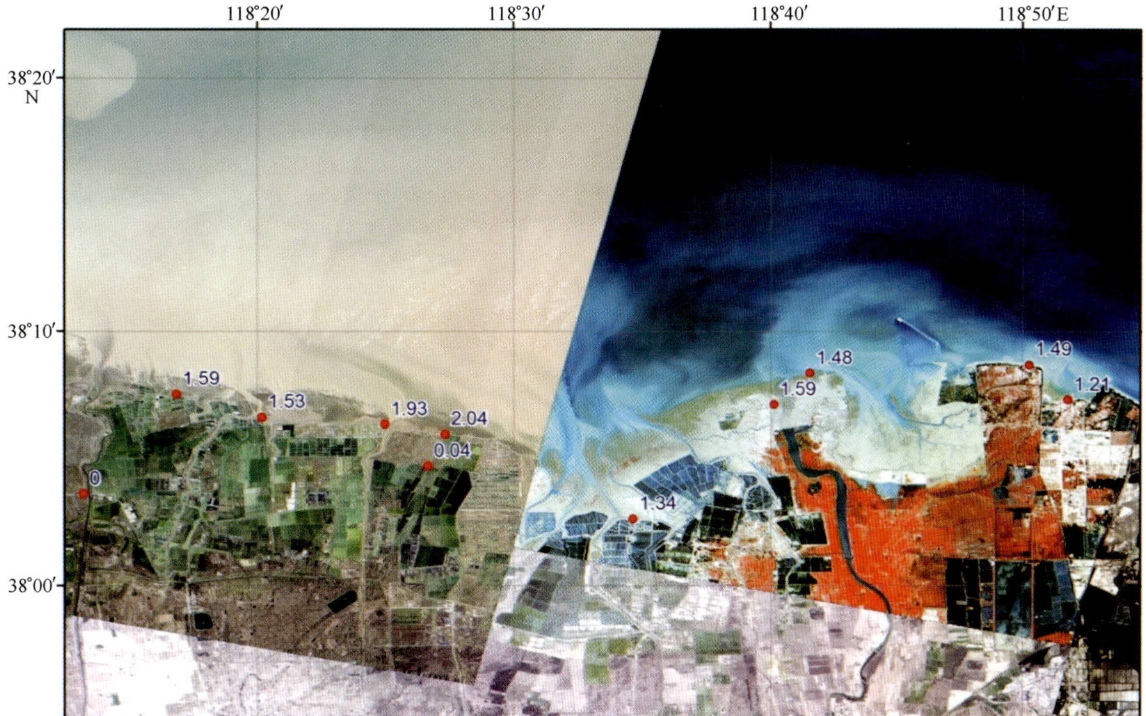

图 3.123　河口区西海岸 2 年一遇波浪爬高值（单位：m）

图 3.124　垦利县海岸 2 年一遇波浪爬高值（单位：m）

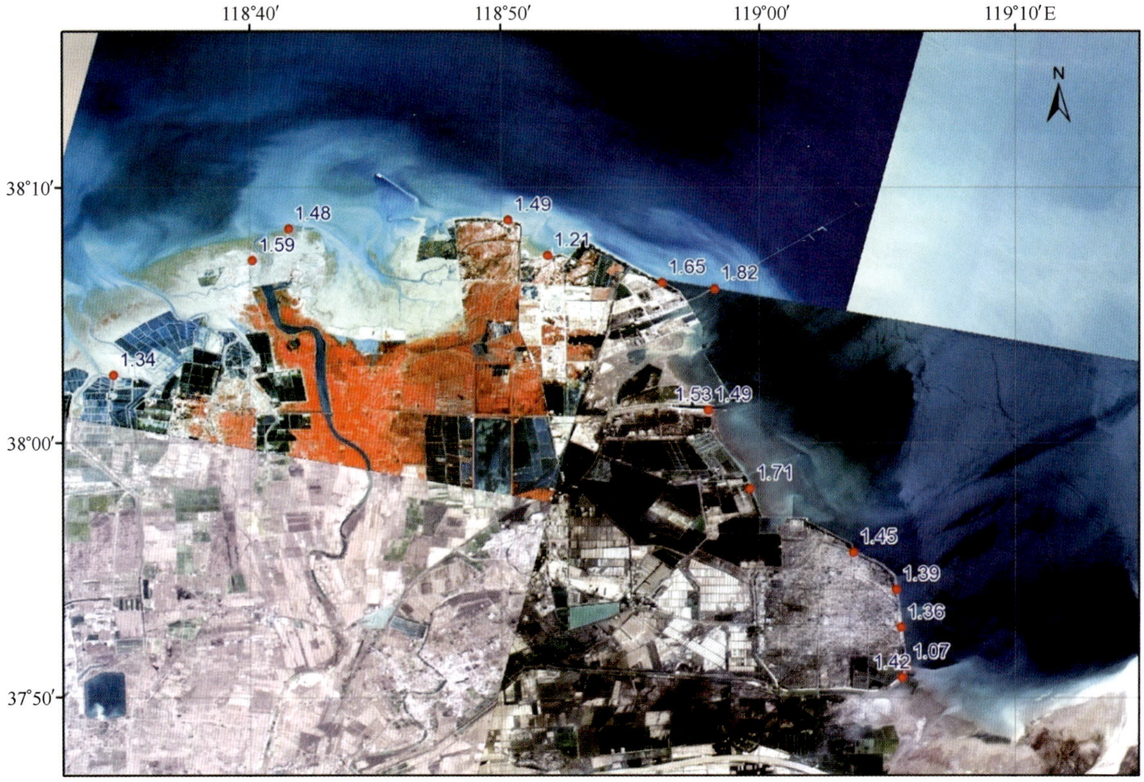

图 3.125　河口区东海岸 2 年一遇波浪爬高值（单位：m）

图 3.126　东营区和广饶县海岸 2 年一遇波浪爬高值（单位：m）

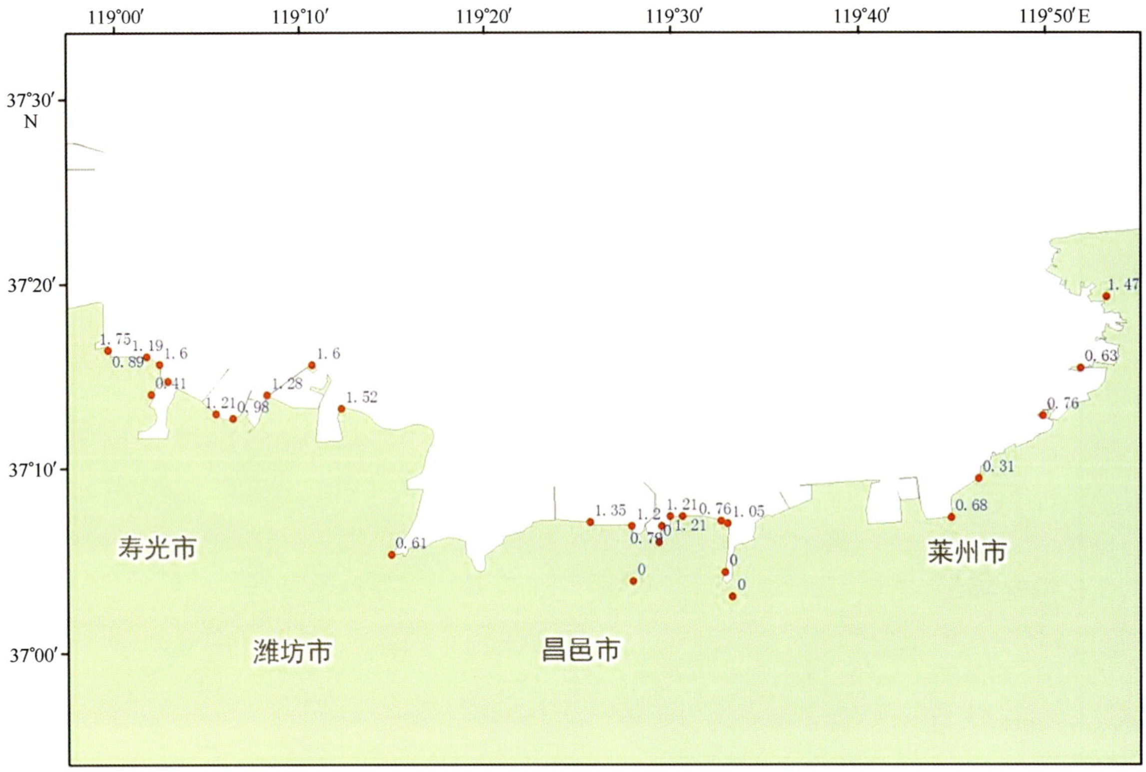

图 3. 127 寿光至莱州沿岸 2 年一遇波浪爬高值（单位：m）

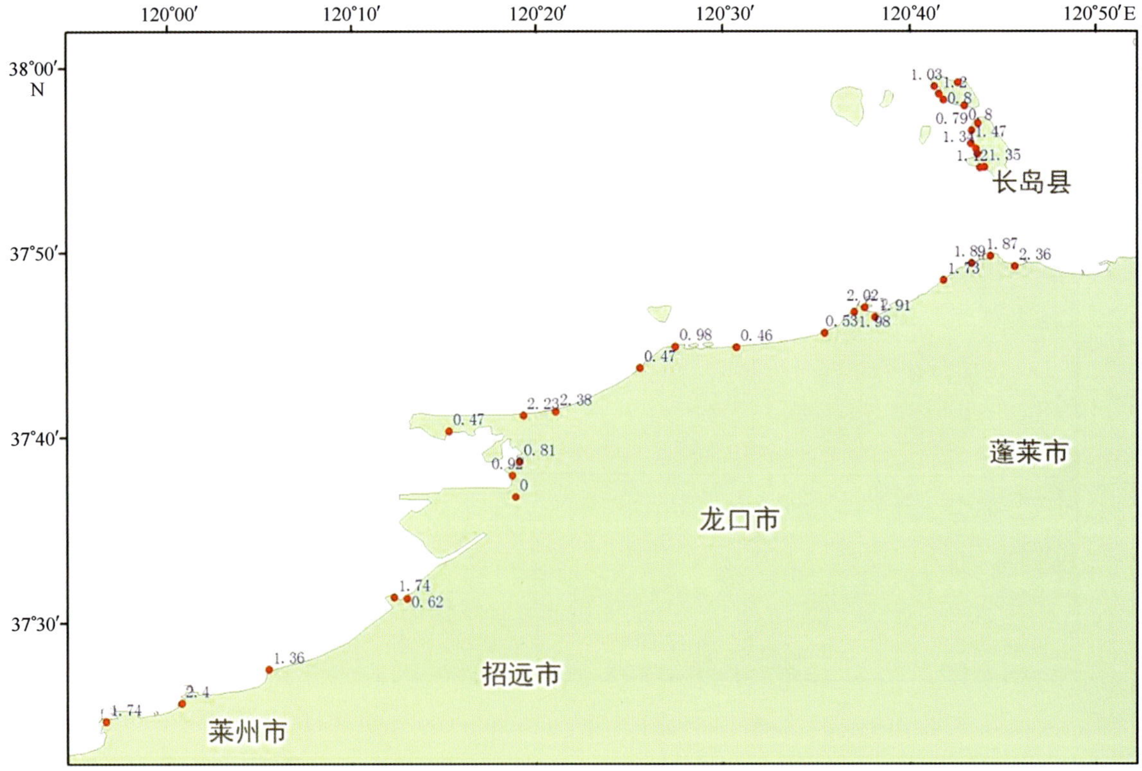

图 3. 128 莱州至蓬莱沿岸 2 年一遇波浪爬高值（单位：m）

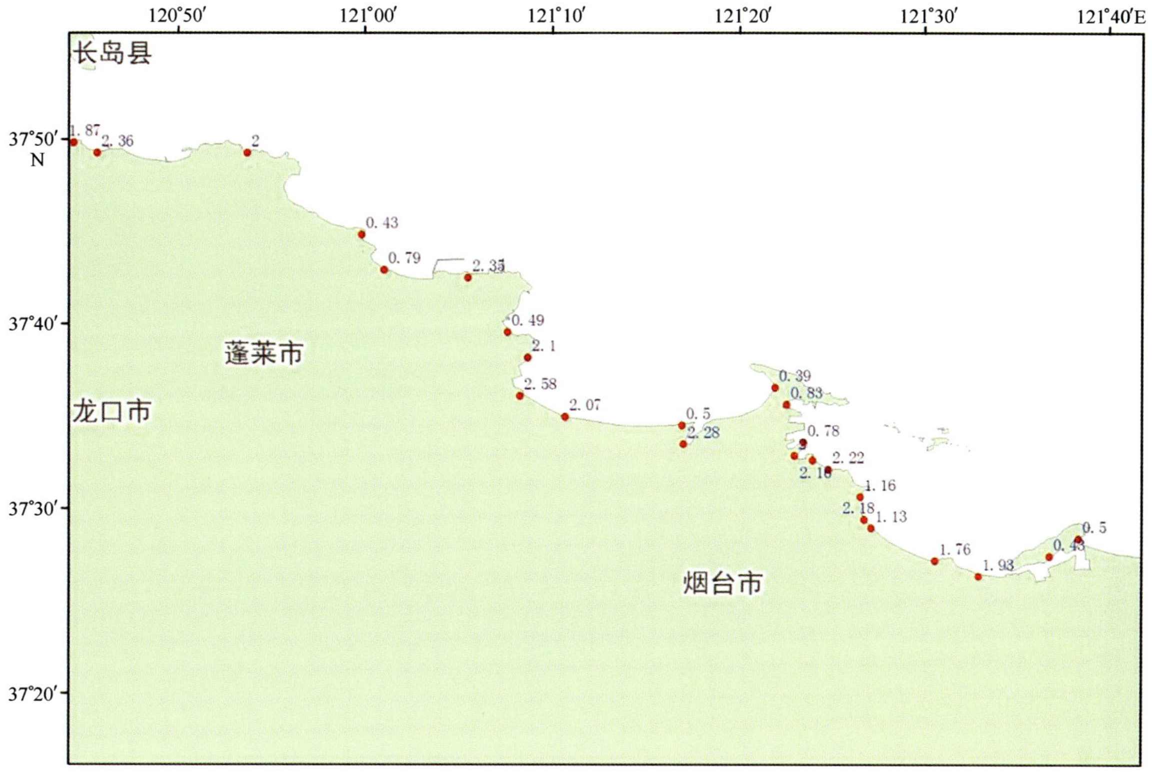

图 3.129　蓬莱至牟平沿岸 2 年一遇波浪爬高值（单位：m）

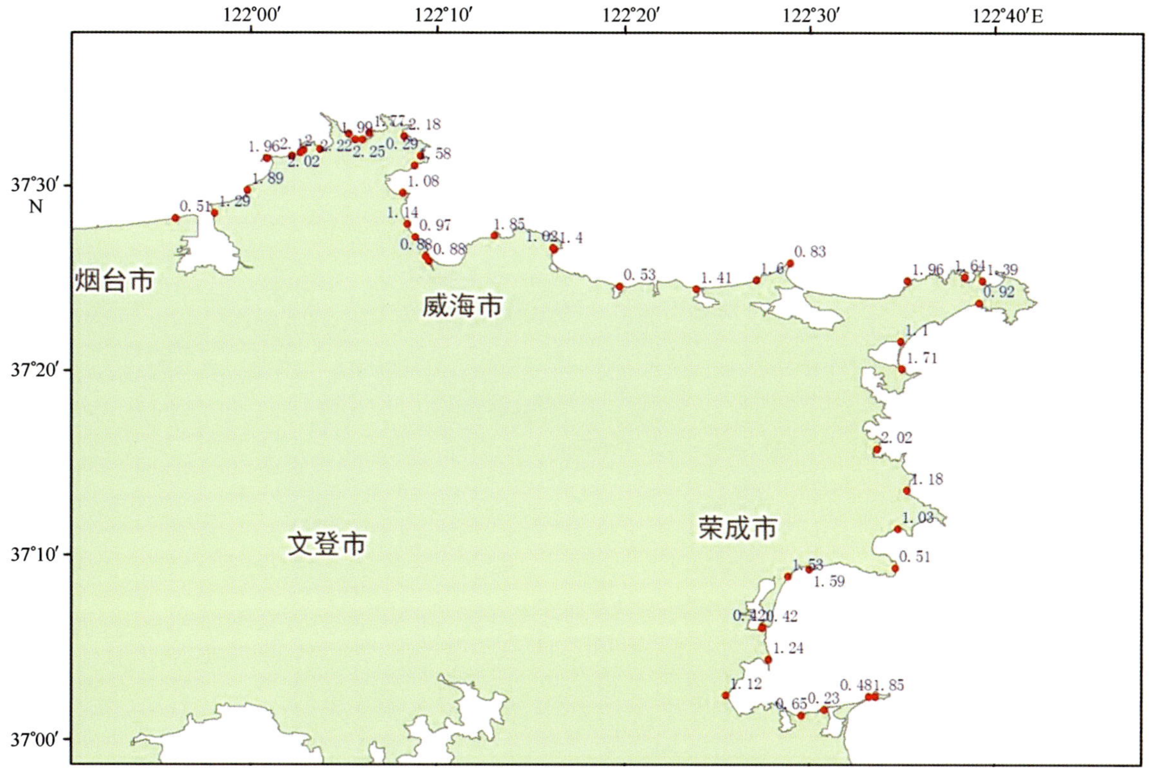

图 3.130　牟平至荣成沿岸 2 年一遇波浪爬高值（单位：m）

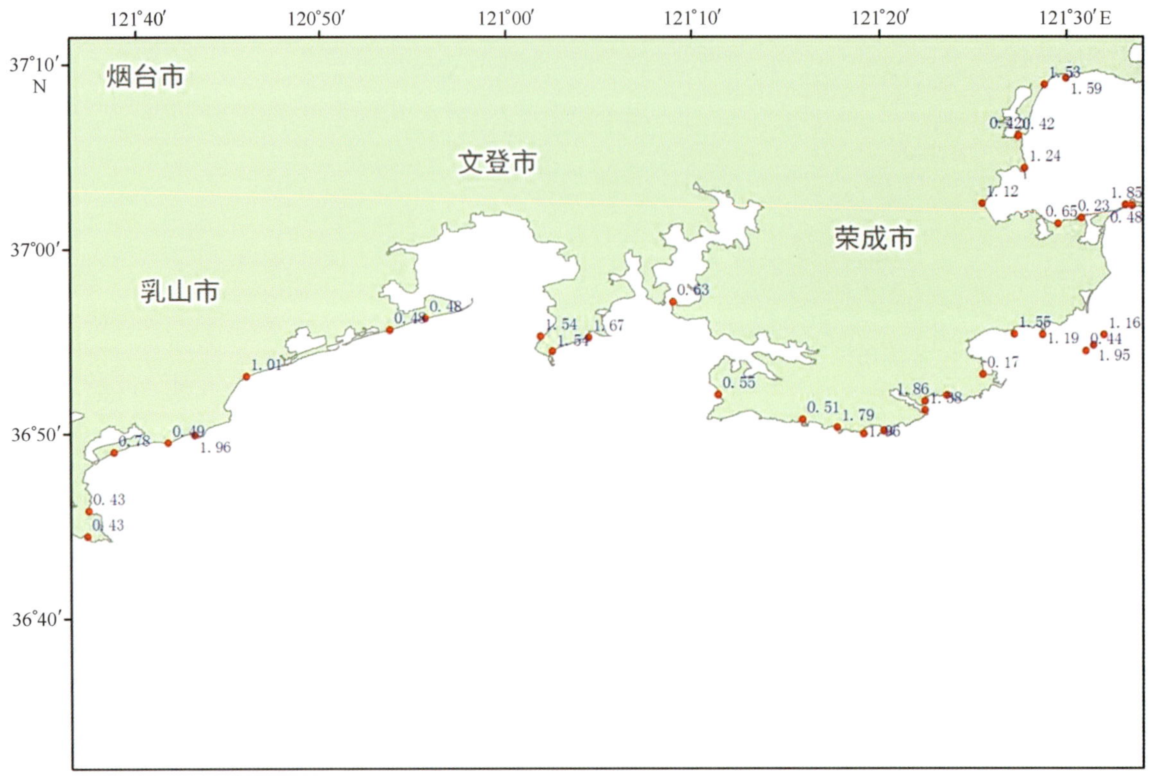

图 3.131　荣成至乳山沿岸 2 年一遇波浪爬高值（单位：m）

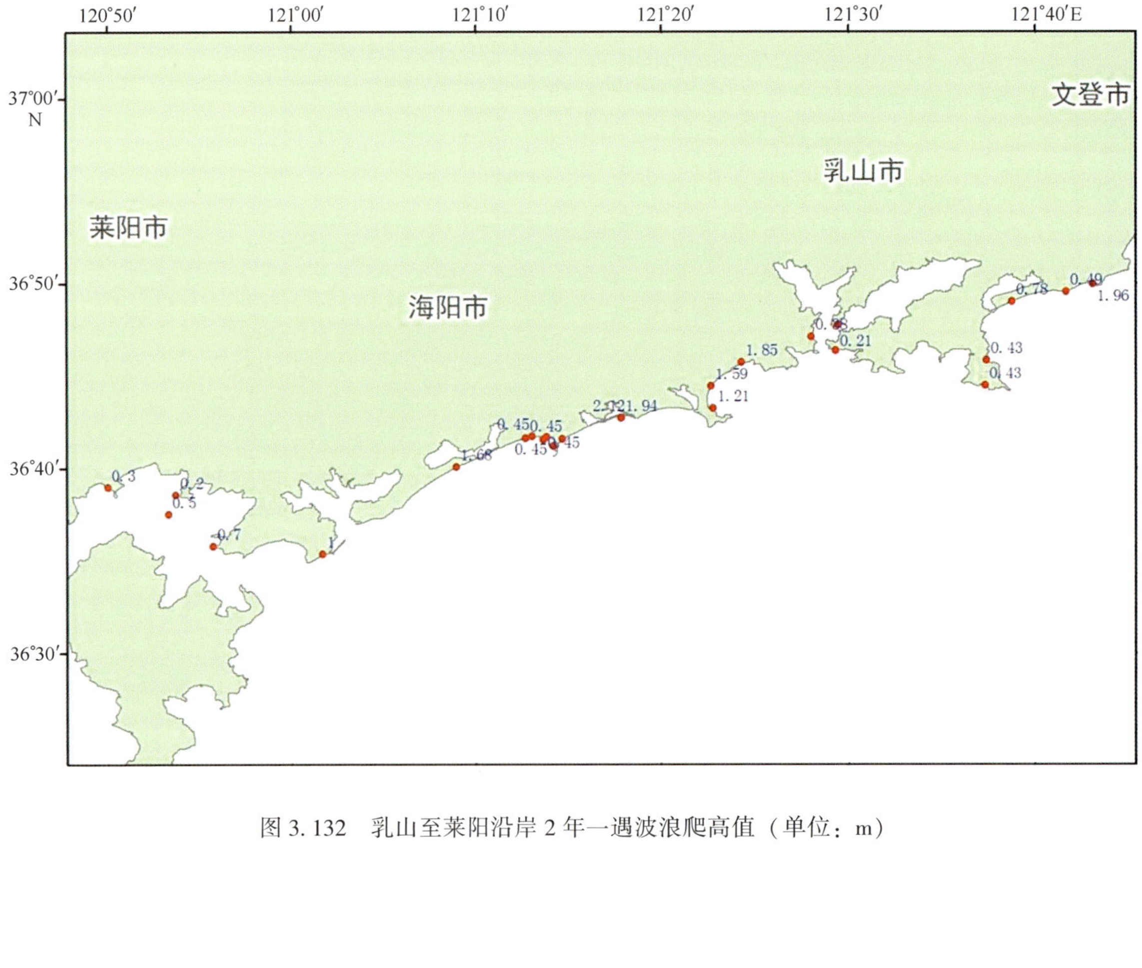

图 3.132　乳山至莱阳沿岸 2 年一遇波浪爬高值（单位：m）

图 3.133　青岛胶州湾沿岸 2 年一遇波浪爬高值（单位：m）

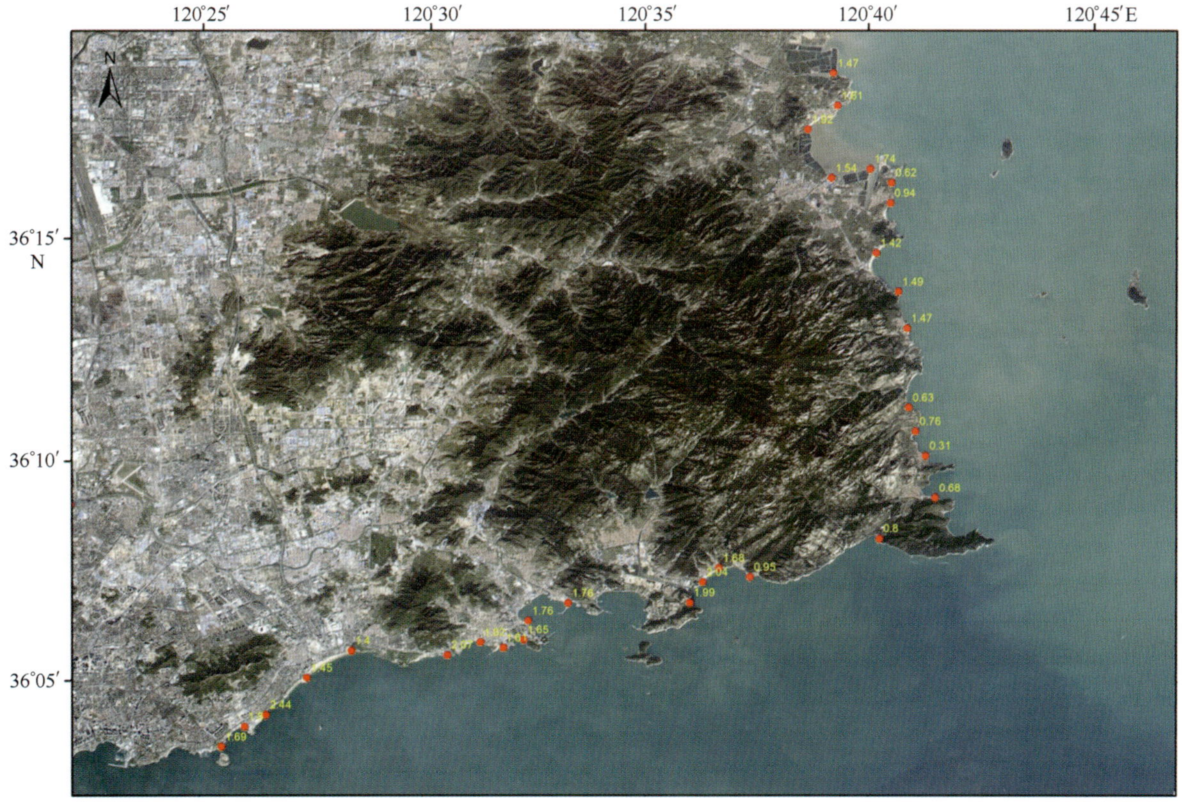

图 3.134　青岛市崂山区海岸 2 年一遇波浪爬高值（单位：m）

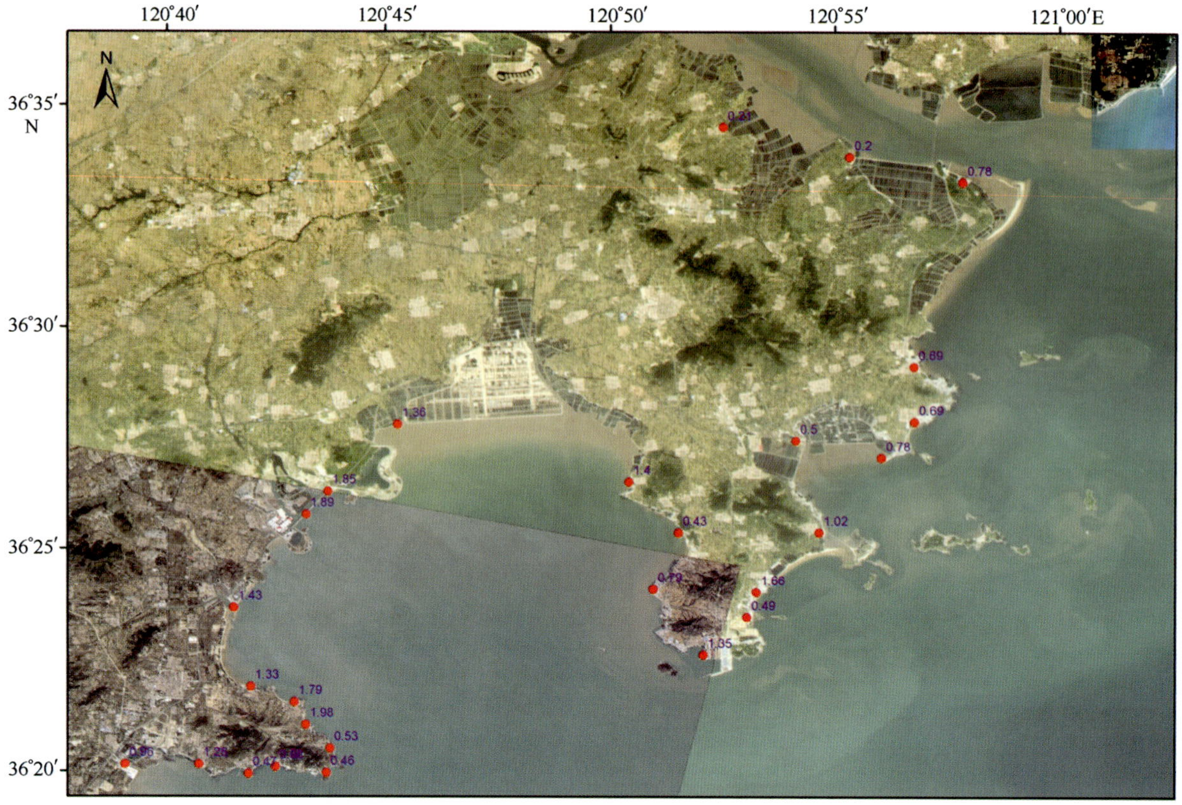

图 3.135　青岛市即墨市海岸 2 年一遇波浪爬高值（单位：m）

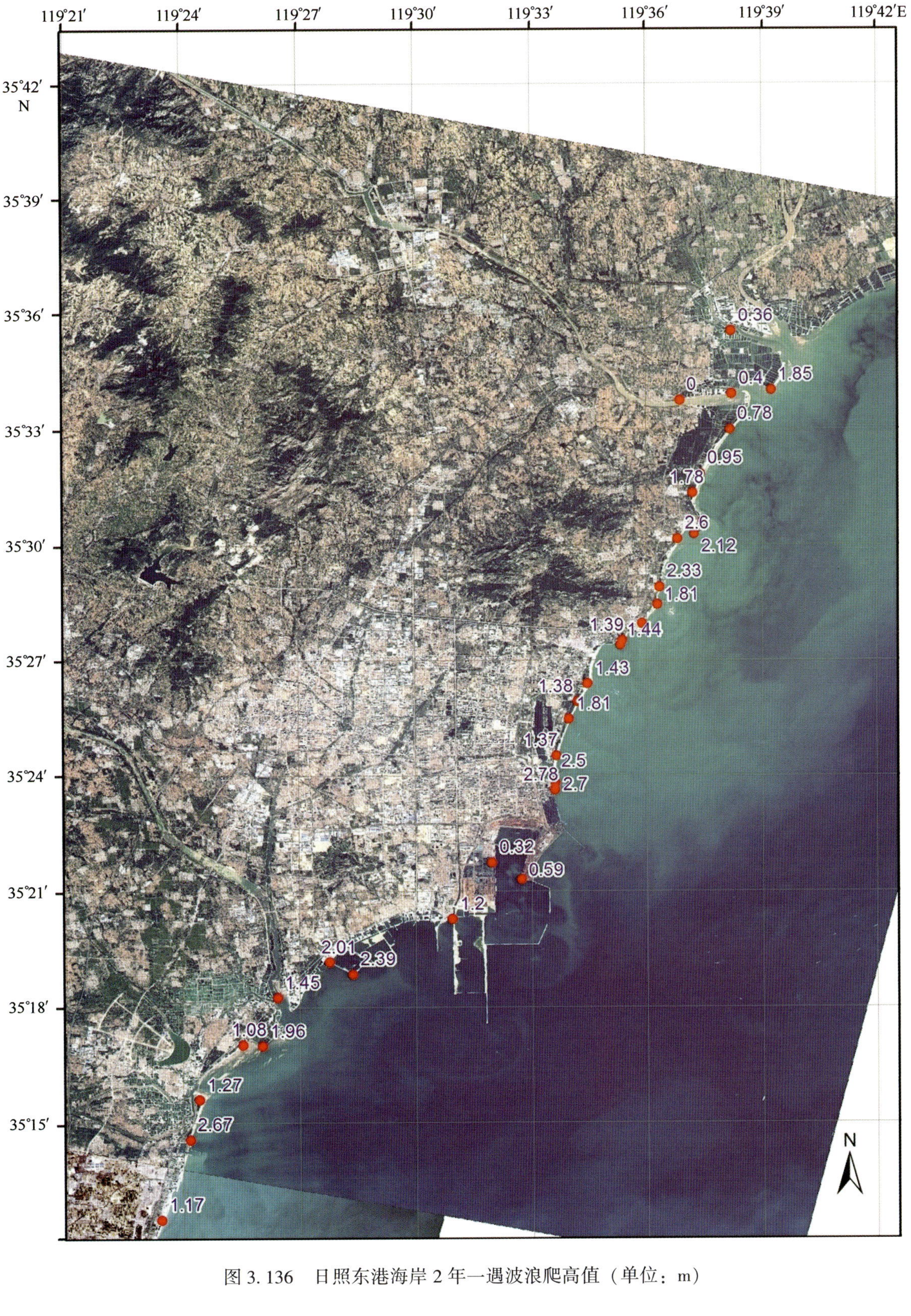

图 3.136　日照东港海岸 2 年一遇波浪爬高值（单位：m）

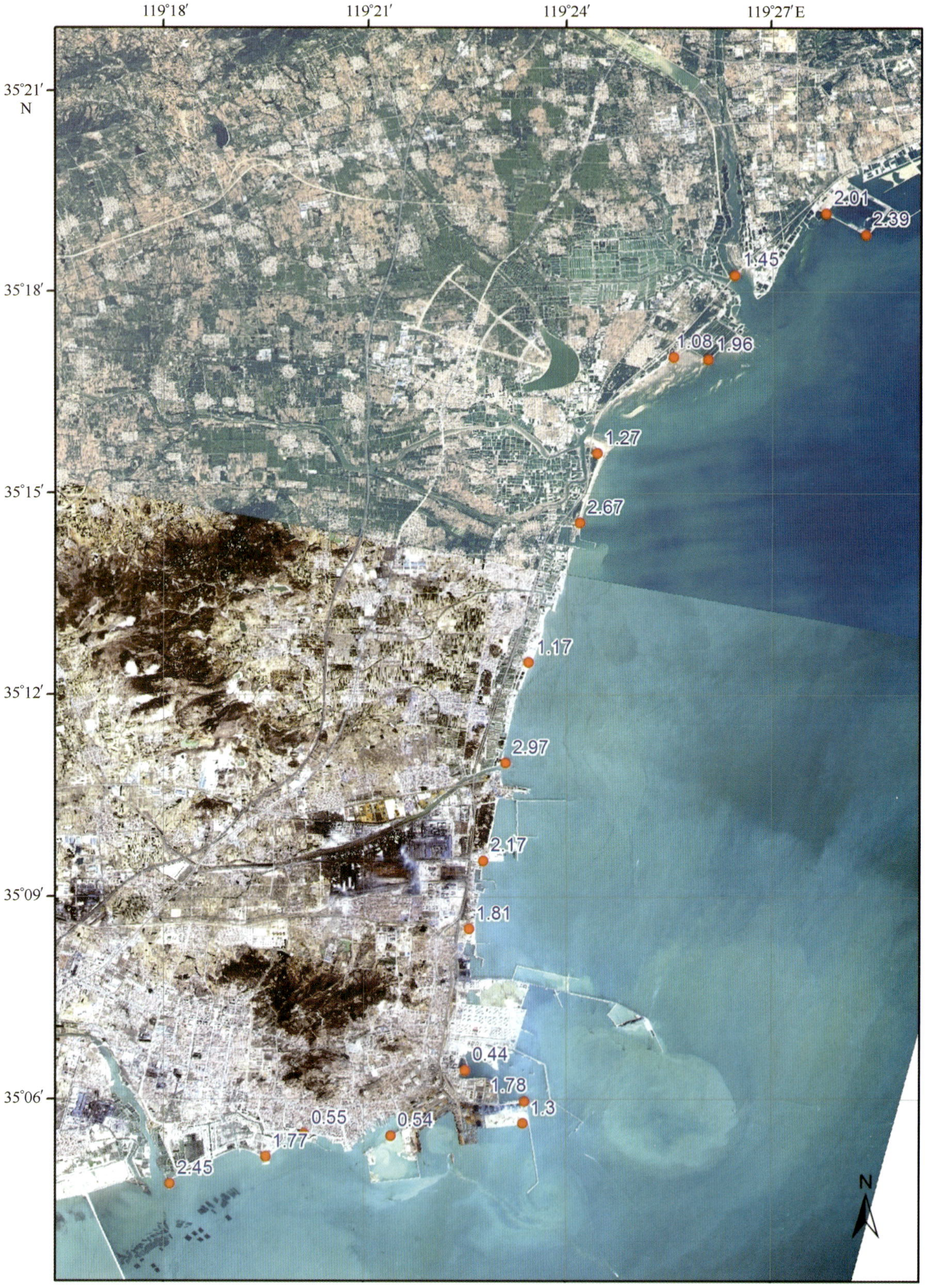

图 3.137 岚山海岸 2 年一遇波浪爬高值（单位：m）

3.3　潮灾资料分析

3.3.1　潮灾分析

3.3.1.1　滨州市

利用埕口 51 年的资料对潮灾特征统计进行分析，分别分析和建立建站以来逐月和年极值的增水及高潮位系列，计算出不同重现期的风暴潮和高潮位。从分析结果可以看出，每年的 2 月、4 月、10 月和 11 月的增水重现期值较其余月份偏大，是温带风暴潮发生的严重月份。这说明，温带风暴潮产生的增水要大于台风风暴潮的增水。而 11 月是温带风暴潮发生最频繁的时间，要严加防范，历史上大的温带增水过程，大部分都发生在此月份。8 月和 9 月主要是台风或台风登陆以后北上减弱为低气压所引起的高潮位。

图 3.138 为 1954—2004 年埕口站每月最高潮位分布。

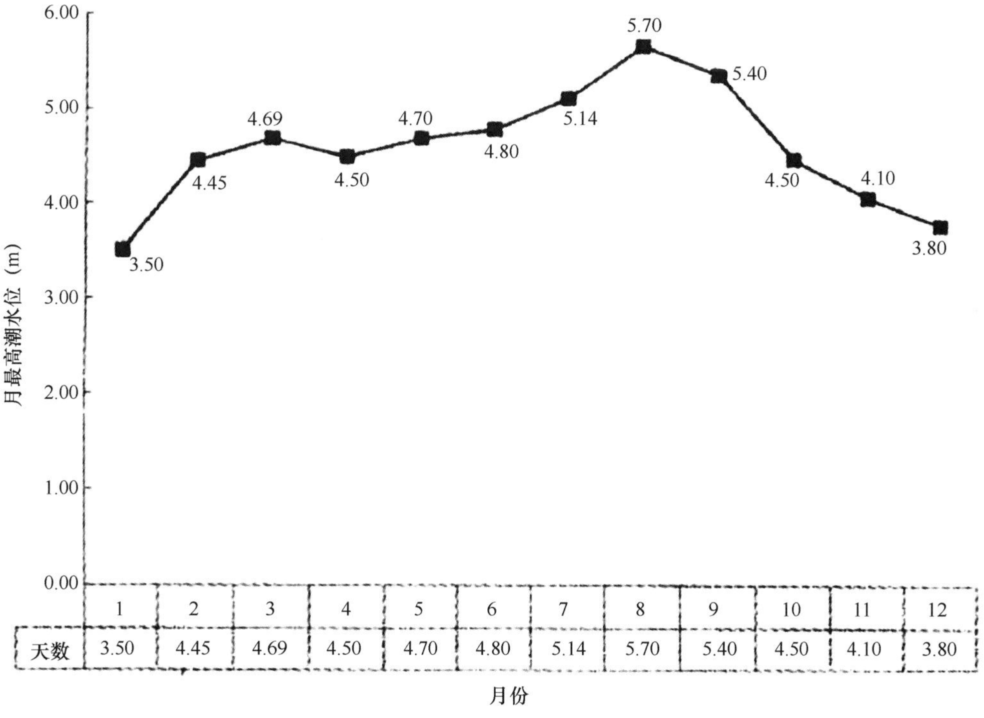

图 3.138　1954—2004 年埕口站每月最高潮位分布

灾害损失资料分析表明，台风（含热带风暴和热带低压）以不同路径进入北黄海和渤海时，所引起的风暴潮对渤海的潮位常有显著影响。中华人民共和国成立以来，滨州市共发生较大和特大潮 9 次，海潮上陆淹没面积 26 167×10^4 hm^2，受淹村镇 137 个，损失原盐 6 717×10^4 t，海产品 1 456 t，毁船 368 艘，倒房 5 140 间，死亡 20 人，直接经济损失 40 亿元。从潮灾方面上来看，9 次较大和特大潮，其中春季潮灾为 5 次，占 55.6 %；秋季潮灾为 3 次，占 33.3 %；夏季潮灾 1 次，占 11.1%。可以看出春季是潮灾最多的季节，秋季潮也很多。因此获得结论是滨州沿海风暴潮灾一年四季均有发生，夏季（主要是 8 月和 9 月）有台风风暴潮发生，春、秋、冬季均有灾害性温带风暴潮发生，尤其要严加防范10月、11月和2月、4月的温带风暴潮过程。

3.3.1.2 东营市

东营沿海近岸区域风暴潮频繁且强烈，其中渤海湾西部（以飞雁滩资料为代表）和莱州湾西部（以小岛河资料为代表）最频繁、最强烈，增水幅度动辄在100 cm和150 cm左右或以上，强者可达200 cm和300 cm甚至220 cm和350 cm。导致该区域风暴潮的天气形势主要是温带系统，其次是北上台风。

1）温带系统风暴潮

东营沿海近岸区域是我国温带系统风暴潮最频繁和最强烈的区域之一，导致该沿海地区风暴潮的温带系统主要有三种类型：

Ⅰ型：气旋或西南倒槽与北方南下横向冷高压相配合型；

Ⅱ型：单纯的南下横向冷高压（无或无明显的气旋或西南倒槽向配合型）；

Ⅲ型：孤立气旋（无或无明显的冷空气相配合型）。

Ⅰ型天气形势是导致渤海湾、莱州湾沿海地区大幅度增水的主要天气形势，主要发生在深秋至初春。莱州湾西南部增水幅度一般为150 cm左右，强者可达300 cm左右，最强曾达350 cm；渤海湾最大增水区域主要出现在塘沽至黄骅岸段，黄骅以东的大王北至飞雁滩区域增水幅度一般为70~100 cm，强者可达150 cm，最强至200~250 cm；桩西至孤东区域增水幅度一般为50~80 cm，强者可达120 cm，最强可达180 cm~200 cm。

该天气形势的主要特点如下：

（1）在北方冷空气东移南压过程中，黄河中下游至长江中下游地区有气旋或低压倒槽向东北方向移动并发展加强，冷空气横向冷锋与倒槽或气旋顶部在渤海辽东湾相遇；

（2）该天气形势影响时，渤海湾、莱州湾、北黄海海域均有SE转NE的大风转风过程。

Ⅱ型天气形势是导致渤海湾、莱州湾沿海地区大幅度增水的重要天气形势。该类型天气形势影响时，莱州湾西南部增水幅度一般为100~150 cm，强者至200~250 cm，最强可达300 cm；渤海湾最大增水区域仍主要出现在塘沽至黄骅岸段，黄骅以东的大王北至飞雁滩区域增水幅度一般为60~80 cm，强者至120 cm左右，最强可达200 cm；桩西至孤东区域增水幅度一般为50~70 cm，强者至110 cm左右，最强可达150 cm。

该形势的主要特点如下：

（1）北方横向冷高压由华北至东北地区南压东移过程中，鲁、豫、苏地区无气旋或倒槽与之配合；或黄淮地区虽有气旋或低压倒槽，但系统很弱且在高压南侧或西南侧向东南方向移动而不能影响渤海；或江淮地区虽有气旋北上，但气旋倒槽与横向冷锋在黄海中部相遇；

（2）锋面过境时，渤海和北黄海海域风场无SE转NE过程而直接吹刮持续的NE向大风，或只有很弱的SE转NE过程。

Ⅲ型天气形势主要指经鲁西北进入渤海或北黄海海域的黄河或黄淮气旋（图3.140）和由鲁南至苏中地区向NE方向移动的黄淮或江淮气旋。

该形势在渤海湾和莱州湾增水一般为100~150 cm，特别强者在莱州湾西南部可至200~250 cm，如1954年6月6日羊角沟最大增水曾达250 cm；在桩西至孤东区域，增水幅度一般为40~60 cm，强者可达

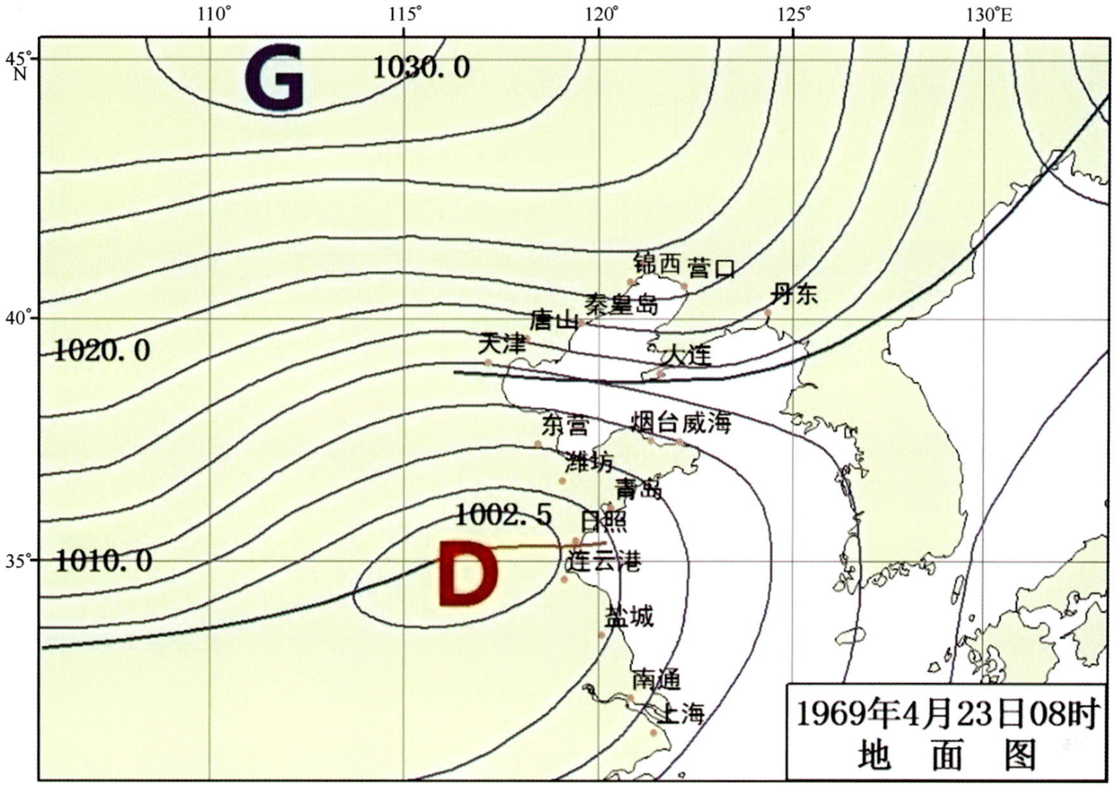

23 日羊角沟最大增水 350 cm，据分析，孤东、海港、桩西和飞雁滩可分别

增水 140 cm、150 cm、155 cm 和 190 cm 左右

图 3.139　江淮气旋配合冷高压天气图例

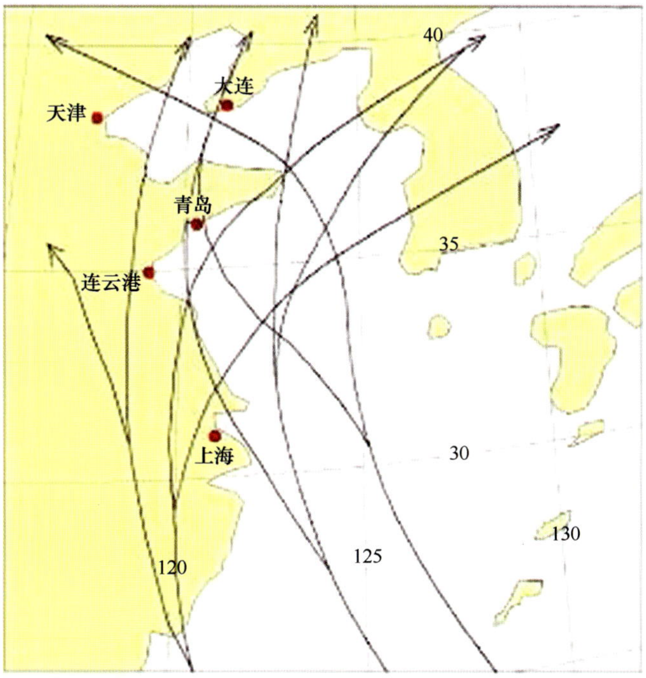

图 3.140　影响东营沿海的台风路径图示

80 cm，最强可达 120 cm。

2）台风风暴潮

影响东营市沿海区域的台风，大致可分为“北上型”和“苏北出海型”（图 3-142）。

“北上型”台风系指经我国黄海海域或浙、苏陆域北上至渤海和 123°E 以西的黄海北部海域台风。“苏北出海型”台风系指在闽、浙沿岸登陆北上，再由江苏北部沿岸入海向东北方向移动的台风。一般情况下，东营市沿海地区主要受台风外围影响，台风中心或近中心影响该海域平均约 8 年左右出现一次。

台风外围影响时，莱州湾西南部沿海地区的增水一般为 100~150 cm，强者可至 200 cm；其他沿海地区一般为 70~100 cm，强者可至 150 cm。

台风进入渤海或穿过山东半岛进入黄海北部或台风贴近山东移向朝鲜半岛时，莱州湾西南部沿海增水可至 250~300 cm，其他沿海地区可至 150~250 cm。

无论台风外围影响还是台风中心影响，只要北方有高压与北上台风相配合并且气压场配置适当，均可导致沿海地区强风暴潮。

综合风暴潮数值模拟结果和本章论述可以看出，东营近海区域是风暴潮严重且频繁区域。其中，飞雁滩至大王北区域位于渤海湾风暴潮严重区边缘，最大增水值可至 200~250 cm，呈由东向西逐渐增大的趋势；莱州湾西部岸段为莱州湾风暴潮最重区域北侧，呈由北向南逐渐增大的趋势，最大增水可至 250~330 cm。桩西至孤东区域风暴潮相对较轻，最大增水可达 180 cm。

3.3.1.3 潍坊市

潍坊市由于其地理位置因素，风暴潮灾害一年四季均有发生，尤以秋冬和冬春交替时节最为频繁。冬半年的风暴潮灾害主要为气旋或西南倒槽与北方南下冷空气相互配合的天气系统所致。夏半年的风暴潮灾害主要为台风所致，强气旋亦可导致一定程度的风暴潮灾害。

潍坊市处于莱州湾湾底，引起重大灾害风暴潮的天气过程与东营市莱州湾西部天气过程基本一致，主要是温带系统，其次是北上台风，在此不再赘述，参考东营市潮灾分析。

3.3.1.4 烟台市

烟台市横跨山东半岛，分为南北两个区域，其中位于莱州湾和山东半岛北部的区域，主要受温带风暴潮影响，而位于山东半岛南部的区域主要受台风风暴潮和气旋影响。对比龙口验潮站和芝罘岛验潮站发现，山东半岛北部所受风暴增水比莱州湾风暴增水小，且辖区风暴潮灾害较频繁，据 1949 年以来风暴潮灾害资料统计，较重或严重风暴潮灾害平均约 5 年左右出现 1 次。

烟台市辖区的风暴潮灾害主要来自夏季的台风风暴潮和秋末至春初的温带系统风暴潮。

3.3.1.5 威海市

威海市市区风暴潮灾害较频繁，据统计，造成重大人员伤亡和财产损失的风暴潮灾害，中华人民共和国成立以前有文字记载者在 10 次以上，1949 年以来较重或严重风暴潮灾害平均约 5 年左右出现 1 次。

中华人民共和国成立后，虽然各级人民政府在预防和减轻风暴潮灾害方面做了大量卓有成效的工作，使风暴潮灾害大大减轻，但是由于经济发展导致沿海人口密度和财富快速增加，风暴潮灾害损失额度仍呈现上升的趋势。

威海市区的严重风暴潮灾害主要来自台风风暴潮，温带风暴潮偶有导致。

例如：1972 年 7 月 6 日、1976 年 3 月 18 日、1981 年 9 月 1—2 日、1985 年 8 月 20 日、1992 年 8 月 31 日至 9 月 2 日、1994 年 8 月 15—16 日、1997 年 8 月 19 日—20 日，2005 年 9 月 12 日，均曾发生较严重的台风风暴潮灾害。

3.3.1.6 青岛市

青岛沿海地区的气旋风暴潮，一般只有发生在夏半年天文大潮高潮期的强或较强，且伴有大浪者具有较大危害。由于温带气旋过境迅速，风暴潮影响时间短，岸边浪高一般为 3 m 左右（最大曾达 5 m），较强者可导致局地轻灾，特强者可导致较大范围的中度灾害，致灾程度相对台风风暴潮轻微。

对影响青岛海域的台风路径分析，其中“北上型”（I 型）和“登陆出海型”（II 型）引起青岛近岸海域的风暴增水相对较大，同时影响青岛气旋有江淮气旋、黄河气旋，具体可以参考日照市天气分析。

3.3.1.7 日照市

导致日照沿岸风暴潮的天气系统主要是台风（含热带风暴、强热带风暴、台风、强台风、超强台风，下同），其次为温带气旋。

1）台风

可导致日照沿海地区风暴潮及灾害的台风，主要是由东海海域或华东近海陆域北上至 35°N 以北、124°E 以西者（图 3.141）。其路径大体可分为北上黄海、登陆出海、东海转向和登陆消失四种类型。

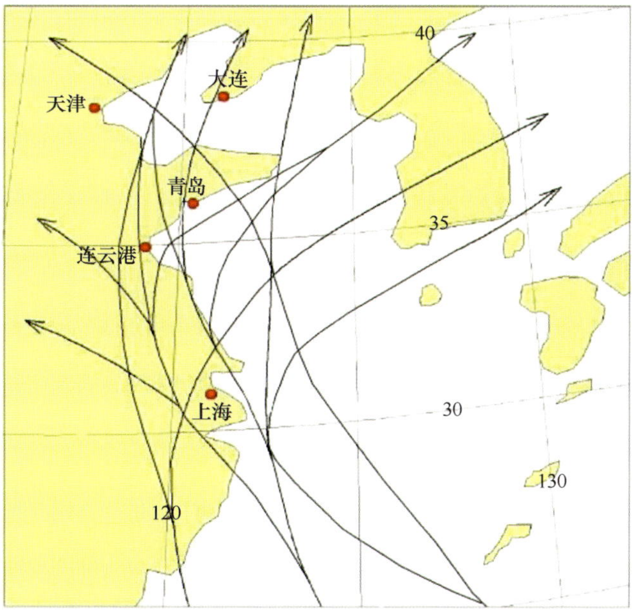

图 3.141　影响日照地区的台风路径

北上型（I 型）：由 124°E 以西的东海、黄海南部海域径直北上或于浙、沪、苏沿岸登陆由 117°E 以东沿海陆地北上至 35°N 以北海域或地区（含穿过山东进入渤海或北黄海）的台风（图 3.142）。

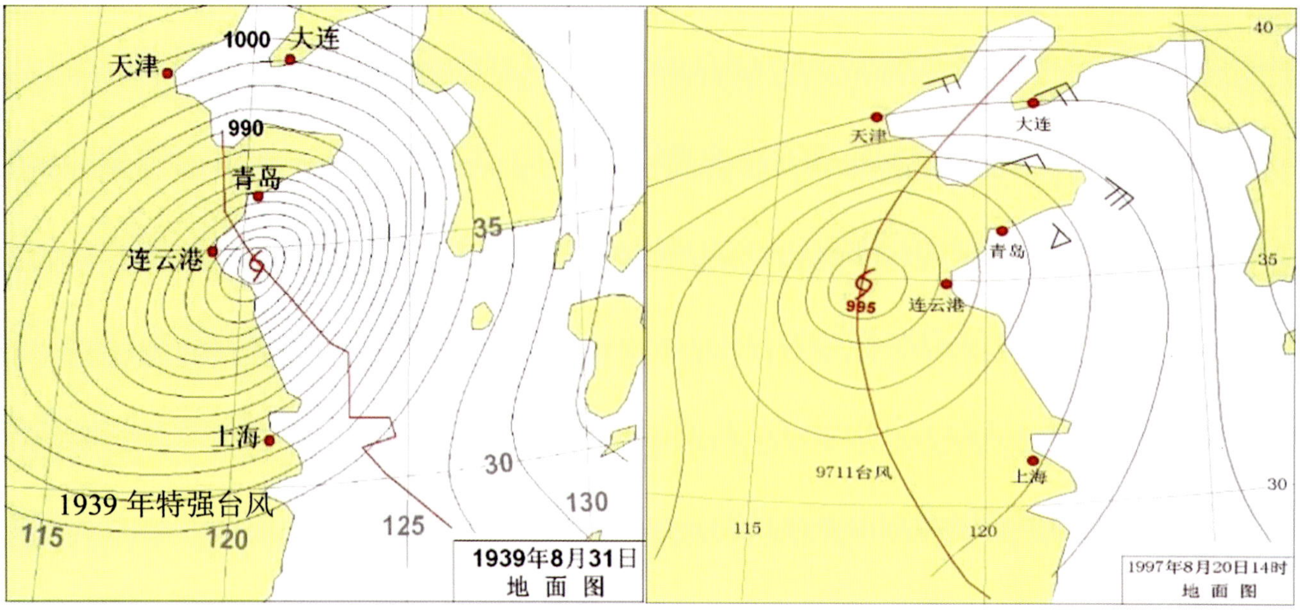

图 3. 142　I 型台风路径和气压场图例

登陆出海型（II 型）：在闽、浙、沪沿岸登陆北上，再由江苏沿岸入海向 NE 方向移动的台风（图 3. 143）。

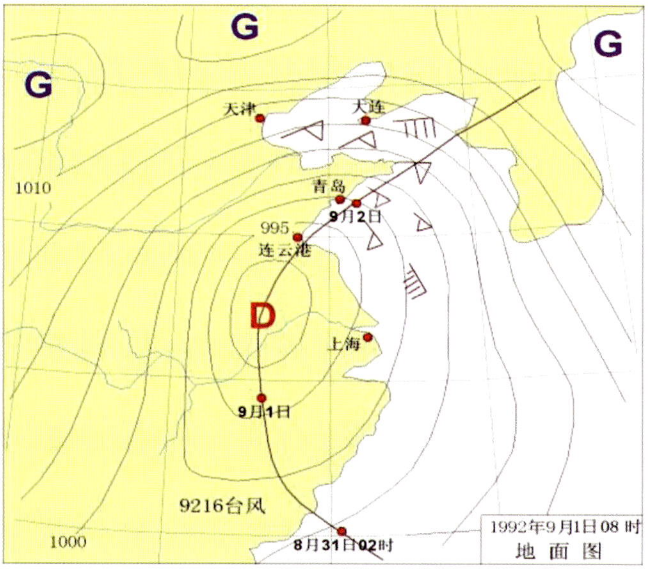

图 3. 143　II 型台风路径和气压场图例

东海转向型（III 型）：在 30°N 或以北、123°E 以西的东海北部转向 NE 方向，经对马海峡一带移出的台风（图 3. 144）。

登陆消失型（IV 型）：在 26°—32°N 之间登陆后继续向 NW 方向移动，在内陆减弱为热带低压直至消失的台风（图 3. 145）。

2）气旋

造成日照海域增水的气旋主要为江淮气旋，全年各月均可出现，平均每年 10 多次。江淮气旋一般都

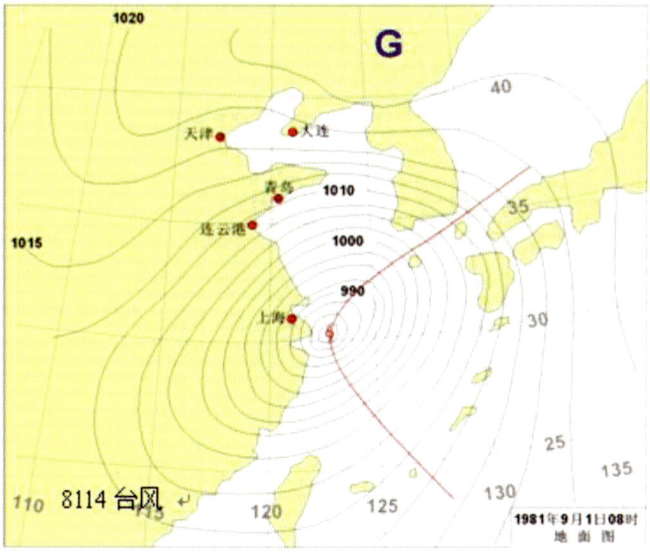

图 3.144　III 型台风路径和气压场图例

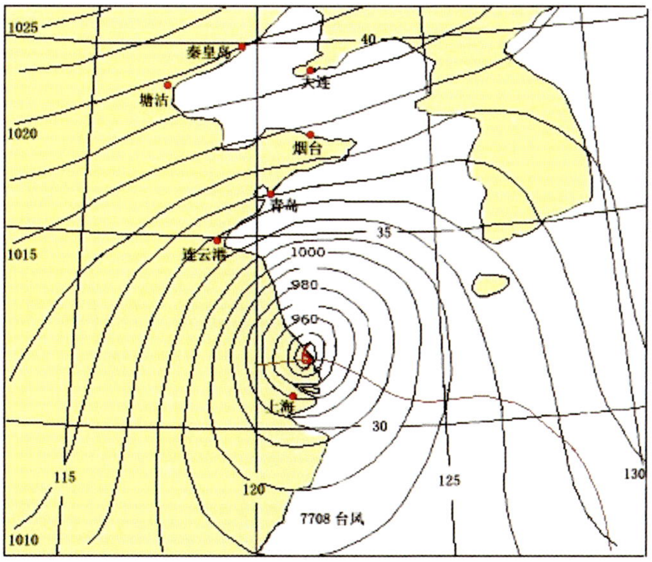

图 3.145　IV 型台风路径和气压场图例

产生在高空槽暖平流下方或高空锋区下方，春夏两季出现较多，尤以 6 月最活跃。江淮气旋入海前后，华北、东北—日本地区一般都有高压配合，使黄海形成北高南低的气压场。该类增水极值一般都出现在气旋入海前后（图 3.146）。

3）倒槽引导北路冷空气

本类冷空气主要为极地冷空气，即冷空气由极地地区经蒙古东部和我国东北地区南下，使蒙古东部和我国华中、华北、东北地区以及日本海地区为高压所控制，苏、鲁地区有江淮或黄淮气旋东移相配合，有时表现为向西南开口的倒槽，使黄、渤海地区等压线和冷锋呈横向（E—W）向。有时尽管为西伯利亚冷空气影响，但高压东缘东伸至日本海地区，华东或东海北部—黄海南部有气旋或倒槽相配合，使黄、渤海地区等压线呈 E—W 或 ENE—WSW 走向。随着北方冷空气的南下和南方气旋或低压倒槽的向北伸

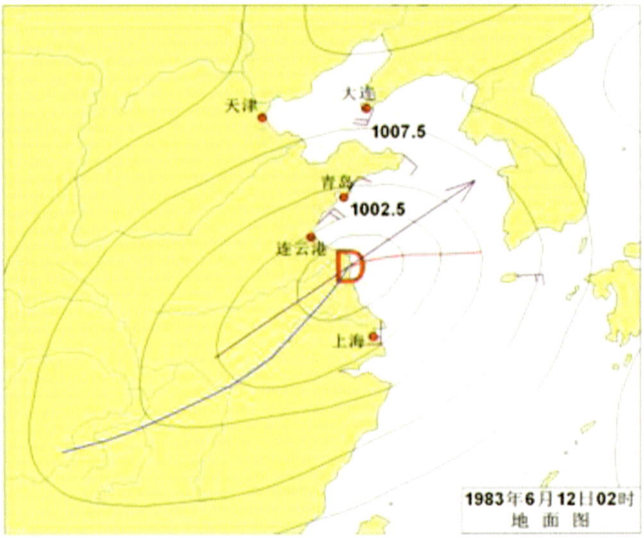

图 3.146　江淮气旋图例

展，使得黄、渤海地区气压梯度加大，黄海中、南部海区风场从东南风转向东北风。在东北风场风应力作用下，海水源源不断向海州湾及山东南部沿海堆积，使岚山港出现较大幅度增水。若黄海东北向 7～8 级大风持续十数小时，日照海域增水可达 1 m。此种天气形势为日照海域冬半年常见增水天气类型。

3.3.2　潮灾发生原因分析

山东沿海的灾害性风暴潮是由多种因素共同作用而产生的，主要包括天文潮、气象、海平面上升、地面沉降、海岸侵蚀以及地理因素等，各种因素相叠加，加剧了风暴潮灾害。

3.3.2.1　天文潮因素

风暴潮灾害，是由风暴潮、天文潮与海浪共同叠加产生的。当发生风暴潮时，恰遇天文大潮，往往造成严重灾害，所以天文潮是潮灾发生一个重要因素。

滨州属于不正规半日潮汐，滨州海洋环境观测站的平均潮差约为 190 cm；高高潮约为 145 cm，回归潮期间，一天仍出现 2 次高潮和 2 次低潮，证明滨州海洋环境观测站点潮汐性质以半日潮为主，回归潮期间最大平均潮差约为 241 cm，潮差较大。在浅水效应影响下，落潮历时大于涨潮时约 30 min。有效掌握天文潮变化规律，对于风暴潮预报有重要意义。

3.3.2.2　气象因素

引起风暴增水的气象因素主要有三种，分别为热带气旋、冷空气和温带气旋，风暴潮也由此主要分为温带风暴潮和台风风暴潮。温带风暴潮一般由冷空气、温带气旋引起，一年四季中均可发生，但多发生在春秋季节，温带风暴潮的一般特点是：水位变化平缓，潮位高度一般较低，发生较为频繁。台风风暴潮多见于夏秋季节，滨州海域地处黄河口北部，受台风或热带气旋影响形成风暴潮的次数较少，但是台风风暴潮的特点是速度快、来势猛、产生的增水值大、破坏力强，造成的危害巨大，因此一直受到关注。中华人民共和国成立以来，滨州市共发生较大和特大潮 9 次，由于热带气旋主要出现在夏秋季，尤其农历八月十五前后，正值天文大潮时期，台风北上或由台风减弱的热带风暴所引起的风暴潮危害性更强，其造成的经济损失更大，更要引起注意。

3.3.2.3　海平面上升

海平面上升分为两部分，一部分为绝对海平面上升，另一部分为相对海平面上升。

绝对海平面上升是全球气候变暖造成的海水膨胀、极地冰盖和陆源冰川冰帽等融化等引起的海平面上升，监测结果表明，近 30 年来，中国沿海气温上升 1.1℃，海表温上升 0.9℃，同期中国沿海海平面也呈明显上升趋势，上升幅度达 90 mm。

相对海平面上升是由区域构造沉降、沉积层压实因素和人为地面沉降因素造成的。

3.3.2.4　海浪因素

风暴潮能否成灾，不仅要看风暴潮的强弱，还要看其岸边的浪向、浪高。当风暴潮潮位达到一定程度时，又有向岸风配合以及大浪叠加，就会出现严重的风暴潮灾害。

3.4　海岸防护工程分析

根据 2.2 节的海岸防护工程的统计资料，山东海岸防护工程比例在 20%~70%之间，其中青岛市和东营市达标率较高，威海市海堤达标率最低，海岸工程防护建设除了与当地经济发展有关外，还与当地海岸类型以及遭受风暴潮灾害强弱有关。

3.4.1　滨州市

滨州海岸防护工程以自然为主，多数海堤都未达到标准，以海口海堤为主，其中无棣县沿海现有海堤主要位于漳卫新河和马颊河的入海口附近，其中入海口防潮标准为 50 年一遇，普通沿岸海堤未达到 50 年一遇的标准；沾化县沿海现有海堤主要位于套尔河和潮河的入海口附近，防潮标准均为 50 年一遇，其中沿海海堤（特指非河口入海口处的海堤）长度为 6.6 km；入海口（河口入海处的海堤）海堤长度为 68.8 km。

图 3.147 给出了滨州市沿岸高程分布。从图中可以看出，部分沿海高程均较高，但在河口区域高程较低，需要重点防护。

3.4.2　东营市

1973 年修建草桥沟至刁口段的防潮堤（利津县），全长超过 20 km，设计堤顶高程 5.6 m（1985 国家高程基准，下同），顶宽 8 m，背海坡 1∶4，临海坡 3.6 m 高程线以上 1∶4，以下 1∶7，坝址修建在 1.5~2.3 m 之间的地面高程上。

垦利县海岸线北起孤东海堤东北与东营市河口区交汇处，南至青坨海铺东南与东营市东营区交汇处，

图3.147　滨州市海岸线高程情况

总长度为 142.78 km，其中孤东人工海岸 30 km，自此向南其他天然淤泥海岸 112 km。至 2008 年底垦利县各类黄河堤防工程长度 138.394 km。

河口地区大规模进行防潮堤建设始于 20 世纪 70 年代初，布置在东起新黄河大坝入海口三号桩，西至潮河以西顺江沟的范围内，总长度 214.2 km，除孤东海堤 11.5 km 进行高标准衬砌外，其余多为土质筑坝，堤顶高程在 3~4.7 m，堤顶宽 6.0 m，沿线地面高程在 1.0~1.5 m 左右。

河口境内现有标准很低的土质防潮堤、回水堤 89.68 km，其余均没有防潮堤坝。主坝总长 38.9 km，其中挑河至草桥沟 16.7 km，沾利河至马新河 9.1 km，沾利河至草桥沟 13.1 km。回水堤工程总长 50.78 km，其中，潮河段 10.3 km，马新河段 8.8 km，沾利河段 11.24 km，草桥沟段 6.04 km，挑河段 14.4 km。

东营区海岸线自潮河起经黄河至小清河北岸止，全长 412.67 km。近年来，经胜利油田和地方政府的共同努力，已建成较高标准海堤（含海口河堤）200 km，其中孤北、孤东油田海堤 118 km，垦东海堤 40 km，城东海堤 42 km；达标段长度为 135 km，约占已建海堤总长度的 68%。这些海堤的建设为胜利油田的开发和东营市沿海产业的开发及建设提供了安全保障，对区域内海洋经济的发展起到了良好的促进作用。

2009 年 7 月 21 日开工，在广饶县沿海小清河入口与支脉河入口之间，建设了一条全长 3.6 km 的高标准防潮海堤。工程设计标准为 50 年一遇，工程级别为 3 级，主堤顶宽为 9 m，设有 7 m 宽沥青砼路面，临海堤坡用混凝土板护坡，堤肩设混凝土防浪墙，背堤设 15 m 宽反压绿化平台，于 2010 年 12 月 30 日竣工。

目前已建海堤虽然达标率较高，但需建设海堤段缺口较大，已建达标海堤占岸线长度约为 33%，尤其是自潮河至乌河沟的河口区和利津县沿线，现状为低标准土堤或根本没有海堤，几乎无抵御风暴潮的能力，为山东省防潮体系最差区域之一，不能为沿海人们生命财产和经济社会的发展提供必要的安全保障。

3.4.3　潍坊市

潍坊市沿海地区曾于 20 世纪 50 年代修建了部分海堤。20 世纪 70—80 年代，渤海沿岸油田大量开采，海堤随之增建。近几年，由于海水养殖业、盐田及碱厂的高速发展，防潮工程已有了迅速的增加。早期修建的堤线离海岸线较远，近期修建的堤线离海岸线较近，部分直接修建在海岸线上，堤线地面高程 0.7~1.4 m。其中寿光市防护主要有小清河两岸的河堤，另外在大家洼建有 10 km 的海堤，寿光沿海有较宽的潮间带，受波浪影响较小。潍坊市防波堤西、东段（寒亭区）为 2003 年 10 月建设，建设标准为 50 年一遇；潍坊市中段沿海防护堤一、二期为 2008—2010 年建设，沿海防护堤二期标准为《堤防工程设计规范》（GB50286-98）中的 100 年一遇，高程 5~6 m，宽度 10 m，结构为抛石斜坡堤，内为沙土，外砌石块，目前状况坚固。昌邑沿岸广泛分布着盐场和虾池，向海一侧修建有防潮堤，建设标准均低于 50 年一遇。虞河、下营河和胶莱河建有河堤，防潮坝有捕捞公司防潮坝、联营盐场防潮坝、“2771 项目”防潮坝和下营港防潮坝等。

图3.148 河口区附近部分防护堤高(单位：m)

图3.149　垦利县附近部分防护堤高(单位：m)

图 3.150 东营区部分防护堤高（单位：m）

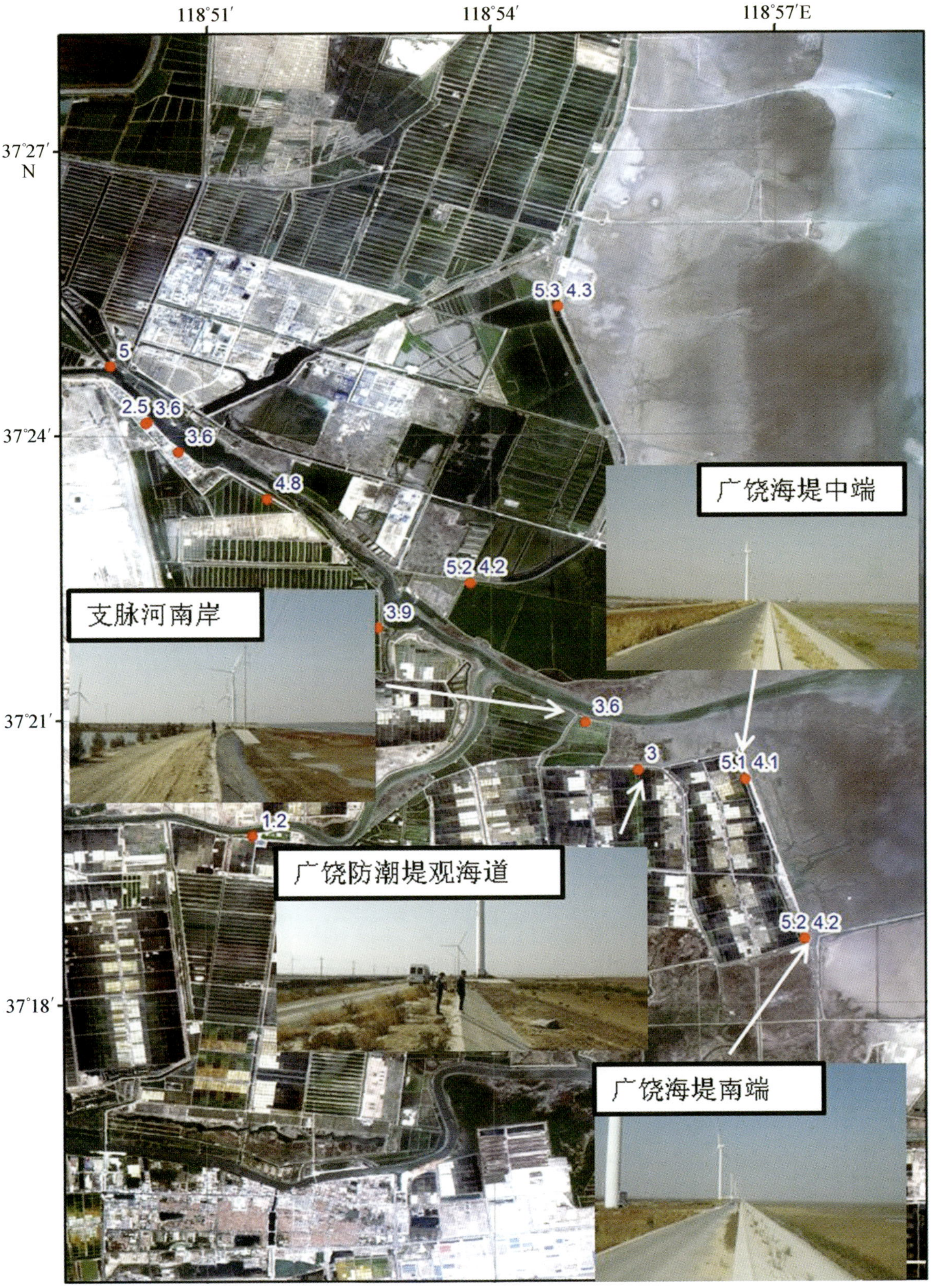

图 3.151　广饶县部分高程分布（单位：m）

图3.152　寿光市海岸线高程分布(单位：m)

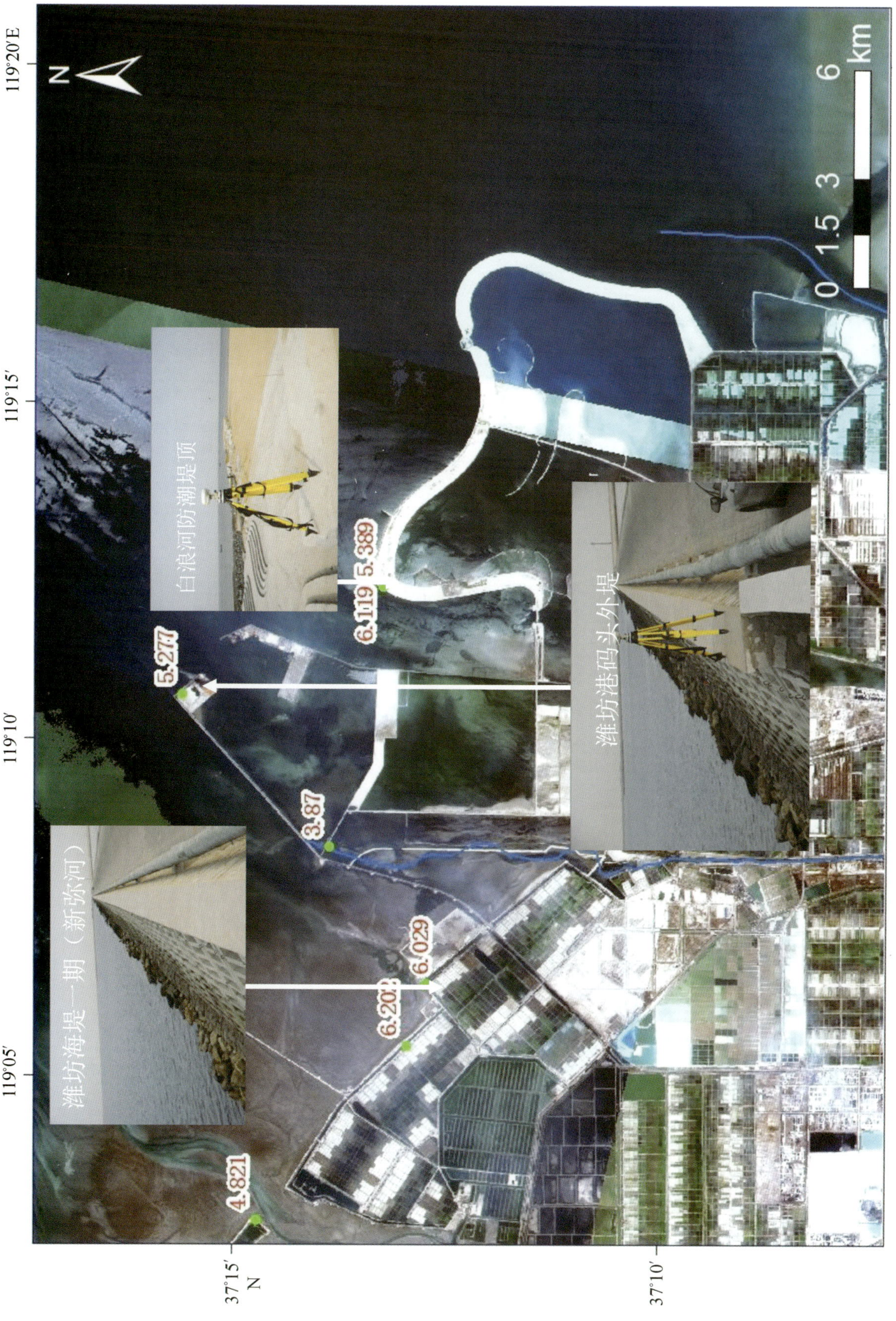

图3.153　寒亭区海岸线高程分布(单位：m)

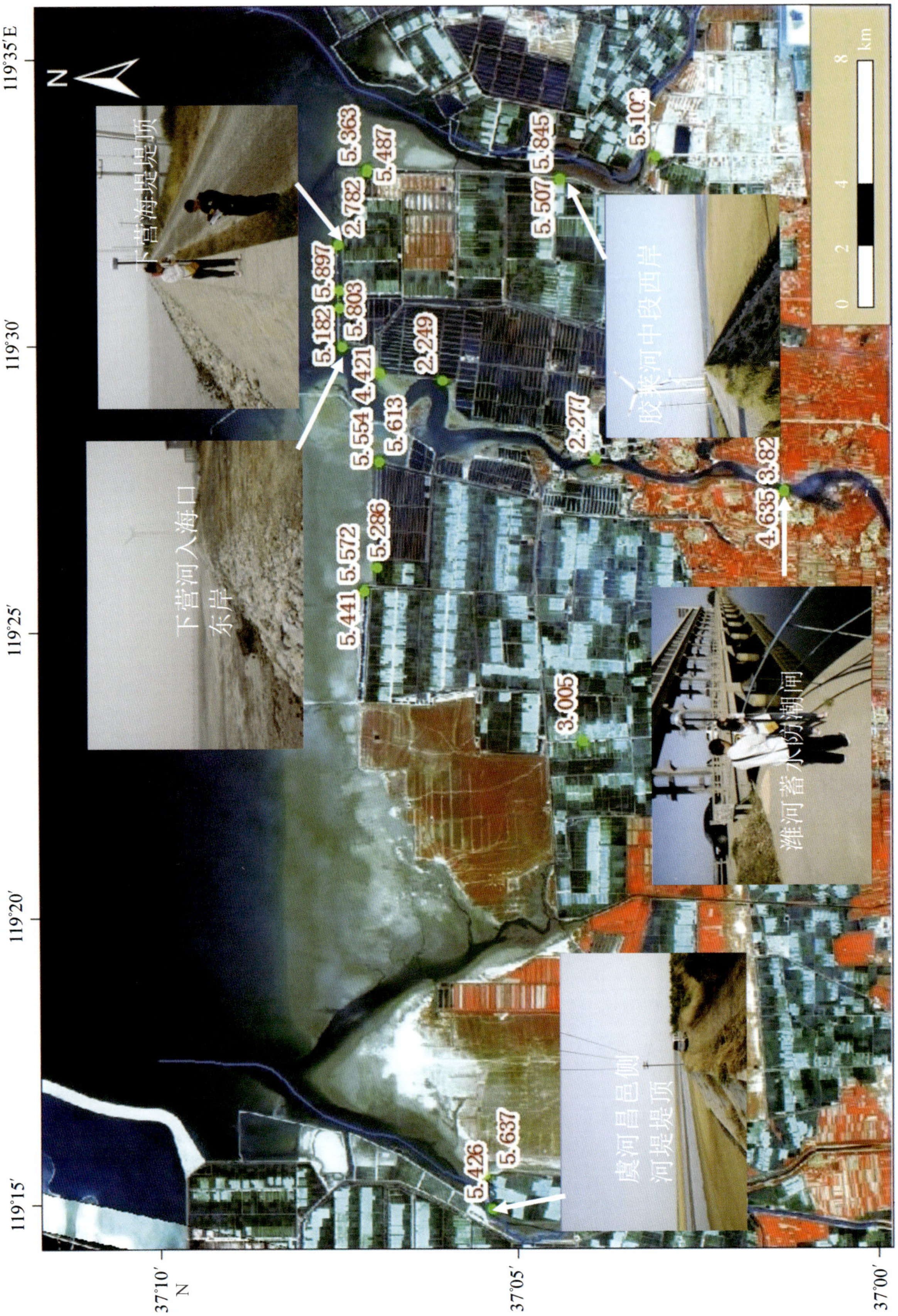

图3.154 昌邑市海岸线高程分布(单位：m)

3.4.4 烟台市

烟台市海岸线分南北两段，在龙口—烟台段砂质海岸侵蚀严重，其中：

（1）莱州虎头崖至东方红盐场防护岸堤长为 3.3 km，按 20 年一遇标准建设，胶莱河至虎头崖防护岸堤长为 27 km，按 50 年一遇标准建设。

（2）招远建有 20 年一遇标准防护岸堤，长为 3.3 km。

（3）龙口市海岸以砂质海岸为主，仅有屺姆岛为基岩海岸，3 处防护工程分别是：①东海工业园防潮堤工程。堤防长度为 1.4 km；起始位置：南西起泳汶河入海口处交通桥，北至右岸别墅区；级别为 4 级；设计标准为 20 年一遇，设计高潮位 2.18 m；堤顶高程为 4 m，采用黄海高程；堤顶宽度 8 m。②东海工业园防潮堤工程。堤防长度为 2.8 km；起始位置：西起海润豪景西 20 m，东至福海阁东 50 m，长 1.9 km，国际会议中心西南角至月亮湾西侧，长 0.9 km；级别为 4 级；设计标准为 20 年一遇，设计高潮位 2.18 m；堤顶高程为 4.5 m；堤顶宽度为 12 m。③东海工业园港栾东段防潮堤工程。堤防长度为 1.4 km；起始位置：西起港栾港，往东延伸全长 1.4 km；级别为 4 级；设计标准为 20 年一遇，设计高潮位 2.18 m；堤顶高程为 4.5 m，采用黄海高程；堤顶宽度为 6 m。

（4）根据蓬莱市整体规划中防潮工程规划，确定城市防潮标准为 50 年一遇，设防等级为Ⅱ级。需建设画河、龙山河、平山河防潮闸，使其过洪、防潮能力达到设计标准；中心城海岸按照抵御 50 年一遇潮水位设计，海岸局部低洼段岸顶应采取措施填高、加固。岸堤迎水面采用护岸并设置防浪墙，防浪墙顶部高程按 5.0 m 设计。

表 3.21　蓬莱已建海堤

蓬莱市	已建工程					
	沿海海堤			入海口海堤		
	位置	长度（km）	标准（年）	位置	长度（km）	标准（年）
蓬莱西部海岸	北王绪至西庄	2.9	50、20	29+100	0.1	50
蓬莱中部海岸	蓬莱市至马格庄镇	8.1	50、50、不足 20			
蓬莱东部海岸	刘家沟镇至大季家镇	1.8	不足 20			

（5）近年来，长岛县对部分岸段进行了改造和整修，除了对原有海岸防潮设施进行适当加高、加固外，还拆除了大部分易遭受风暴潮袭击的民房等相对简陋的临海建筑物，使部分岸段的防潮设施质量和防潮能力得以提高。

表 3.22 长岛县已建海堤

已建工程		
沿海海堤		
位置	长度（km）	标准（年）
南长山岛	4.3	20
北长山岛	1.8	20
北隍城岛	0.9	10
庙岛	0.4	10
大钦岛	2.7	10
小钦岛	0.4	5
砣矶岛	2.0	10~20

（6）开发区已建沿海海堤46.2 km，入海河堤3 km，建设标准为50年一遇，其中：烟台西港防波堤，按一级建筑物设计，波浪重现期按50年一遇，设计高水位2.46 m，设计低水位0.25 m，抛石斜坡式，堤顶宽度11 m。

（7）芝罘区已建沿海海堤23.8 km，入海口海堤1.2 km，初步形成了较为完整的防护体系。

（8）莱山区海岸线从海韵广场到辛安河河口。其中，荡逛河以北岸线主要为人工堤坝，以南为自然岸线。逛荡河到土城子山为砂质海岸，土城子山为基岩海岸。1994—1997年建有北起金工龙桥，南至黄海游乐城长3.5 km的防潮堤，建设标准为50年一遇。

（9）牟平区养马岛已建海堤2.0 km，建设标准为20年一遇，新建鱼鸟河—沁水河海堤0.9 km，沁水河—金山港海堤0.9 km，建设标准为50年一遇。

（10）海阳市临港产业区附近已新建堤坝；海阳新城有长为1.5 km（20年一遇的高潮位）防风暴潮护堤；海阳西海岸有长为4.0 km（20年一遇的高潮位）防风暴潮护堤。

（11）莱阳市的堤防长度13 345 m，共为两段：

①起止点：36°39′4.32″N，120°51′20.328″E至36°37′30.500″N，120°50′6.108″E。

②起止点：36°37′2.030″N，120°50′36.312″E至36°36′23.770″N，120°48′47.178″E。

设计高程为5.8 m。2002年4—6月投资300万元人民币加固维修堤防大坝4 000 m。迎潮面全部用石块、水泥砌成。

3.4.5 威海市

为抵御风暴潮带来的自然灾害，威海市自20世纪50年代开始修建海堤，70—80年代随着沿海海水养殖业迅速发展，为保护虾池、鱼池等养殖业设施，海堤工程迅速增加。

其中环翠区海堤建设较少；荣成市海堤多集中在东部；文登市海堤建设标准较低，多数为20年一遇；乳山市已建成海堤88 km（含入海河口海堤），初步形成了较为完整的防风暴潮体系，表3.23给出威海各市海堤建设情况。

表 3.23　威海市已建海堤情况

区域	名称	已建工程					
		沿海海堤			入海口海堤		
		位置	长度（km）	标准（年）	位置	长度（km）	标准（年）
环翠区	刘公岛	南海岸	3.3	20			
	威海湾	海云天—启明假日、东山宾馆西侧—韩国城、幸福公园—长峰河口	13.8	50	坞口河、城南河、青年河、望岛河、戚家庄河		
	孙家疃	合庆村、沙窝村、远遥村	2.1	20			
	张村	和徐疃村至双岛西山	1.4	20			
	羊亭	羊亭河北岸	3.0	20			
荣成市	虎山镇南海岸	冯家至南于家	9.7	20			
	人和镇海岸	靖海码头	0.8				
	石岛湾		0.6				
	市区桑沟湾	滨海公园	0.6	50	桑沟河入海口	0.3	50
	成山镇北海岸	西霞口龙眼湾	0.3	20			
文登市	靖海湾	埠口东	0.8	20	青龙河	6.0	20
	五垒岛		6.9	20			
	高村				青龙河	6.0	

3.4.6 青岛市

青岛市总体防护措施较好，且近些年政府投入大量资金对岸段进行了改造和整修，除了对原有海岸防潮设施进行适当加高、加固外，还拆除了大部分易遭受风暴潮袭击的民房等相对简陋的临海建筑物，对海滨风景区进行改造，不但使岸段的防潮设施质量和防潮能力得以大大提高，而且还形成了美丽如画的海滨广场。

（1）市南区沿海大部分岸段防潮设施比较完善，防御标准达到了 50~100 年一遇，主要为居民生活、休闲和城市观光旅游区和港口码头区，除了老市区的防护构筑物外，目前在团岛湾和东部新区沿岸也相继新建了许多防潮工程，岸堤高程为 3.5~5.5 m。

（2）黄岛区建置以来，尤其是青岛实施“挺进西海岸”战略以来，工矿企业和海港日渐增多，各项用海项目非常多，除了薛家岛周围以自然海岸形态被保留外，其他大多数海岸已经或正在被开发，因此其防潮设施基本是以沿海构筑物为主，例如码头与护堤等。市区亦建筑了各种防潮墙、防潮坝。随着经济建设的不断发展，人工海岸亦将逐年增加。防潮设施主要为港口码头防潮防浪设施和大炼油基地等工矿企业防潮岸堤等人工构筑物，除大炼油基地正在建设中，前湾港区防潮设施已基本完备并且质量较高。护岸高程大都在 3.0~5.0 m。

（3）崂山区沿岸多数为人工建造海堤，堤防型式为浆砌石和混凝土结构，设计标准为 20 年和 50 年重现期，地面或防潮堤顶面高程一般高于 3 m。但一些区域存在防潮标准偏低的情况，个别区域防潮设施高程不足 2.5 m。崂山区沿海工程较多，位于石老人东部的石老人游艇俱乐部、东起雕塑园西至海洋娱乐城的极地海洋世界、位于沙子口码头的沙子口中心渔港、位于王哥庄的仰口渔港等。崂山区沿海无石化、危化品生产运输企业。滨海步行道西起团岛环路，东至石老人，全长约 36.9 km，将栈桥公园、海军博物馆、小青岛公园、鲁迅公园、第一海水浴场、八大关风景区、五四广场、石老人海水浴场等主要旅游景点串联在一起。表 3.24 给出了老区海堤情况。

表 3.24　崂山区海堤情况表（资料来源：青岛市海洋与渔业局）

海堤名称	堤防型式	堤防位置	堤防高程（m）	堤防长度（m）	设计防御标准
沙子口湾海堤工程	浆砌石结构	沙子口街道沙子口湾和流清河湾	3.0~5.0	4497	50 年一遇
沙子口南窑海堤工程	浆砌石结构	沙子口街道南窑入海口	5.0	514	20 年一遇
王哥庄小北海海堤工程	浆砌石结构	王哥庄街道会场西至晓望河入海口	2.5~3.0	9572	20 年一遇
崂山区会场海堤工程	浆砌石结构	王哥庄街道会场社区	4.0~4.8	945	50 年一遇
崂山区港东文武渔港护岸工程	混凝土结构	王哥庄街道港东社区	2.75~4.0	600	50 年一遇

（4）市北区段岸线长度 28.3 km，分为三段：一是小港段，岸线长度 1.7 km，高程约 2.9 m；二是大港段，岸线长度 20 km，高程约 2.95 m；三是欢乐滨海城及周边区段，岸线长度 7.8 km，高程约 3.5 m。沿岸基本为人工建造海堤，堤防型式为浆砌石和混凝土结构，设计标准较高，一般为 50 年重现期。在汇泉路、济南军区青岛第一疗养院、银海船艇维修中心和团岛污水处理厂等处存在相对薄弱地点。

（5）李沧区岸段主要为环湾公路防护堤。

（6）城阳区流亭街现有沿海堤防：白沙河下游入海口两岸各 408 m、墨水河东岸 500 m，设计标准 50 年一遇洪水位，堤顶高程 5.0 m，防浪墙高程 6.0 m。红岛街道现有沿海堤防：红岛羊毛滩防堤坝和红岛东大洋防堤坝，设计防御标准均为 20 年一遇，堤顶高程为 5.3 m。河套街道为沿海堤防。表 3.25 给出了城阳区海堤情况。

表 3.25　城阳区海堤情况表（资料来源：青岛市海洋与渔业局）

海堤名称	堤防型式	堤防位置	堤防高程（m）	堤防长度（m）	设计防御标准
红岛羊毛滩防堤坝	四类	北点 36°12′34.75″N，120°17′01.11″E； 南点 36°12′02.82″N，120°17′26.43″E	5.3	1 250	20 年一遇
红岛东大洋防堤坝	四类	北点 36°11′37.32″N，120°18′21.50″E； 南点 36°11′20.96″N，120°18′22.85″E 西点 36°11′20.17″N，120°18′14.38″E	5.3	993	20 年一遇
白沙河下游入海口堤坝		白沙河下游入海口两岸	5.0	408 m	50 年一遇
墨水河堤坝		墨水河东岸	5.0	500 m	50 年一遇

（7）胶州市需建海堤总长度 9.6 km，其中已建海堤总长度 9.4 km。堤顶高程约 5 m，挡浪墙顶高程约 5.8 m，海堤宽度 38 m，筑堤材料主要为石料，护坡型式为抛石护岸，设计防护标准为 50 年一遇，建成时间为 2015 年 11 月 10 日。

（8）即墨市沿岸多数为人工建造的直立式海堤，堤顶高程与地面高度基本一致，堤防型式为土石混合堤和砌石堤，极少数为土堤。设计标准多数为 20 年重现期，地面或防潮堤顶面高程一般高于 3 m。但一些区域存在防潮标准偏低的情况，个别区域防潮设施高程不足 2.5 m。高程低于 3 m 的测点见图 3.171。表 3.26 给出了即墨市海堤情况。

表 3.26　即墨市海堤情况表（资料来源：青岛市海洋与渔业局）

堤防名称	堤防型式	建成时间（年）	规划防洪（潮）标准［重现期］（年）	堤防长度（m）	堤防高度（m）（最大值）	堤防高度（m）（最小值）
丰城海堤	土石混合堤	1980	20	2 540	6	6
田横镇泊子盐场海堤	土石混合堤	1984	20	2 200	5	4.8
田横镇养虾场海堤	土石混合堤	1978	50	1 760	4.8	4.6
王村大桥盐场海堤	土堤	2011	20	13 000	5	1
温泉镇海堤	土石混合堤	1994	20	2 500	5	5
温泉镇臧村海堤	土石混合堤	2010	20	980	5	2.5
鳌山卫镇北泊子海堤	土堤	2000	20	2 000	4	3
鳌山卫镇大管岛海堤	砌石堤	1998	20	200	7	7
鳌山卫镇七二码头海堤	砌石堤	1998	20	230	3	2.5
鳌山卫镇七沟海堤	砌石堤	2000	20	440	3	2.6
鳌山卫镇七三码头海堤	砌石堤	1999	20	100	5	5
鳌山卫镇天逸海湾海堤	砌石堤	2008	20	3 500	4.5	4.3
鳌山卫镇小管岛海堤	砌石堤	1998	20	100	5	5
王村海堤	土堤	—	20	13 000	5.5	—
丰城海堤	土石混合堤	—	20	2 540	5.7	—
田横海堤	土石混合堤	—	50	1 760	5	—
田横泊子海堤	土石混合堤	—	20	2 200	6	—
温泉海堤	土石混合堤	—	20	980	5	—

3.4.7　日照市

日照市沿海山崖和山坡岸段较多，平原区域多为砂、土质海岸，各岸段防潮设施较为健全，防潮能力均在当地 50 年一遇高潮位以上。各滨海城、镇临海区域，几乎均为人工砌筑的岸堤防护。大部分地区海拔标高在 10 ~50 m 之间，属于波状起伏剥蚀丘陵区，自西向东依次为莒县盆地、五莲山地、东港丘陵、滨海平地。最高点为五莲县马耳山（海拔 706 m），最低点位于东港区涛雒镇朝阳村（海拔 1~1.5 m）。其中东港区海岸全长约 57 km，属于比较平直的基岩砂砾质海岸。岸线呈北北东—南南西走向，几乎覆盖全海域的堤坝防护；岚山区海岸类型为滨海相冲淤积地貌，岚山头街道防潮堤工程于 1994 年 4 月开工以来，经过一、二、四、五期工程建设，至 2005 年竣工，已初具规模，西接安东卫街道，东至岚山头街道环海路居委，全长 1 862 m。设计等级为二级，防潮堤标准为 50 年一遇。该工程总投资 2 310 万元，其中国家专项资金 770 万元，地方配套资金 1 540 万元。分别为一期 1 200 万元（其中专项资金 400 万元），二期 210 万元（其中专项资金 100 万元），四期 600 万元（其中专项资金 200 万元），五期 300 万元（其中专项资金 100 万元）。凤阳路社区居委设计高度 6.77 m，环海路居委段高约 7 m。安东卫街道段，开建时间 1977 年 4 月，竣工时间 1977 年 10 月，堤防长度 1 km，东起岚山头街道虾池，西至绣针河口；堤防加固时间 1997 年 4—8 月，加固长度 500 m，整个堤防高度为 4 m；新建投入 100 万元，修复投入 60 万元。

图3.155 莱州市海岸线高程分布(单位：m)

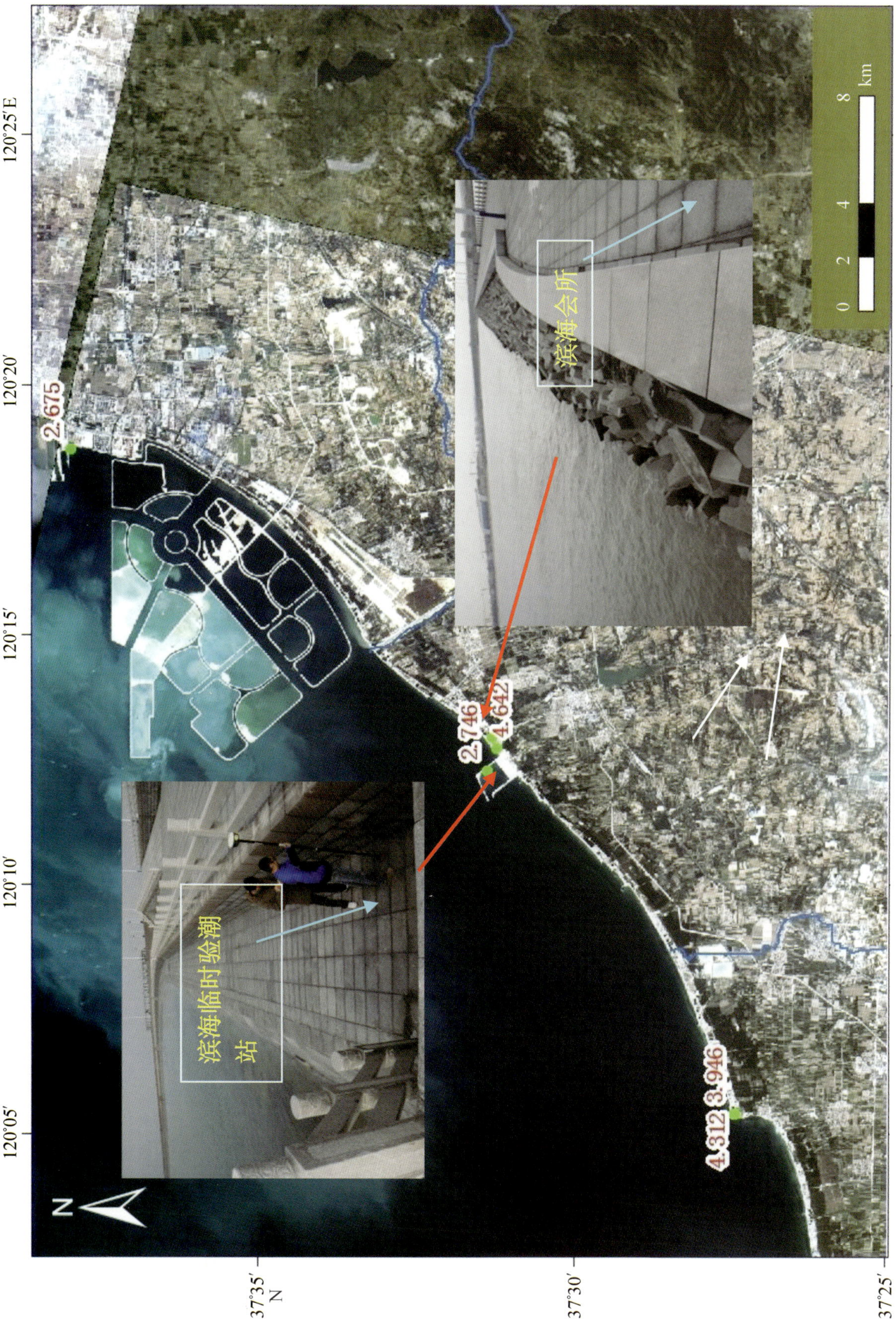

图3.156　招远市海岸线高程分布(单位：m)

图3.157 龙口市附近岸线高程分布(单位：m)

图3.158　蓬莱市海岸线高程分布(单位：m)

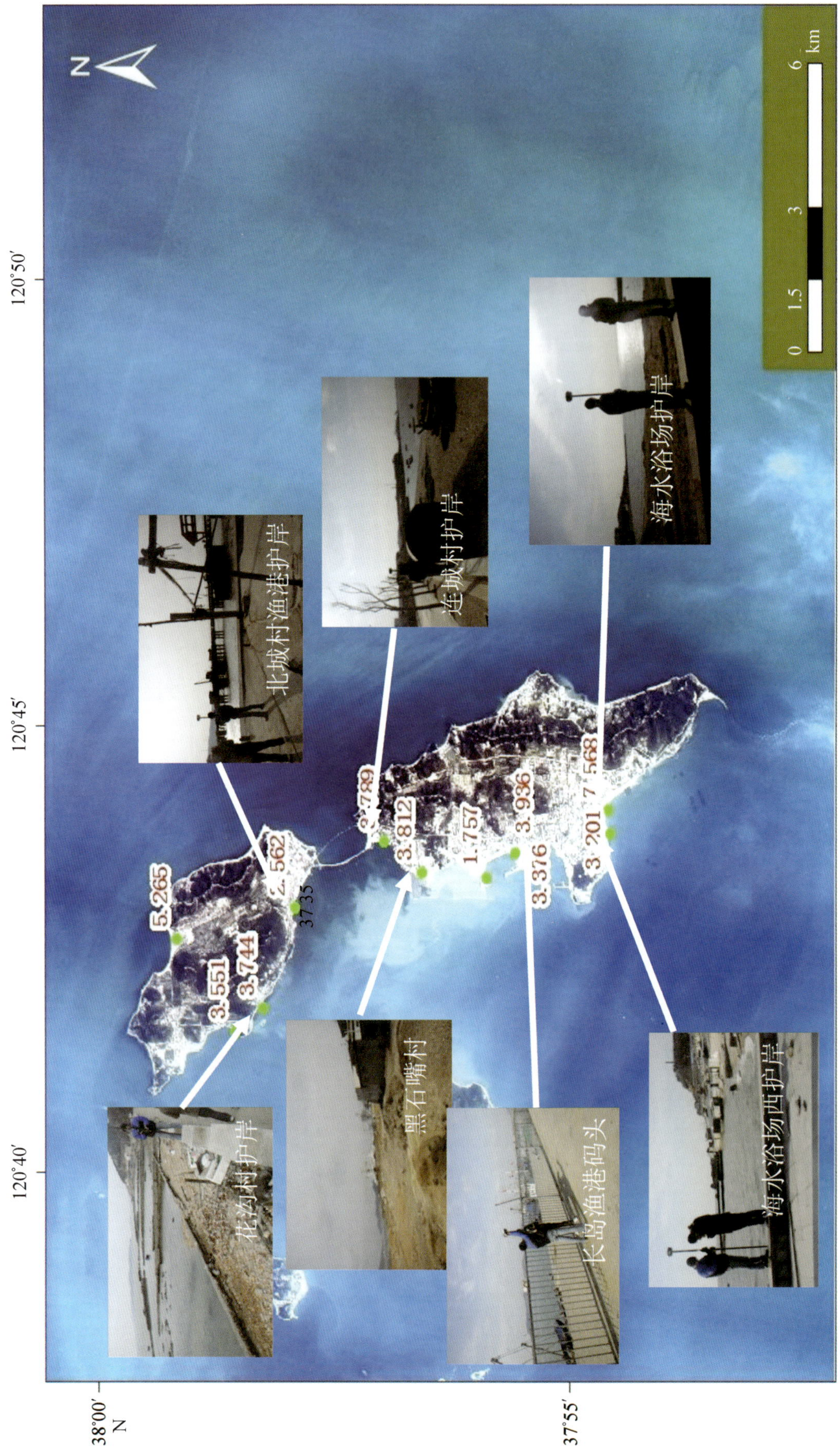

图3.159 长岛县部分护岸高程(单位：m)

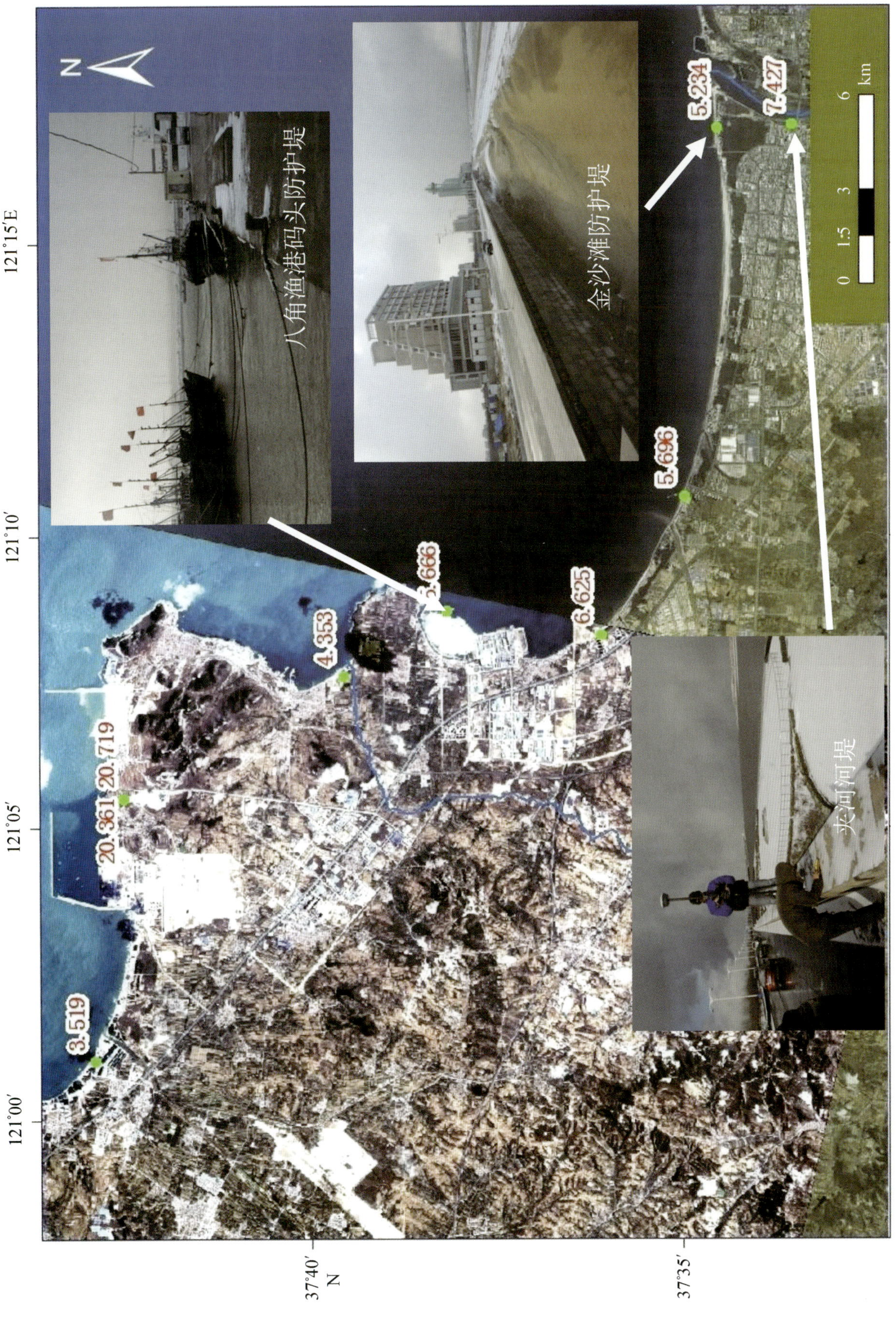

图3.160　烟台经济开发区海岸线高程分布(单位：m)

图3.161 烟台芝罘区部分护岸高程图(单位：m)

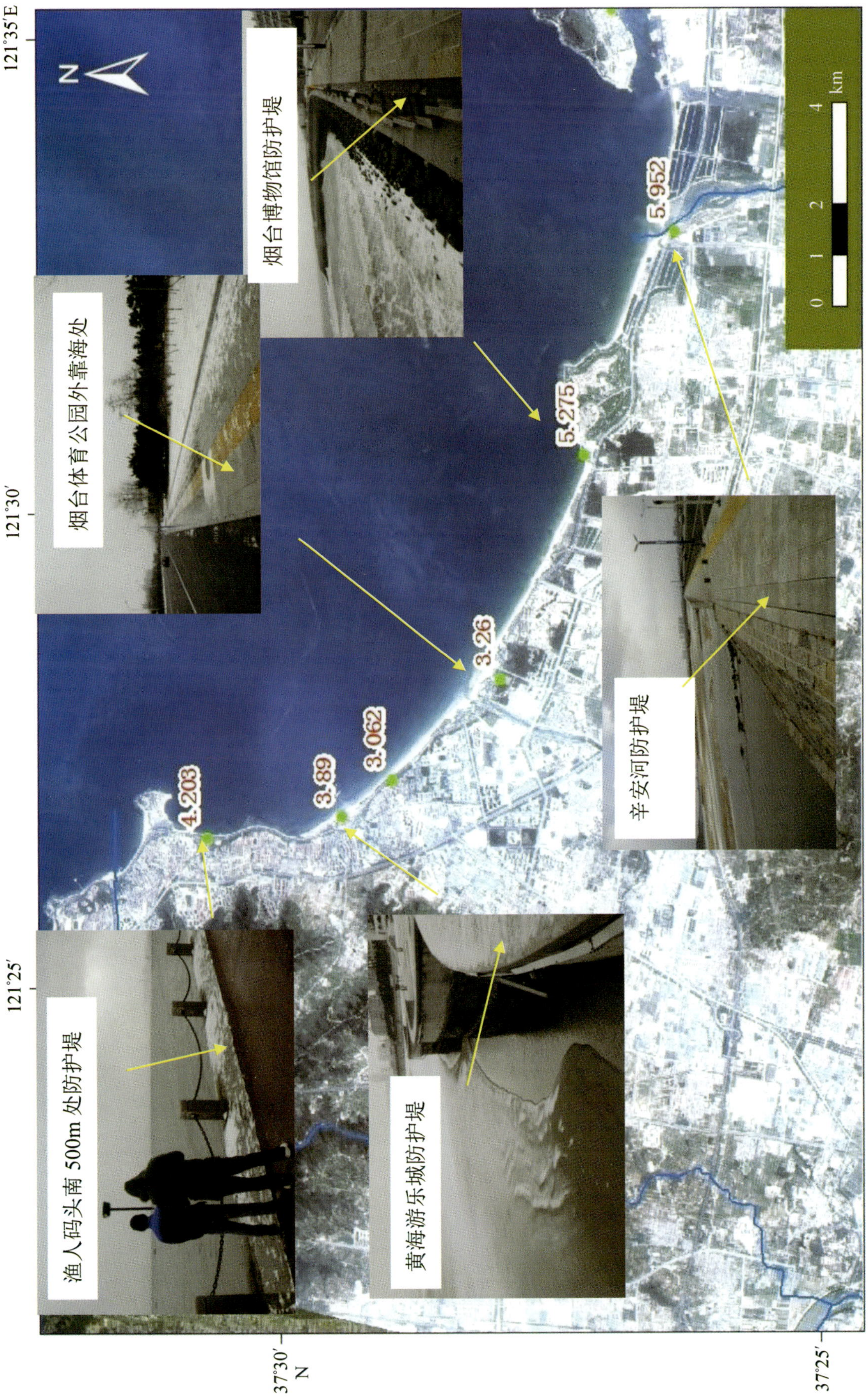

图3.162　莱山区部分防护堤高程(单位：m)

图3.163　牟平区海岸线高程分布(单位：m)

图3.164 海阳市海岸线高程分布(单位：m)

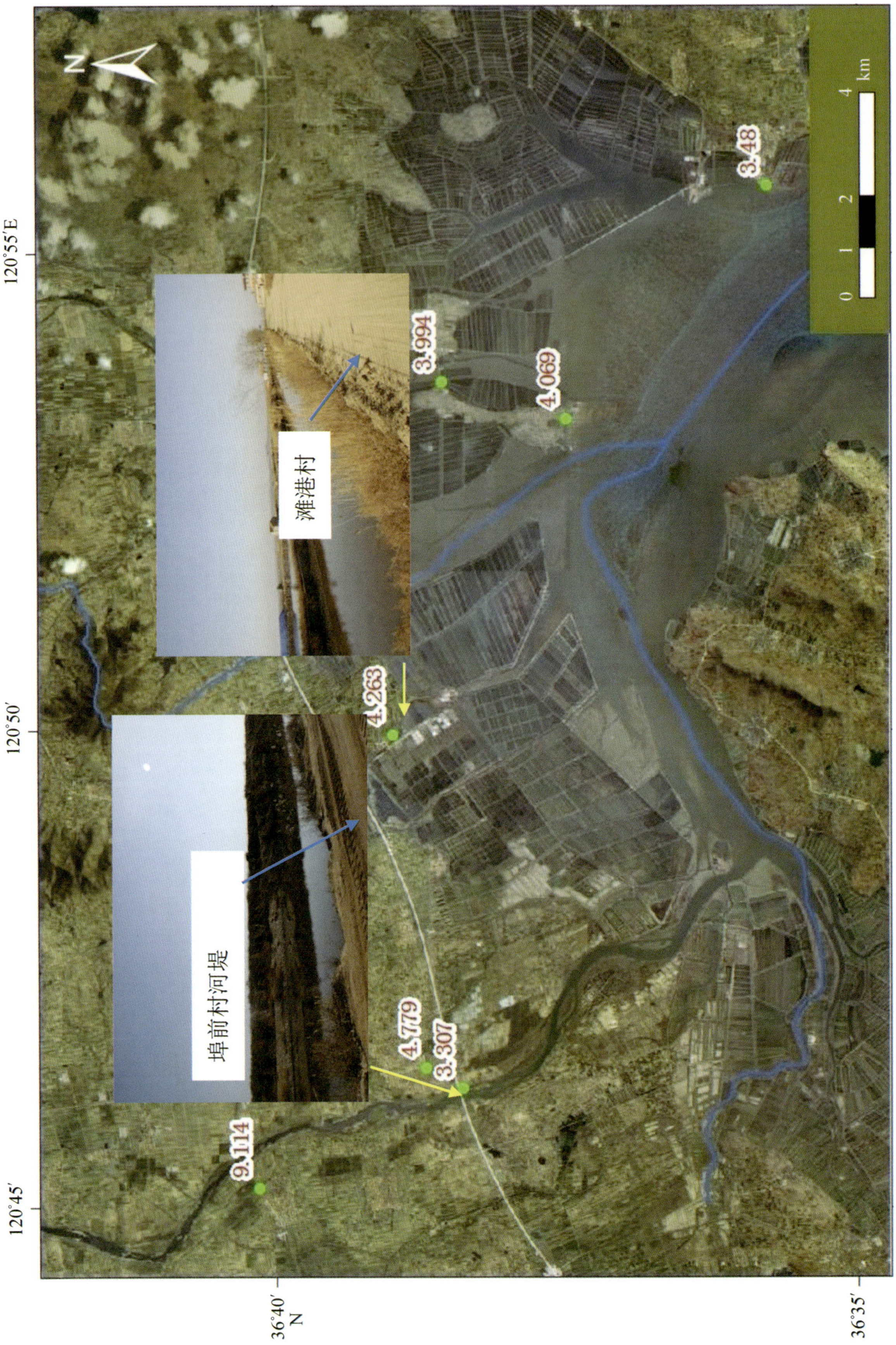

图3.165 莱阳市海岸线高程(单位：m)

图3.166　荣成市北部海岸高程分布(单位：m)

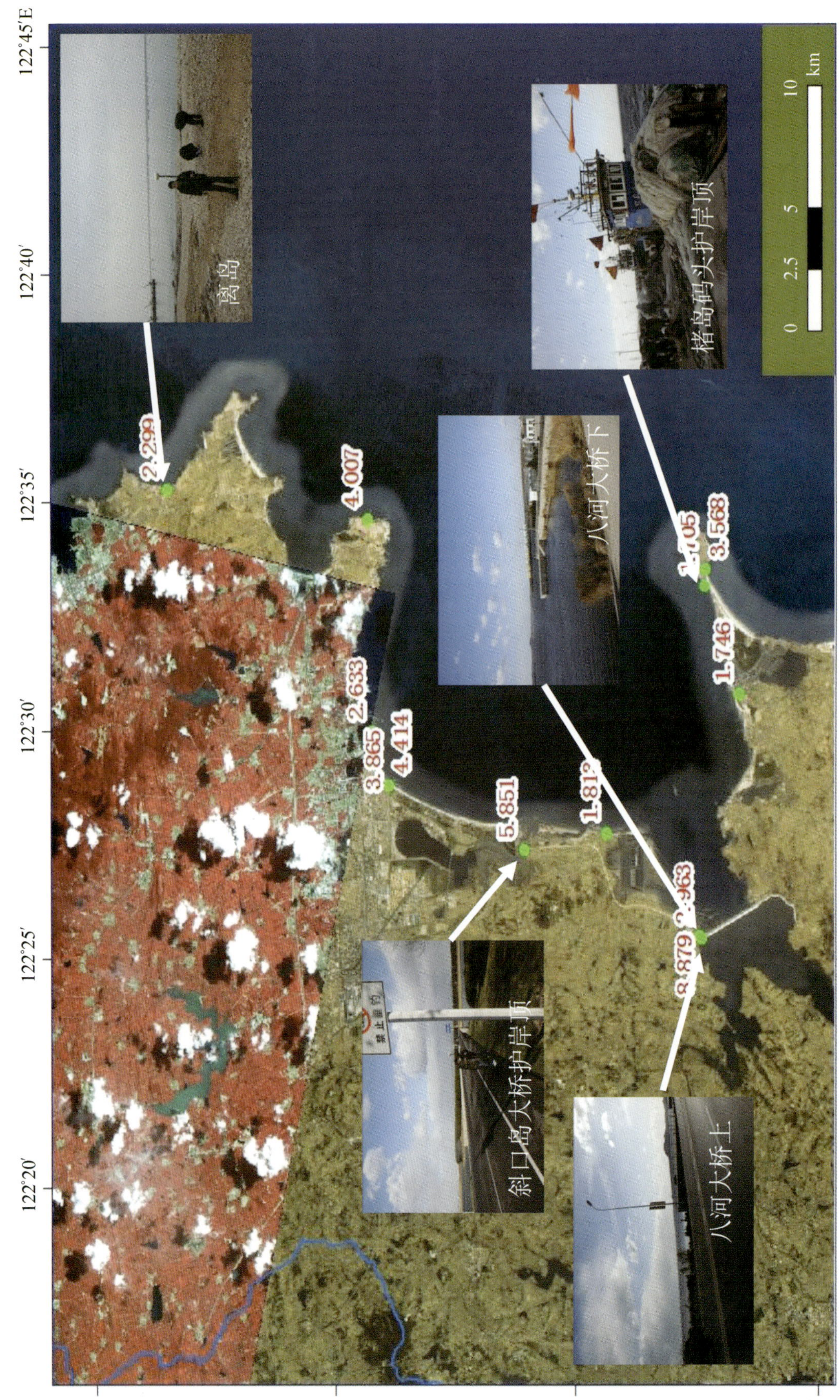

图3.167 荣成市东部海岸高程分布(单位：m)

图3.168　荣成市南部海岸高程分布(单位：m)

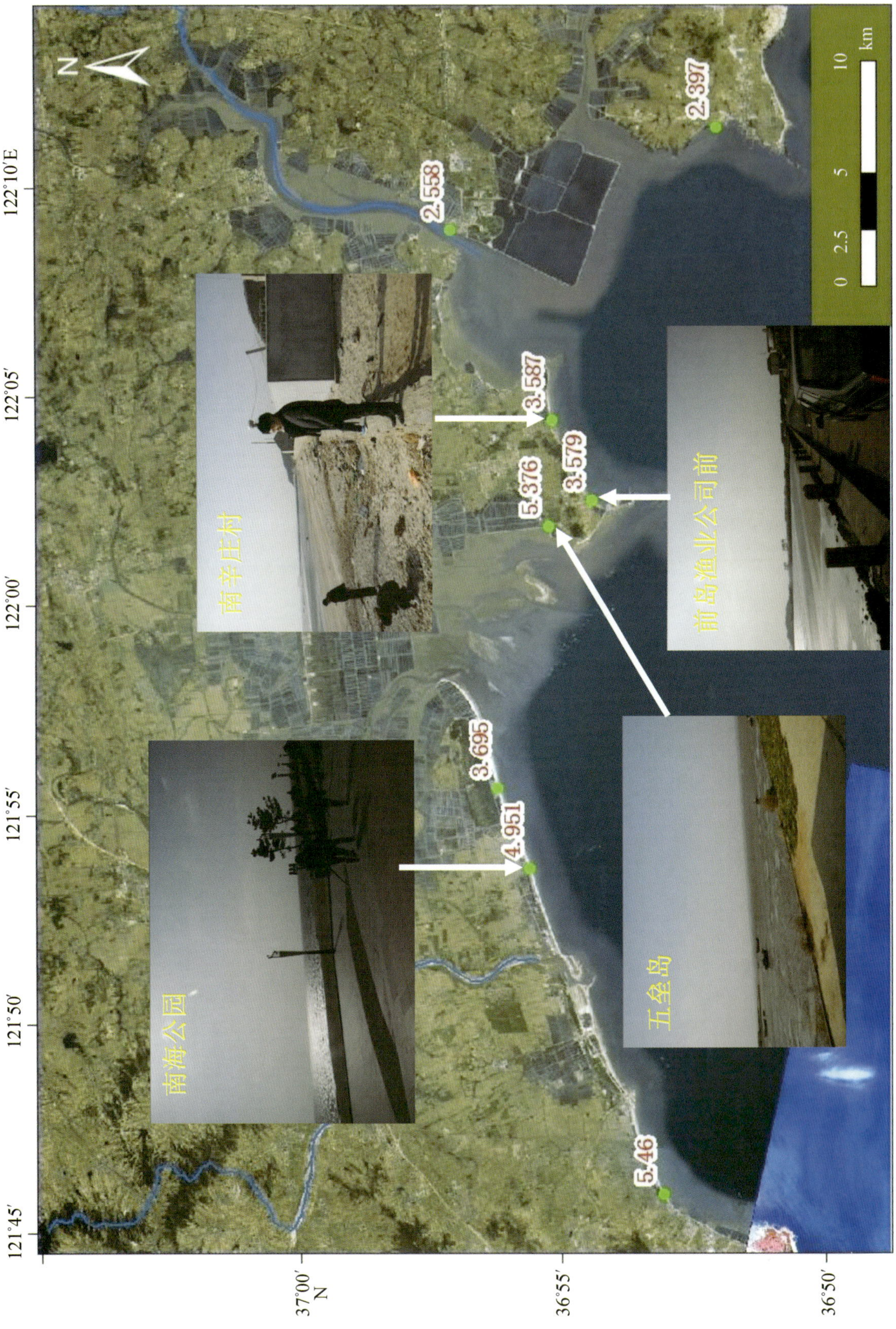

图3.169　文登市海岸线高程分布(单位：m)

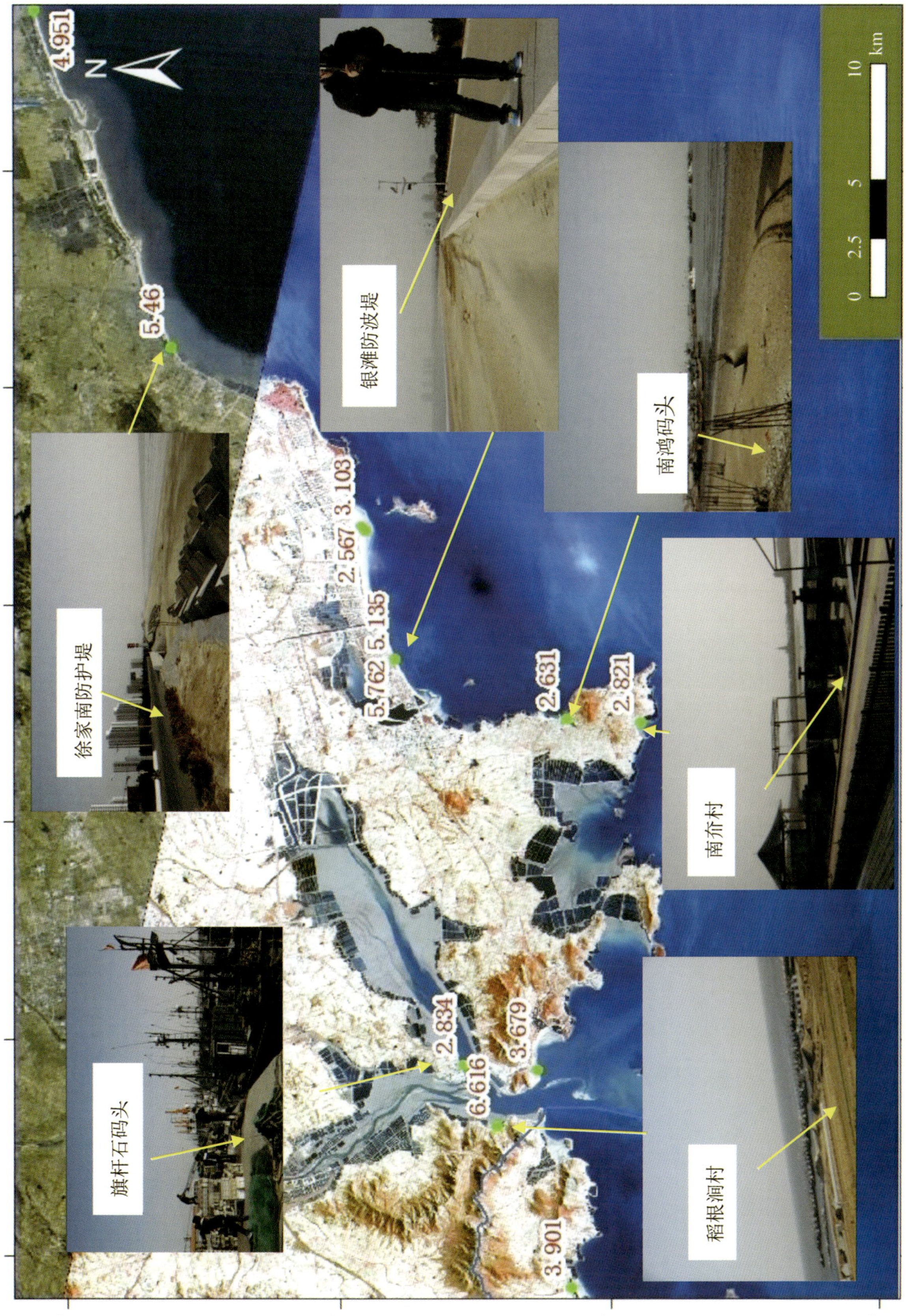

图3.170　乳山市海岸高程(单位：m)

图3.171 胶州湾附近海岸高程图(单位：m)

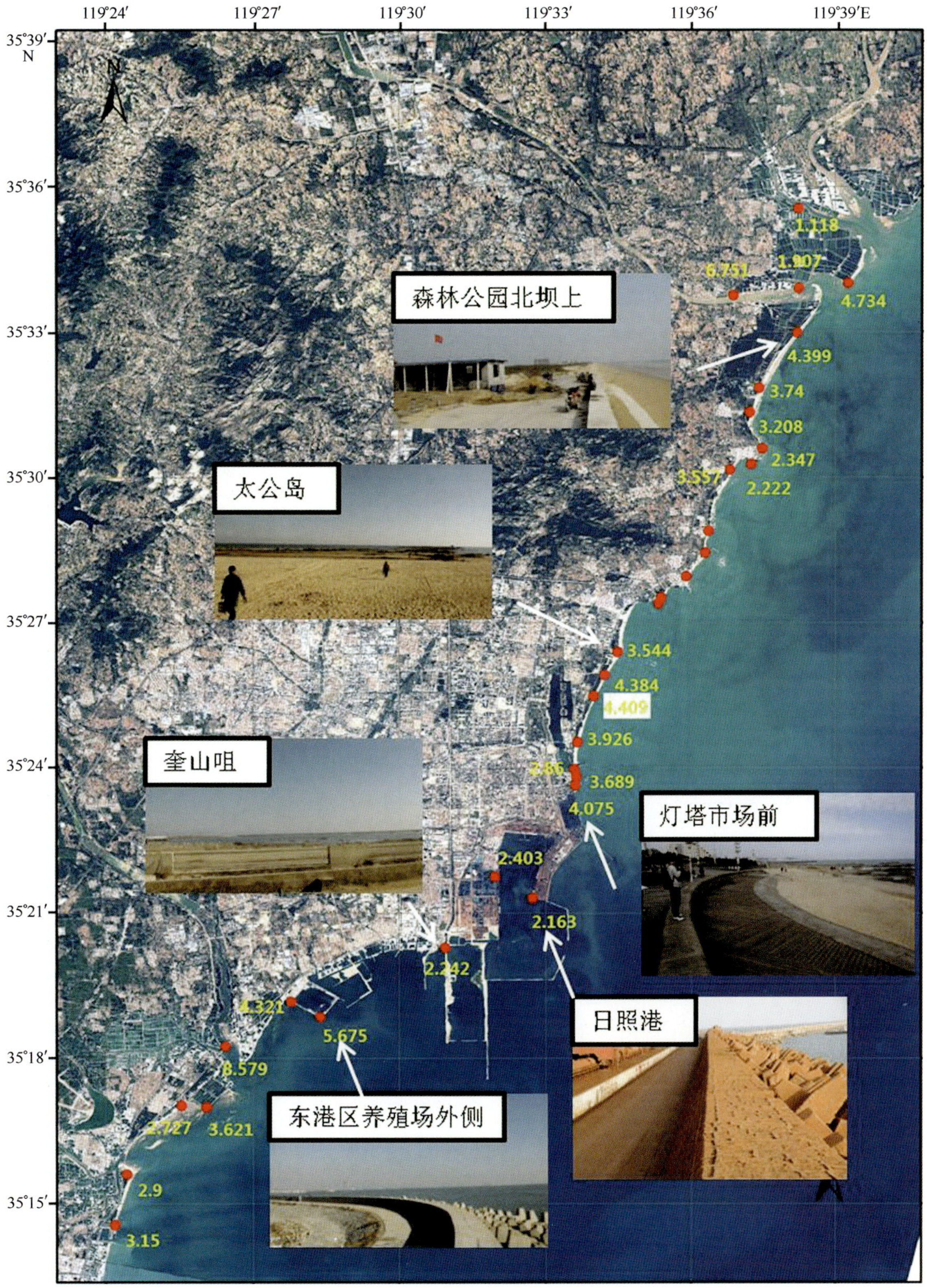

图 3.172　东港区沿海部分高程分布（单位：m）

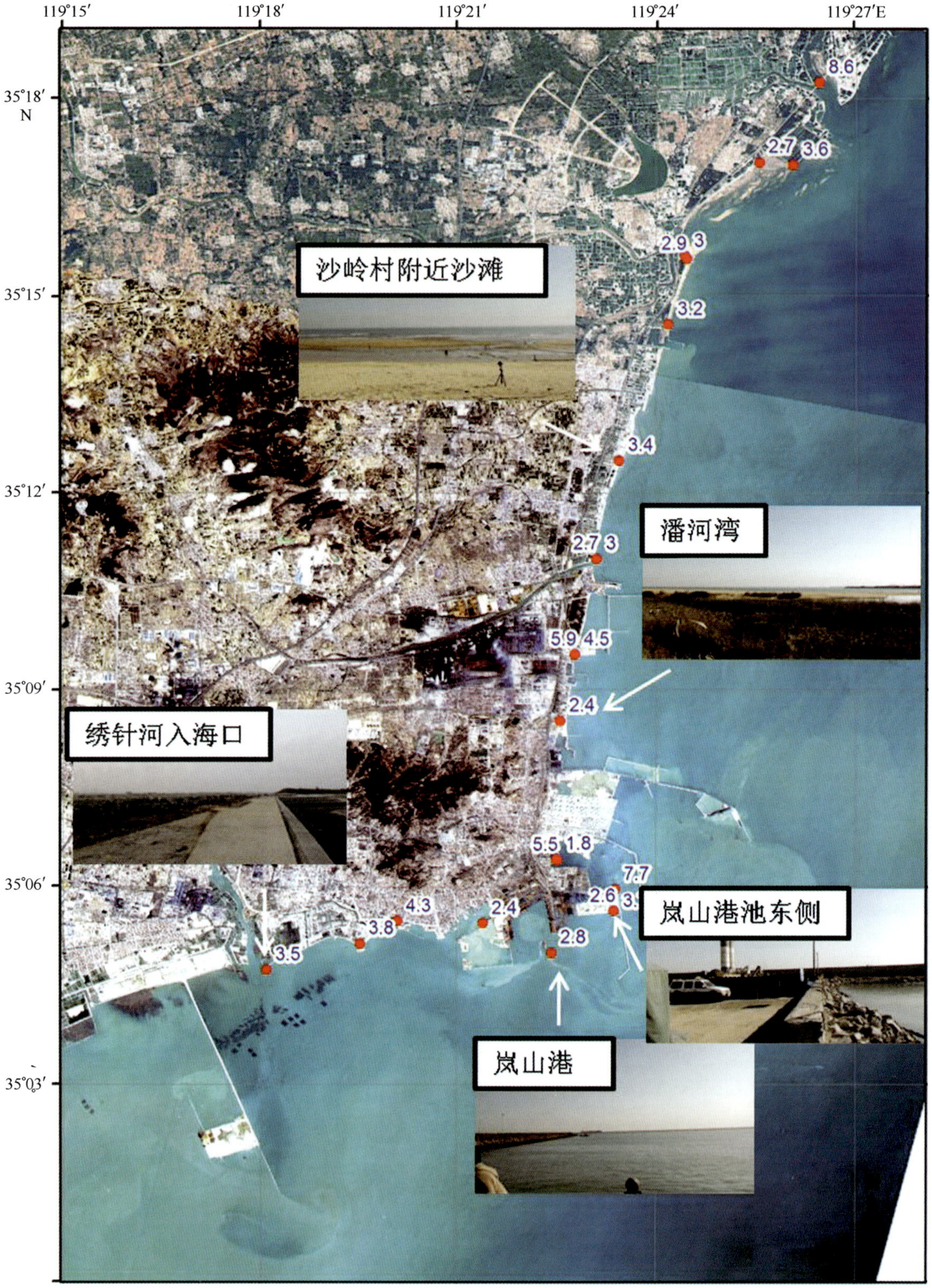

图 3.173　岚山沿海部分高程分布（单位：m）

第 4 章　警戒潮位核定

按照《警戒潮位核定规范》（GB/T 17838-2011）的要求，新修订的警戒潮位值要与正在执行的《风暴潮、海浪、海啸和海冰应急预案》相衔接，因此，应核定出蓝色、黄色、橙色和红色四色警戒潮位值，若红色警戒潮位和蓝色警戒潮位核定值之差小于 50 cm，可根据实际情况确定是否设立黄色和橙色警戒潮位，与海洋灾害应急预案相衔接。

4.1　警戒潮位核定值的计算方法

警戒潮位核定值的计算严格按照《警戒潮位核定规范》（GB/T 17838-2011）的要求进行，具体方法如下。

4.1.1　蓝色警戒潮位的核定

蓝色警戒潮位（H_b）由以下公式计算：

$$H_b = H_s + \Delta h_b \tag{4.1}$$

式中，H_b 为蓝色警戒潮位，单位为 cm；H_s 为二年到五年重现期高潮位，单位为 cm；Δh_b 为修正值，单位为 cm。

H_s 由核定岸段实际防御能力来确定。有堤坝岸段的防御能力为堤坝实际防潮标准，可通过计算岸段内实际防潮标准最低的海堤的实际高程所对应的重现期（按 SL 435—2008 8.3 节推算得出）确定；无堤坝岸段的防御能力以岸顶高度对应的防潮标准，由计算岸段实际防御能力对应的重现期确定。

由表 4.1 可确定 H_s 对应的重现期取值，然后根据 3.1 节里面的重现期计算，进行对应的 H_s 取值。

表 4.1　H_s 对应重现期取值　　单位：a

核定岸段实际防御能力对应的潮位重现期	H_s 对应的重现期
(0，50]	2
(50，100]	3
(100，200)	4
≥200	5

Δh_b 的核定应综合分析历次潮灾的风、浪、潮等自然因子，实际防潮能力及社会、经济等情况。

蓝色警戒潮位修正值（Δh_b）的核定主要考虑防潮设施受浪程度、堤坝顶高（或岸顶高程）与 H_s 的差值和核定岸段的重要程度三项要素，计算公式为：

$$\Delta h_b = h_1 + h_2 + h_3 \tag{4.2}$$

式中，Δh_b 为蓝色警戒潮位修正值，单位为 cm；h_1 为防潮设施受浪程度调整值，单位为 cm；h_2 为防潮设施建设标准调整值，单位为 cm；h_3 为岸段重要程度调整值，单位为 cm。

4.1.1.1 防潮设施受浪程度调整值的计算

防潮设施受浪程度取决于岸堤迎浪程度、堤底处水深和堤底处向岸波浪高度。调整值 h_1 可取核定岸段 2 年一遇堤前波浪爬高 R 的 0~15%，取值方法见表 4.2。

表 4.2　h_1 取值　　单位：cm

受浪程度	严重	较重	一般	轻微
2 年一遇波浪爬高 R	≥150	[100, 150)	[50, 100)	<50
h_1	$-15\% R$	$-15\% R \sim -10\% R$	$-10\% R \sim -5\% R$	$-5\% R \sim 0$

4.1.1.2 防潮设施建设标准调整值的计算

防潮能力与堤坝建设标准密切相关，堤坝顶高（或岸顶高程）与 H_s 的差值可基本反映该岸段堤坝的防潮能力。防潮设施堤坝标准对警戒潮位调整值 h_2 的计算法见表 4.3。其他防潮设施可参照此表确定。

表 4.3　h_2 取值　　单位：cm

防波堤	△≤1.24 m；沙土堤或自然低平海岸	△=1.25~1.99 m；半坡石块护坡堤	△=2.00~2.99 m；石堤或构件护坡堤	△>3.0 m；水泥浇筑堤
h_2	[-20, -10)	[-10, 0)	[0, 10)	[10, 20]

注：“△”为堤坝顶高（或岸顶高程）与 H_s 的差值。

4.4.1.3 岸段重要程度调整值的计算

警戒潮位的核定应要密切关注核定岸段重要程度。岸段重要程度对警戒潮位调整值 h_3 取值方法见表 4.4。

表 4.4　h_3 取值　　单位：cm

岸段等级	特别重要	重要	较重要	一般
h_3	[-20, -10)	[-10, 0)	[0, 10)	[10, 20]

4.1.2 黄色警戒潮位的核定

黄色警戒潮位（H_y）由以下公式计算：

$$H_y = H_b + (H_r - H_b)/3 \tag{4.3}$$

式中，H_y 为黄色警戒潮位，单位为 cm；H_b 为蓝色警戒潮位，单位为 cm；H_r 为红色警戒潮位，单位为 cm。

4.1.3　橙色警戒潮位的核定

橙色警戒潮位（H_o）由以下公式计算：

$$H_o = H_b + 2(H_r - H_b)/3 \tag{4.4}$$

式中，H_o 为橙色警戒潮位，单位为 cm；H_b 为蓝色警戒潮位，单位为 cm；H_r 为红色警戒潮位，单位为 cm。

4.1.4　红色警戒潮位的核定

4.1.4.1　有堤坝岸段

有堤坝岸段红色警戒潮位（H_r）主要由核定岸段防潮海堤的实际防潮标准来核定。实际防潮标准可通过计算岸段内实际防潮标准最低的海堤的实际高程所对应的重现期（按 SL 435—2008 8.3 节推算得出）确定。计算公式如下：

$$H_r = H_d + \Delta h_r \tag{4.5}$$

式中，H_r 为红色警戒潮位值，单位为 cm；H_d 为核定岸段所有防潮海堤的实际防潮标准所对应重现期极值潮位的最小值，单位为 cm；Δh_r 为修正值，单位为 cm。

Δh_r 的核定应综合分析历次潮灾的风、浪、潮等自然因子，实际防潮能力及社会、经济等情况，具体公式如下：

$$\Delta h_r = h_1 + h_2 + h_3 \tag{4.6}$$

4.1.4.2　无堤坝的岸段

无堤坝岸段红色警戒潮位取核定岸段历次重大风暴潮灾害期间高潮位的最低值。重大风暴潮灾害判断依据参照《海洋灾害调查技术规程》。

红色警戒潮位修正值（Δh_r）的核定主要考虑防潮设施受浪程度、堤坝顶高（或岸顶高程）与 H_d 的差值和核定岸段的重要程度三项要素。计算方法同蓝色警戒潮位核定值，其中计算 h_2 时“△”为堤坝顶高（或岸顶高程）与 H_d 的差值。

4.2　警戒潮位核定值的确定

根据 4.1 节警戒潮位核定值的计算方法，对山东省以县级市为基础进行警戒潮位核定，下面以滨州市无棣县为例进行核定，其余核定类似。需要指出的是，在红色警戒潮位核定中无堤坝岸段红色警戒潮位可根据核定岸段历次重大风暴潮灾害期间高潮位的最低值拟定，如长岛县等。滨州市无棣县警戒潮位核定如下。

1）蓝色警戒潮位的确定

蓝色警戒潮位核定使用公式（4.1）

$$H_b = H_s + \Delta h_b$$

（1）H_s 的确定

无棣县沿海堤防的设计标准多数处于 0~50 年之间。因此，根据表 4.1，H_s 采用的是 2 年一遇的潮位值，即 220 cm。

（2）修正值 Δh_b 的确定

蓝色警戒潮位修正值（ Δh_b ）的核定主要考虑防潮设施受浪程度、堤坝顶高（或岸顶高程）与 H_s 的差值和核定岸段的重要程度三项要素，使用公式（4.2）：

$$\Delta h_b = h_1 + h_2 + h_3$$

①根据各堤防设施的相关规划和堤防设施工程设计资料中的波要素推算资料，结合警戒潮位核定规范中波浪爬高的计算公式，得到无棣县沿海堤防设施 2 年一遇的波浪爬高基本在 0~1.5 m 之间，取值为 1.4 m，根据表 4.2，取 h_1=−10%×1.4=−0.14 m=−14 cm；

②无棣县防潮设施的堤坝顶高（或岸顶高程）与 H_s 之间的差值基本在 2.0 m 左右，但防潮设施基本采用石堤、碎石堆砌、构件护坡堤或水泥浇筑堤结构，防护能力较强，因此，根据表 4.3，取 h_2=5 cm；

③警戒潮位的核定应要密切关注核定岸段重要程度，截止 2012 年底，无棣县总人口 429 569 人，面积 1 998 km^2，人口密度有 216.5 人/hm^2，年经济产值（GDP）211.73 亿元。按照《警戒潮位核定规范》（GB/T 17839-2011）的要求，此核定岸段属于较重要岸段，因此，根据表 4.4，取 h_3=9 cm。

因此，得到蓝色警戒潮位值为：

$$H_b = 220 + (-14+5+9) = 220 \text{ cm}$$

即无棣县沿海蓝色警戒潮位值为 220 cm。

2）红色警戒潮位的确定

红色警戒潮位核定使用公式（4.5）：

$$H_r = H_d + \Delta h_r$$

（1）H_d 的确定

无棣县沿海防潮设施基本上为 20 年一遇至 50 年一遇，从整个无棣县沿海警戒潮位核定的统一性、科学性方面考虑，兼顾防潮工作的工作量，将 H_d 取值为 50 年一遇的潮位值，即 322 cm。

（2）修正值 Δh_r 的确定

红色警戒潮位修正值（ Δh_r ）的核定主要考虑防潮设施受浪程度、堤坝顶高（或岸顶高程）与 H_r 的差值和核定岸段的重要程度三项要素，使用公式（4.6）：

$$\Delta h_r = h_1 + h_2 + h_3$$

①根据各堤防设施的相关规划和堤防设施工程设计资料中的波要素推算资料，结合警戒潮位核定规范中波浪爬高的计算公式，得到无棣县沿海堤防设施 2 年一遇的波浪爬高基本在 0~1.5 m 之间，取值为 1.4 m，根据表 4.2，取 h_1=−10%×1.4=−0.14 m=−14 cm；

②无棣县防潮设施的堤坝顶高（或岸顶高程）与 H_s 之间的差值基本在 1.0 m 左右，但防潮设施基本采用石堤、碎石堆砌、构件护坡堤或水泥浇筑堤结构，防护能力较强，因此，根据表 4.3，取 h_2=3 cm；

③警戒潮位的核定应要密切关注核定岸段较重要程度，截止 2012 年底，无棣县总人口 429 569 人，

面积 1 998 km^2，人口密度有 216.5 人/km^2，年经济产值（GDP）211.73 亿元。按照《警戒潮位核定规范》（GB/T 17839-2011）的要求，此核定岸段属于较重要岸段，因此，根据表 4.4，取 $h_3=9$ cm。

因此，得到红色警戒潮位值为：

$$H_r=322+(-14+3+9)=320\ \text{cm}$$

即无棣县沿海红色警戒潮位值为 320 cm。

3）黄色警戒潮位的核定

黄色警戒潮位（H_y）由公式（4.3）计算：

$$H_y = H_b + (H_r - H_b)/3$$

$$H_y=220+(320-220)/3=253\ \text{cm}$$

即无棣县沿海黄色警戒潮位值为 253 cm。

4）橙色警戒潮位的核定

橙色警戒潮位（H_o）由公式（4.4）计算：

$$H_o = H_b + 2(H_r - H_b)/3$$

$$H_o=220+2\times(320-220)/3=287\ \text{cm}$$

即无棣县沿海橙色警戒潮位值为 287 cm。

5）无棣县沿海四色警戒潮位的确定

根据上文的计算结果，无棣县沿海四色警戒潮位值确定如表 4.5 所示。

表 4.5　四色警戒潮位值　　单位：cm

警戒潮位值 / 基面	蓝色	黄色	橙色	红色
1985 国家高程基准	220	253	287	320

其余各县级市核定方法类似，在此不一一给出，具体值的确定及其依据见表 4.6 和表 4.7。

表 4.6　蓝色警戒潮位核定值

市	核定岸段	验潮站	重现期（a） H_s（cm）	波浪爬高 h_1（cm）	防潮能力 h_2（cm）	岸段等级 h_3（cm）	蓝色警戒潮位值（cm）
滨州市	无棣县和沾化县	滨州港验潮站	2 220	0-150 -14	较强 5	较重要 9	220
东营市	河口区西部和利津县	新户临时验潮点	2 211	140 -21	较强 5	较重要 10	205
	垦利县北部	垦东验潮站	2 190	140 -17	较强 7	较重要 10	190
	河口区东部	黄河海港验潮站	2 136	150 -23	较强 8	较重要 9	130
	垦利南部、东营区、广饶县	小岛河验潮站	2 234	100 -10	较强 0	较重要 1	225

续表

市	核定岸段	验潮站	重现期（a） H_s（cm）	波浪爬高 h_1（cm）	防潮能力 h_2（cm）	岸段等级 h_3（cm）	蓝色警戒 潮位值（cm）
潍坊市	寿光市	羊角沟水文站	2 234	0 0	较强 7	重要 -2	239
	寒亭区	潍坊港验潮站	3 264	100~200 -13	强 14	重要 -3	262
	昌邑市	下营临时验潮站	2 246	70~140 -12	一般 -5	较重要 5	234
烟台市	莱州市	海庙临时验潮站	2 178	120 -12	较强 5	重要 -5	166
	招远市	招远滨海度假村临时验潮站	2 140	110 -11	强 10	重要 -1	138
	龙口市	龙口验潮站	2 161	100 -10	强 11	重要 -1	161
	蓬莱市	蓬莱验潮站	2 163	140 -14	较强 9	重要 -8	150
	长岛县	长岛乐同临时验潮站	2 137	140 -14	较强 8	重要 -5	126
烟台市	福山区、烟台经济技术开发区	八角码头临时验潮站	2 170	140 -17	强 16	重要 -3	166
	芝罘区、莱山区	芝罘岛验潮站	2 184	100 -10	强 16	特别重要 -11	179
	牟平区	牟平临时验潮站	2 183	100 -10	较强 5	重要 -2	176
	海阳市	海阳东港临时验潮站	2 228	100 -10	较强 5	较重要 5	228
	莱阳市	莱阳穴坊临时验潮站	2 253	0 0	远离海 0	重要 -5	248

续表

市	核定岸段	验潮站	重现期（a） H_s（cm）	波浪爬高 h_1（cm）	防潮能力 h_2（cm）	岸段等级 h_3（cm）	蓝色警戒 潮位值（cm）
威海市	环翠区	小石岛验潮站	2 200	140 -17	强 12	重要 -5	190
	荣成市北	成山头	2 115	100 -10	地面高 5	较重要 8	118
	荣成东南	石岛验潮站	2 176	100 -10	强 10	重要 -1	175
	文登市	文登验潮站	2 236	110 -11	较强 7	较重要 5	237
	乳山市	乳山口验潮站	2 224	80 -5	较强 6	较重要 5	230
青岛市	黄岛区北部、市北区、李沧区、城阳区、胶州市	五号码头	2 252	40~150 -6	强 10	重要 -5	251
	市南区、崂山区	小麦岛验潮站	3 228	100~250 -13	强 16	特别重要 -10	221
	即墨市	田横验潮站	2 264	120 -10	强 10	重要 -6	258
	黄岛区南部	董家口验潮站	2 252	80~180 -12	强 10	重要 -5	245
日照市	东港区	石臼港验潮站	2 266	200 -30	强 15	重要 0	251（260）
	岚山区	岚山港验潮站	2 296	140 -20	强 15	较重要 9	300

说明：H_s 的第一行表示重现期，2就是2年一遇潮位值，第二行是潮位数值；h_1 的第一行表示2年一遇波浪爬高值，第二行表示根据4.1节中波浪爬高换算的潮位修正值；h_2 的第一行描述了防潮能力相对强弱，第二行表示根据4.1节中防潮能力换算的潮位修正值；h_3 的第一行描述了岸段重要程度，第二行表示根据4.1节中岸段重要程度换算的潮位修正值。

注：日照东港区经过核定蓝色警戒潮位为251 cm，但是考虑到发布警报频率太过频繁会使得人麻痹大意，所以向上调整到260 cm。

表 4.7 红色警戒潮位核定值

市	核定岸段	验潮站	重现期（a） H_d（cm）	波浪爬高 h_1（cm）	H_s 差值与 h_2（cm）	岸段等级 h_3（cm）	红色警戒潮位值
滨州市	无棣县和沾化县	滨州港验潮站	50 322	0~150 -14	100 3	较重要 9	320
东营市	河口区西部和利津县	新户临时验潮点	50 317	140 -21	100 -6	较重要 10	300
	垦利县北部	垦东验潮站	50 306	140 -17	100 1	较重要 10	300
	河口区东部	黄河海港验潮站	50 228	150 -23	300 6	较重要 9	220
	垦利县南部、东营区、广饶县	小岛河验潮站	50 369	120 -17	200 0	较重要 -2	350
潍坊市	寿光市	羊角沟水文站	50 357	0 0	远低于 -16	重要 -2	339
	寒亭区	潍坊港验潮站	50 372	100~200 -13	150~250 10	重要 -3	366
	昌邑市	下营临时验潮站	50 354	70~140 -12	100~200 -10	较重要 4	336
烟台市	莱州市	海庙临时验潮站	50 259	120 -14	100~300 5	重要 -5	245
	招远市	招远滨海度假村临时验潮站	50 218	110 -10	150~250 9	重要 -1	216
	龙口市	龙口验潮站	50 240	100 -10	120~260 5	重要 -1	234
	蓬莱市	蓬莱验潮站	50 240	140 -14	100~500 -2	重要 -8	216
	长岛县	长岛乐同临时验潮站	无堤坝岸段，利用受风暴潮灾害情况确定红色警戒潮位值为 190 cm				
	福山区、烟台经济技术开发区	八角码头临时验潮站	50 251	140 -17	200 以上 5	重要 -3	236
	芝罘区、莱山区	芝罘岛验潮站	20 240	100 -10	240 9	特别重要 -11	228
	牟平区	牟平临时验潮站	20 244	100 -10	40~240 -5	重要 -2	227
	海阳市	海阳东港临时验潮站	无堤坝岸段，利用受风暴潮灾害情况确定红色警戒潮位值为 279 cm				
	莱阳市	莱阳穴坊临时验潮站	无堤坝岸段，利用受风暴潮灾害情况确定红色警戒潮位值为 298 cm				

续表

市	核定岸段	验潮站	重现期（a） H_d（cm）	波浪爬高 h_1（cm）	H_s 差值与 h_2（cm）	岸段等级 h_3（cm）	红色警戒 潮位值
威海市	环翠区	小石岛验潮站	20 254	140 -17	150~250 8	重要 -5	240
	荣成市北	成山头	无堤坝岸段，利用受风暴潮灾害情况确定红色警戒潮位值为 180 cm				
	荣成东南	石岛验潮站	无堤坝岸段，利用受风暴潮灾害情况确定红色警戒潮位值为 220 cm				
	文登市	文登验潮站	无堤坝岸段，利用受风暴潮灾害情况确定红色警戒潮位值为 290 cm				
	乳山市	乳山口验潮站	20 266	80 -5	100~250 -7	较重要 5	259
青岛市	黄岛区北部、市北区、李沧区、城阳区、胶州市	五号码头	50 316	50~150 -4	0~200 13	特别重要 -10	315
	市南区、崂山区	小麦岛验潮站	50 264	100~250 -13	150~250 10	特别重要 -10	251
	即墨市	田横验潮站	50 313	20~200 -10	150~350 6	重要 -6	303
	黄岛区南部	董家口验潮站	50 303	80~180 -12	100~200 5	重要 -5	291
日照市	东港区	石臼港验潮站	50 312	200 -30	300 15	重要 0	297
	岚山区	岚山港验潮站	50 350	140 -20	120-260 15	较重要 9	354

说明：H_d 的第一行表示重现期，2 就是 2 年一遇潮位值，第二行是潮位数值；h_1 的第一行表示 2 年一遇波浪爬高值，第二行表示根据 4.1 节中波浪爬高换算的潮位修正值；h_2 的第一行表示提防与 H_s 之间的差值，第二行表示根据 4.1 节中这个差值换算的潮位修正值；h_3 的第一行描述了岸段重要程度，第二行表示根据 4.1 节中岸段重要程度换算的潮位修正值。

黄色警戒潮位值和橙色警戒潮位值根据三分法在蓝色警戒潮位值和红色警戒潮位值线性差值获得，可以参考此节中滨州市无棣县的例子进行，在此不再赘述，具体各县警戒潮位值见第 6 章。

第5章　校　验

根据《警戒潮位核定规范》（GB/T 17839-2011）要求，前文对山东省沿海警戒潮位进行了核定。为了保证警戒潮位核定结果的科学性和合理性，需要利用历史灾害事件进行检验，并与原警戒潮位结果进行比较。检验过程如下。

5.1　东营市警戒潮位值校验

根据潮汐资料统计，2008年以来，黄河海港验潮站共发生超过155 cm的潮位共1次，平均每年0.2次；没有出现过超过177 cm的潮位。近几年河口区没有发生过大的风暴潮灾害。

5.2　潍坊市警戒潮位值校验

（1）根据潮汐资料统计，1957年以来，潍坊共发生超过239 cm的潮位共39次，平均每年0.7次；超过272 cm的潮位共15次，平均每年0.3次；超过306 cm的潮位共6次，平均每年0.1次；超过339 cm的潮位共2次。

1949年以来，潍坊市沿海地区曾出现近20次严重的台风或温带系统风暴潮灾害（4906、6005、7203、8509、9216、9711、0509等台风和1964年4月5日、1969年4月23日、1980年4月5日、1987年1月27日、1987年10月11日、2003年10月11日、2007年3月5日、2009年4月15日的冷空气与气旋相配合过程），每次都给潍坊沿海地区造成巨大的经济损失。表5.1为潍坊沿海地区新老警戒级别对比。

表5.1　潍坊沿海地区新老警戒级别对比

时间	最高潮位（cm）	原对应警报级别	新对应警报级别	灾情
1964年4月5日	333	橙色	橙色	强风暴潮袭击莱州湾，海水浸入陆地最远处29 km，淹没潍坊市沿海土地高达7万亩。经济损失严重
1969年4月23日	383	红色	红色	海水浸入陆地最远处40 km，淹没潍坊市沿海土地均高达80万亩。海水所到之处房倒屋塌、淹地毁禾、溺死人畜等现象惨不忍睹，经济损失非常严重
1980年4月5日	310	橙色	橙色	风暴潮灾害使潍坊沿海地区蒙受经济损失达数千万元

续表

时间	最高潮位（cm）	原对应警报级别	新对应警报级别	灾情
1997 年 8 月 19 日	253	蓝色	蓝色	沿海地区受灾较重
2003 年 10 月 11 日	333	橙色	橙色	为有记录以来的历史第三高潮位，沿海地区受灾严重
2007 年 3 月 4 日	279	黄色	黄色	风暴潮袭击莱州湾，造成潍坊市沿海部分防潮坝和盐场受损，经沿海市区统计，直接损失约 5 205 万元
2009 年 4 月 15 日	248	蓝色	蓝色	沿海防护大堤、新建渔港、渔港码头、靠港渔船及其他海洋设施均受到不同程度的损坏。沉船 4 艘；港口、养殖设施、防潮大堤等损坏造成经济损失达 2 000 万元

（2）根据潮汐资料统计，1975—1997 年间，下营港共发生超过 234 cm 的潮位共 34 次，平均每年 1.0 次；超过 268 cm 的潮位共 6 次，平均每年 0.3 次；超过 302 cm 的潮位共 2 次，平均每年 0.1 次。最高潮位为 1992 年 9216 台风影响期间出现的 329 cm，当时产生严重风暴潮灾害，毁坏部分海堤，冲毁路桥，损坏船只，冲毁鱼塘虾池，淹没盐田，经济损失惨重。

5.3　烟台市警戒潮位值校验

（1）根据潮汐资料统计，1970 年以来，龙口验潮站共发生超过 161 cm 的潮位共 28 次，平均每年 0.7 次；超过 185 cm 的潮位共 10 次，平均每年 0.2 次；超过 210 cm 的潮位共 3 次，平均每年 0.1 次；超过 230 cm 的潮位共 1 次，为 7203 台风影响产生。

龙口市辖区的风暴潮灾害主要来自夏季的台风风暴潮和秋末至春初的温带系统风暴潮。1970 年以来，龙口市沿海地区曾出现近 20 次严重的台风或温带系统风暴潮灾害（7203、8509、9216、9711 等台风和 2003 年 10 月 11 日、2007 年 3 月 5 日的冷空气与气旋相配合过程）。表 5.2 为龙口沿海地区新老警戒级别对比。

表 5.2　龙口沿海地区新老警戒级别对比

时间	最高潮位（cm）	原对应警报级别	新对应警报级别	灾情
1972 年 7 月 27 日	250	橙色	红色	7203 号台风使烟台地区遭受风灾潮灾。龙口海洋站记载：“台风中心路经本站，最大风力 11 级，龙口海湾发生风暴潮，测得历史最高潮位。这次台风使龙口地区死 1 人，龙口码头被潮水淹没，本地工农业损失约计 100 万元”（当时物价）

续表

时间	最高潮位（cm）	原对应警报级别	新对应警报级别	灾情
1985年8月19日	204	黄色	黄色	8509号台风袭击烟台沿海地区，200多艘渔船被撞沉撞坏，死亡16人（烟台市情）；龙口最大增水达166cm……烟台市直接经济损失7亿元人民币
1992年9月2日	199	黄色	黄色	龙口市北海岸部分防潮坝被冲毁，坝内受灾较重
1997年8月19日	207	黄色	橙色	9711号台风风暴潮使龙口市北海岸虾池受灾，海浪越过防潮堤坝造成堤内受灾
2003年10月11日	169	蓝色	蓝色	全市沿海渔业损失严重，部分渔船损坏、许多海坝和虾池被冲毁
2007年3月4日	191	黄色	黄色	龙口市北海岸遭受严重温带风暴潮破坏，屺姆岛至黄水河以东岸段防潮堤坝几乎全部被毁；南山天然气公司附近百余米水泥顶面防潮堤坝平均被大浪吞噬掉5 m宽，水泥板被抛出远达10～20 m，砂质防潮堤坝几乎全部被夷为平地，多家工厂化水产养殖厂被淹，部分岸边工厂受灾

（2）根据潮汐资料统计，1997年以来，蓬莱验潮站共发生超过150 cm的潮位共15次，平均每年1.19次，超过172 cm的潮位共2次，平均每年0.13次，最高潮位191 cm，为9711台风影响产生，没出现过超过橙色警戒潮位值的潮位。

1997年以来，蓬莱市沿海地区曾出现4次严重的台风或温带系统风暴潮灾害（9711、0509等台风和2003年10月11日、2007年3月5日的冷空气与气旋相配合过程）。表5.3为蓬莱沿海地区新老警戒级别对比表。

表5.3　蓬莱沿海地区新老警戒级别对比表

时间	最高潮位（cm）	原对应警报级别	新对应警报级别	灾情
1997年8月19日	191	黄色	黄色	9711号台风风暴潮使蓬莱沿岸虾池受灾严重，海浪越过防潮堤坝造成堤内受灾
2003年10月11日	153	蓝色	蓝色	部分渔船损坏、许多海坝和虾池被冲毁
2005年8月9日	172	黄色	黄色	9号台风（麦莎）风暴潮使蓬莱北海岸受轻灾，海浪抵达防潮堤顶；西海岸部分护岸堤坝被冲毁
2007年3月4日	162	黄色	蓝色	2007年3月4—5日温带风暴潮使海水养殖受到严重破坏，海参养殖堤坝被水冲毁，海带、扇贝养殖架损坏，各类海产品养殖大棚、网箱全部散架

（3）根据潮汐资料统计，1960年以来，芝罘岛验潮站共发生超过179 cm的潮位共62次，平均每

年 1.2 次；超过 195 cm 的潮位共 15 次，平均每年 0.3 次；超过 212 cm 的潮位共 4 次，平均每年 0.1 次；超过 228 cm 的潮位共 3 次，平均每年 0.1 次。最高潮位为 473 cm，1992 年 9 月 2 日由 9216 台风影响产生。

芝罘区的风暴潮灾害主要来自夏季的台风风暴潮和秋末至春初的温带系统风暴潮。1960 年以来，芝罘区沿海地区曾出现近 20 次严重的台风或温带系统风暴潮灾害（7203、8509、9216、9711 等台风和 2003 年 10 月 11 日、2007 年 3 月 5 日的冷空气与气旋相配合过程）。表 5.4 为芝罘区沿海地区新老警戒级别对比表。

表 5.4　芝罘区沿海地区新老警戒级别对比表

时间	最高潮位（cm）	原对应警报级别	新对应警报级别	灾情
1972 年 7 月 27 日	192	黄色	蓝色	7203 号台风使烟台地区遭受风灾潮灾。烟台市沿海损坏船只 471 艘，损失盐 213 万斤，水产养殖损失严重
1985 年 8 月 19 日	187	蓝色	蓝色	8509 号台风袭击烟台沿海地区，200 多艘渔船被撞沉撞坏，死亡 16 人，全市直接经济损失 7 亿元人民币
1992 年 9 月 2 日	252	橙色	红色	龙口市北海岸部分防潮坝被冲毁，坝内受灾较重；蓬莱农作物、海上船只受到严重损失，共损失约 4 100 万元人民币（蓬莱海洋站记载）；共造成烟台市直接经济损失 7.9 亿元人民币（调访资料，烟台市政府信息）
1997 年 8 月 19 日	216	黄色	橙色	9711 号台风风暴潮使烟台市沿岸产生较严重风暴潮灾害，海堤遭到不同程度破坏，养殖受灾严重
2003 年 10 月 11 日	188	蓝色	蓝色	烟台全市沿海渔业损失严重，部分渔船损坏、许多海坝和虾池被冲毁，造成直接经济损失 9 264 万元人民币
2007 年 3 月 4 日	227	橙色	红色	2007 年 3 月 4—5 日，烟台辖区海岸普遍遭受特别严重温带风暴潮摧残，市内滨海广场、国际会展中心广场遭破坏尤其严重。 据灾后不完全统计，烟台市受灾人口 56.48 万人。因灾造成直接经济损失 85 662.6 万元人民币，其中农业直接经济损失 74 025.6 万元人民币

5.4　威海市警戒潮位值校验

根据潮汐资料统计，2001 年以来，石岛验潮站共发生超过 175 cm 的潮位共 5 次，平均每年 0.42 次，最高潮位 185 cm，由 2002 年 9 月 8 日温带气旋影响产生。

成山头验潮站共发生超过 118 cm 的潮位共 14 次，平均每年 0.45 次；超过 139 cm 的潮位共 2 次，平均每年 0.06 次；最高潮位 212 cm，由 2011 年 8 月 8 日台风影响产生。

荣成市的严重风暴潮灾害主要来自台风风暴潮。例如：1992 年 8 月 31 日至 9 月 2 日、1994 年 8 月 15—16 日、1997 年 8 月 19—20 日，2011 年 8 月 7—8 日，2012 年 8 月 27—28 日。均曾发生较严重的台风风暴潮灾害。表 5. 5 为荣成市沿海地区新老警戒级别对比表。

表 5.5　荣成市沿海地区新老警戒级别对比

时间	最高潮位（cm）		原对应警报级别	新对应警报级别	灾情
1992 年 9 月 1—2 日	成山头	141	蓝色	黄色	沿海码头倒塌、堤坝毁坏，水产养殖业损失惨重，直接经济损失近 3 亿元人民币
1994 年 8 月 16 日	成山头	130	未达到	蓝色	9415 台风袭击了文登、乳山、荣成三市，造成一定的经济损失
2011 年 8 月 7—8 日	石岛	160	未达到	未达到	水产养殖受灾面积 1 620 hm^2，防波堤损毁 0.61 km，护岸损坏 52 个，码头损坏 6 个，造成直接经济损失 0.45 亿元人民币
	成山头	212	红色	红色	
2012 年 8 月 27—28 日	石岛	178	蓝色	蓝色	威海水产养殖受灾面积 7.99×10^4 hm^2，损毁防波堤 1.2 km，损坏码头 2 座，直接经济损失 15.45 亿元人民币
	成山头	127	未达到	蓝色	

5.5　青岛市警戒潮位值校验

根据潮汐资料统计，1991 年以来，五号码头验潮站共发生超过 268 cm 的潮位共 25 次，平均每年 1.0 次；超过 284 cm 的潮位共 8 次，平均每年 0. 32 次；超过 299 cm 的潮位共 2 次，最高潮位为 306 cm，为 9216 号台风影响产生。

1991 年以来，小麦岛验潮站共发生超过 231 cm 的潮位共 21 次，平均每年 0. 84 次；超过 246 cm 的潮位共 6 次，平均每年 0. 24 次；没有超过 261 cm 的潮位，最高潮位为 259 cm，为 9711 号台风影响产生。

中华人民共和国成立以来，青岛遭遇的最严重的 3 次风暴潮灾害分别是受 8509、9216 和 9711 台风影响出现的，当时最高潮位分别为 289 cm、306 cm 和 301 cm（1985 国家高程基准）。表 5. 6 为青岛沿海地区新老警戒级别对比表。从表中可以看出，按照以前的警报发布标准，中华人民共和国成立后青岛没有出现过橙色及以上警报标准的潮位；根据新的警戒潮位值，9216 和 9711 台风影响过程中，青岛应发布橙色警报，新核定的警戒潮位更合理。

表 5.6　青岛沿海地区新老警戒级别对比表

<table>
<tr><th>台风号</th><th>最高潮位（cm）</th><th>原对应警报级别</th><th>新对应警报级别</th><th>灾情</th></tr>
<tr><td>8509</td><td>大港
289</td><td>黄色</td><td>黄色</td><td>青岛沿海各地都有多处码头、堤坝、道路、岸边建筑设施和房屋被冲垮或严重损毁，各地船只毁坏严重；几乎所有港湾或汊湾沿岸的低洼区域都发生了严重的海水漫滩或倒灌；毁坏渔船 976 艘；大沽河感潮河段河水海水泛滥成灾，淹没村庄 46 个、8 000 余户，冲倒房屋 9 200 多间，冲毁土地 16 万亩，冲走牲畜 6 000 多头，冲毁树木 54 万棵。全市共冲毁海堤、海坝 8 545 m；9 346 亩盐田被淹，损失盐 17 800 t；有 1.4 万亩虾池被冲毁，大虾全部流失，直接经济损失达 5.081 1 亿元人民币，有 29 人死亡</td></tr>
<tr><td rowspan="2">9216</td><td>五号码头
306</td><td>黄色</td><td>橙色</td><td rowspan="2">沿海各地普遍发生决堤垮坝、淹地涤池、毁船坏屋、断桥冲路等特重灾害。受灾范围、破坏程度和经济损失均重于 8509 台风。全市因风暴潮灾害经济损失逾 4 亿元人民币。如：即墨市里洼乡田横码头摧毁 20 m，坡子大坝（石质）冲毁 2 000 m、垮塌夷平 200 m，毁船 130 艘，摧毁扇贝场 800 多亩、虾池 2 000 余亩；青岛市区浮山湾沿岸护堤、路基、岸边厂房民居被摧毁多处；栈桥两侧和第一海水浴场东侧水漫马路，西镇岸边低洼处厂房和民居浸水，港区较低码头上水，发电厂房内海水倒灌车间受淹约 2 h</td></tr>
<tr><td>小麦岛
254</td><td>—</td><td>黄色</td></tr>
<tr><td rowspan="2">9711</td><td>五号码头
301</td><td>黄色</td><td>橙色</td><td rowspan="2">全市沿海普遍发生严重灾情，灾情基本同 8509 和 9216 台风，灾情特别严重。如：海上皇宫、海水浴场浴室、栈桥、岸堤多处被冲毁；五四广场处岸堤被冲垮 20 m；海豚馆处岸堤被冲毁；石老人海水浴场处海水漫滩至现香港东路以北；青岛市沿海一线建筑及市政工程设施遭到不同程度损坏，损失严重。据不完全统计，全市共被冲垮小塘坝 9 座、桥梁 57 座、涵闸 25 座，小型河道堤防决口 6 处（长 12.6 km），毁坏船只 436 艘，倒塌房屋 1 120 间，被冲毁海堤 18 处 4.1 km，冲毁虾池 1.5 万亩，伤亡 25 人（其中死亡 5 人，死亡人员主要是由于海上作业未及时返港而造成船翻人亡）。风暴潮加暴雨共造成直接经济损失约 9 亿元人民币，死亡 5 人</td></tr>
<tr><td>小麦岛
259</td><td>—</td><td>黄色</td></tr>
</table>

5.6　日照市警戒潮位值校验

（1）根据潮汐资料统计，1977 年以来，日照验潮站共发生超过 260 cm 的潮位共 48 次，平均每年

1.33 次；超过 280 cm 的潮位共 9 次，平均每年 0.25 次；超过 300 cm 的潮位共 1 次，平均每年 0.03 次；没有超过 320 cm 的潮位。

日照市东港区辖区的风暴潮灾害主要来自夏季的台风风暴潮和秋末至春初的温带系统风暴潮。1977 年以来，日照市沿海地区曾出现近 3 次严重的台风风暴潮灾害（8509、9216、9711 台风）。

表 5.7　东港区沿海地区新老警戒级别对比表

时间	最高潮位（cm）	原对应警报级别	新对应警报级别	灾情
1985 年 8 月 20 日	263	黄色	黄色	1985 年 8 月 23 日受 9 号台风影响，日照沿海地区风力 9~10 级，降水 245 mm，8 处乡镇（街道）受灾，损毁渔船 28 艘，虾池 484 亩，冲走食盐 71×10^4 kg，死亡 4 人，伤 17 人，直接经济损失 400 万元人民币
1992 年 8 月 31 日	264	黄色	黄色	受 16 号台风影响，日照沿海地区发生强风暴潮，风力 10 级，最高潮位 5.44 m，浪高 4~5 m，平均降水 123.6 mm，损毁渔船 190 艘，冲走网具 6 000 余条，冲毁虾池 5 000 亩，耕地 8 000 亩，刮倒房屋 2 000 余间，死亡 9 人，伤 33 人，直接经济损失 7 200 余万元人民币
1997 年 8 月 20 日	305	橙色	橙色	1997 年 8 月 19 日，受 11 号台风影响，造成强风暴潮，（百年不遇），风力 10~11 级，最高潮位 5.64 m，最大波高 7.1 m，平均降水 194.3 mm，沿海损坏海水养殖场 3.78 万亩，损毁渔船 651 艘，受损渔港 28 座、防潮堤 2.2×10^4 m，倒塌房屋 1 万余间，承载人口 90 万，死亡 15 人，直接经济损失 11 亿元人民币
2012 年 8 月 2 日	276	黄色	蓝色	受 1210 台风影响，日照受灾人口 85.3 万，损毁船只 491 艘，损坏防波堤 650 m，码头 3 座，直接经济损失 2.85 亿元人民币

（2）在明确警戒潮位核定原则和标准的基础上，对所核定的岚山区沿海四色警戒潮位值进行了检验。检验的原则是依据历史潮位资料，对历史风暴潮潮灾中相应的潮高值与新核定的警戒潮位值进行对比分析，以判断新核定的值是否合适。

根据潮汐资料统计，2003 年以来，岚山验潮站共发生超过 300 cm 的潮位共 9 次，平均每年 0.9 次；超过 318 cm 的潮位共 0 次，没有出现超过黄色警戒潮位的高潮位。最高潮位出现在 2012 年 8 月 2 日，潮位 608 cm，受 1210 台风影响，日照受灾人口 85.3 万，损毁船只 491 艘，损坏防波堤 650 m，码头 3 座，直接经济损失 2.85 亿元人民币。

第 6 章　核定结果及建议

6.1　核定结果

本书利用山东沿海长期验潮资料和临时验潮点的潮位资料，对山东沿海各岸段警戒潮位进行了核定。从自然水文、海域环境、经济状况、历史沿革等方面考虑，根据《警戒潮位核定规范》（GB/T 17838-2011），结合现行的《风暴潮、海浪、海啸和海冰灾害应急预案》，以多年一遇的潮位值为基础，综合考虑其代表范围内海堤的防御标准、受浪情况、建设标准、保护目标的社会经济情况等，结合核定区域所处的地理位置、历史遭受风暴潮灾害的情况、未来 20 年各站天文潮情况、各站原警戒潮位值、风暴潮预警报使用情况等，分别核定获得山东省沿海各岸段的蓝色警戒潮位值、黄色警戒潮位值、橙色警戒潮位值和红色警戒潮位值的核定结果。

山东沿海各岸段的四色警戒潮位值核定结果见表 6.1 和图 6.1。

表 6.1　山东省沿海各岸段四色警戒潮位一览表

（基面：1985 国家高程基准）

单位：cm

所属市	核定岸段	对应验潮站	蓝色警戒潮位	黄色警戒潮位	橙色警戒潮位	红色警戒潮位
滨州市	无棣县	滨州港海洋站	220	253	287	320
	沾化区	滨州港海洋站	220	253	287	320
东营市	河口区西部	新户临时验潮站	205	237	268	300
	利津县	新户临时验潮站	205	237	268	300
	河口区东部	黄河海港验潮站	155	177	198	220
	垦利北部	垦东验潮站	190	227	263	300
	垦利南部	小岛河临时验潮站	225	267	308	350
	东营区	小岛河临时验潮站	225	267	308	350
	广饶县	小岛河临时验潮站	225	267	308	350
潍坊市	寿光市	寿光市海洋观测站	239	272	306	339
	寒亭区	潍坊港验潮站	262	297	331	366
	昌邑市	下营临时验潮站	234	268	302	336

续表

所属市	核定岸段	对应验潮站	蓝色警戒潮位	黄色警戒潮位	橙色警戒潮位	红色警戒潮位
烟台市	莱州市	海庙临时验潮站	166	192	219	245
	招远市	滨海临时验潮站	138	164	190	216
	龙口市	龙口验潮站	161	185	210	234
	蓬莱市	蓬莱验潮站	150	172	194	216
	长岛县	长岛乐同临时验潮站	126	147	169	190
	烟台经济技术开发区	八角码头临时验潮站	166	189	213	236
	芝罘区	芝罘岛验潮站	179	195	212	228
	莱山区	芝罘岛验潮站	179	195	212	228
	牟平区	牟平临时验潮站	176	193	210	227
	海阳市	海阳东港临时验潮站	228	245	262	279
	莱阳市	莱阳穴坊临时验潮站	248	265	281	298
威海市	环翠区	小石岛验潮站	190	207	223	240
	荣成市北	成山头验潮站	118	139	159	180
			272	293	313	334
	荣成市东南	石岛验潮站	175	190	205	220
	文登区	文登验潮站	237	255	272	290
	乳山市	乳山口验潮站	230	247	263	280
青岛市	市南区	小麦岛验潮站	228	243	258	273
	黄岛区东北部	五号码头验潮站	268	284	299	315
	黄岛区东南部	董家口验潮站	260	277	293	310
	崂山区	小麦岛海洋站	228	243	258	273
	市北区	五号码头验潮站	268	284	299	315
	李沧区	五号码头验潮站	268	284	299	315
	城阳区	五号码头验潮站	268	284	299	315
	胶州市	五号码头验潮站	268	284	299	315
	即墨市	田横验潮站	258	273	288	303
日照市	东港区	日照验潮站	260	280	300	320
	岚山区	岚山港验潮站	300	318	336	354

6.2 建议

（1）关注海平面上升

尽管海平面上升是由气候变暖引起的（已得到各方面专家和人士所公认），但未来的上升速度不易准确估计。海平面上升不至于在短期内造成明显后果，但长期的影响是显著的，应引起广泛关注。

（2）加强海岸侵蚀和泥沙输运研究

滨州沿海地区海岸侵蚀严重，河流众多，泥沙输运较多，规模和数量均较大。按国家标准要求，验潮准确值误差应小于 1 cm。而随着海岸侵蚀、泥沙输运和海岸线改变，将导致潮汐性质和风暴潮影响变化，建议相关部门之间加强沟通交流，密切关注海岸线变化。

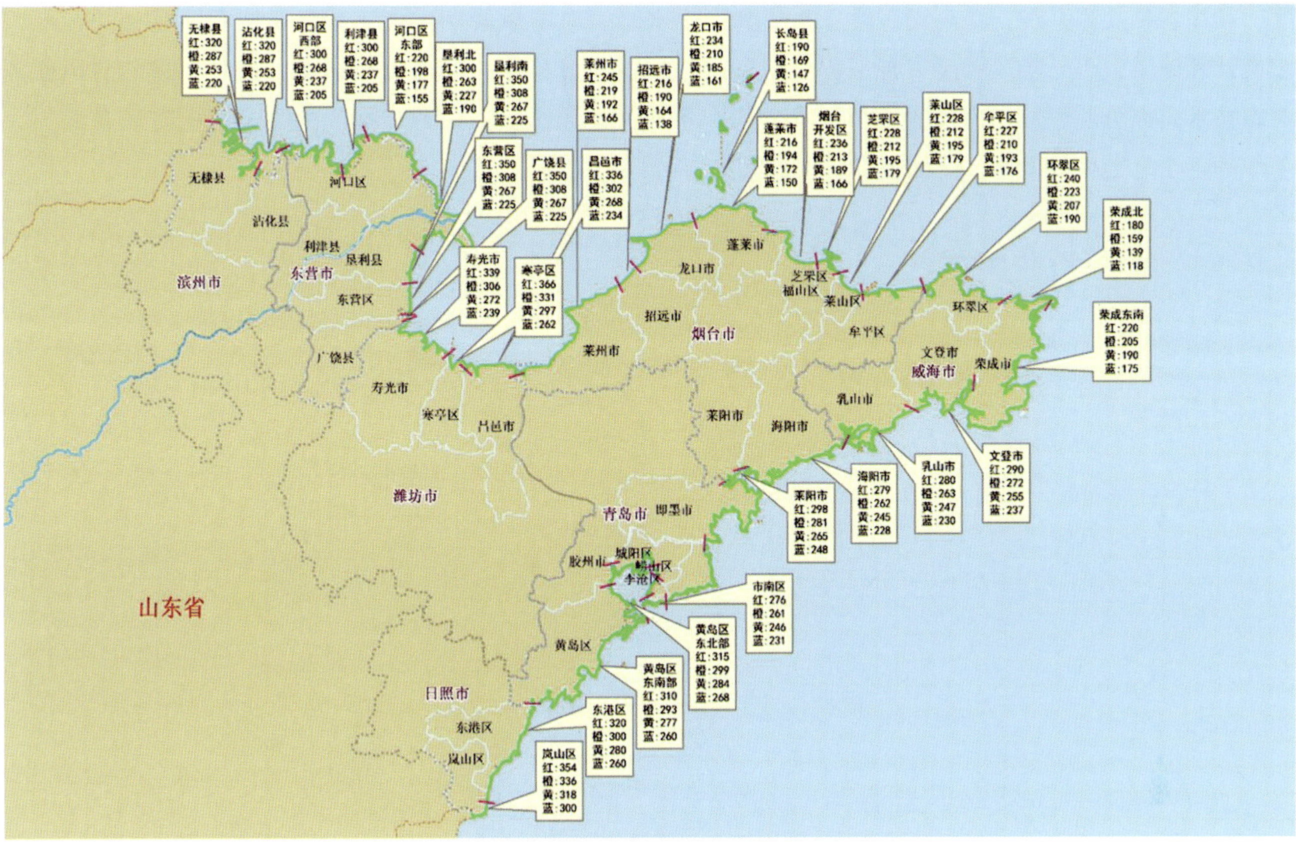

图 6.1　山东省沿海各岸段警戒潮位值（单位：cm）

（3）加强沟通

改善风暴潮预报、预警的信息沟通机制，继续加强防潮减灾工作和风暴潮相关知识的宣传力度，增强港口、码头等相关单位人员以及沿海地区广大人民群众的防风暴潮意识。

（4）修建防潮设施或提高设施标准

现无防风暴潮设施岸段，应根据风暴潮灾害风险区划确定的级别，修建相应标准的海堤等防风暴潮设施，有河流入海的岸段要修建挡潮闸和河堤等。这些设施的修建，不但要符合工程质量要求，而且必须达到国家堤坝建设规范规定的设计标准。现有防风暴潮灾害设施如达不到抵御风暴潮灾害要求，应根据该岸段风暴潮灾害风险区划确定的级别，相应提高其防风暴潮灾害设施标准。

（5）加强宣传教育，提高全民防灾减灾意识

防风暴潮灾害是各级人民政府的责任，同时也离不开广大人民群众的支持和参与。目前，由于人们防灾减灾意识不强，不合理地开发自然资源、破坏自然环境、诱发和加重风暴潮灾害的经济工程活动仍很突出。另外，当风暴潮灾害发生时，人们的自救能力还较差。因此，加强向有关群众进行风暴潮灾害预防知识的宣传教育，增加社会公众对风暴潮灾害的预防意识尤为重要。

（6）防风暴潮灾害的综合能力建设

防风暴潮灾害工作的成功与否，除了与能否充分调动全社会的相关力量积极配合有关，还与防风暴潮灾害工作的科学技术水平密切相关。防风暴潮灾害工作是自然科学、技术科学和社会科学相互渗透、相互融合的科学领域。因此，加强科学技术研究，在防风暴潮灾害工作中不断探索，解决关键性技术难

题，利用各种观测系统，提高灾害信息采集和预报水平。对防风暴潮灾害工程，要按照国家相关标准组织设计和施工，引入防风暴潮灾害工程监理制度，加强监督检查，确保工程质量，推广先进的防风暴潮灾害技术。充分利用一切现代的科学技术方法和手段，按照试验、示范、推广的路子，把防风暴潮灾害工作的各个环节做好做细，全面提高防风暴潮灾害的综合能力。

参考文献

滨州统计局. 2014. 滨州统计年鉴［J］. 滨州：滨州统计出版社.

东营统计局. 2014. 东营统计年鉴［J］. 东营：东营统计出版社.

方国洪. 1986. 潮汐和潮流的分析和预报［M］. 北京：海洋出版社.

费岳军，成凤暌，贝京阳，等. 2015. 宁波市沿海海洋灾害风险调查及警戒潮位核定［M］. 北京：海洋出版社.

冯士筰. 1982. 风暴潮导论［M］. 北京：科学出版社.

冯士筰. 2000. 风暴潮的研究进展［J］. 世界科技研究与发展，20（4）：44-47.

关芬呈，于斌，林少奕，等. 2000. 南海北部风暴潮数值计算中的圆对称台风风场模式［J］. 广东气象，（S1）：44-49.

国家海洋北海信息中心. 1990. 黄渤海沿岸潮灾录［M］.

国家海洋局. 2015. 风暴潮、海浪、海啸和海冰灾害应急预案［S］.

国家海洋局北海分局. 2015. 中国海洋台站志·北海区卷［M］.

国家统计局. 2012. 中国统计年鉴［J］. 北京：中国统计出版社.

黄锦林，张婷，李嘉琳. 2015. 沿海警戒潮位核定技术问题探讨［J］. 海洋预报，32（1）：26-32.

黄娟，赵鹏，高松，等. 2014. 风险分析和危机反应中的信息技术［A］//中国灾害防御协会风险分析专业委员会第六届年会论文集［C］.

李健，侯一筠，孙瑞. 2013. 台风模型风场建立及其模式验证［J］，海洋科学，11：95-102.

李健，刘清容，连喜虎等. 2017. 警戒潮位核定中建立年极值水位序列的方法研究［J］，海洋开发与管理，6：77-80

刘清容，于建生，韩笑. 2009. 风暴潮研究综述及防灾减灾对策. 应用科技：226-227

青岛统计局. 2014. 青岛统计年鉴［J］. 青岛：青岛统计出版社.

日照统计局. 2014. 日照统计年鉴［J］. 日照：日照统计出版社.

山东省水利勘测设计院. 2013. 山东省海堤工程建设规划［M］.

王喜年，2001. 风暴潮预报知识讲座（第二讲风暴潮灾害及其地理分布）. 海洋预报. 18（2）：70-77

王喜年，2001. 风暴潮预报知识讲座（第一讲风暴潮的定义、分类与某些统计事实）. 海洋预报. 18（1）：73-78

王喜年，陈祥福. 1984. 我国部分测站台风潮重现期的计算［J］. 海洋预报服务，1（1）：18-25.

王晓君，马浩. 2011. 新一代中尺度预报模式（WRF）国内应用进展［J］. 地球科学进展，（11）：1191-1199.

王秀芹，钱成春，王伟. 2001. 计算域的选取对风暴潮数值模拟的影响［J］. 青岛海洋大学学报（自然科学版），（3）：319-324.

威海统计局. 2014. 威海统计年鉴［J］. 威海：威海统计出版社.

潍坊统计局. 2014. 潍坊统计年鉴［J］. 潍坊：潍坊统计出版社.

温连杰，江崇波，马兆江等. 2016. 山东省 2010—2014 年海洋灾害概况及防御对策建议［J］. 海洋开发与管理，33（6）：98-104.

吴少华，王喜年等. 2002. 渤海风暴潮概况及温带风暴潮数值模拟. 海洋学报，24（3）：28-34.

烟台统计局. 2014. 烟台统计年鉴［J］. 烟台：烟台统计出版社.

杨华庭等. 2013. 中国海洋灾害四十年资料汇编［M］. 北京：海洋出版社.

叶小敏，丁静，徐莹等. 2016. 渤海湾近 30 年海岸线变迁与分析［J］. 海洋开发与管理，33（2）：56-62.

于福江，董剑希，李涛，等. 2015. 风暴潮对我国沿海影响评价［M］. 北京：海洋出版社.

袁业立，潘增弟. 1992. LAGFD-WAM 海浪数值模式：I：基本物理模型［J］. 海洋学报，（5），1-7.

中华人民共和国国家标准 GB/T 14914-2006. 海滨观测规范［S］. 2006. 北京：中国标准出版社.

中华人民共和国国家标准 GB/T 7713. 3-2009. 科技报告编写规则［S］. 2009. 北京：中国标准出版社.

中华人民共和国国家标准 GB/T17839-2011. 警戒潮位核定规范［S］. 2012. 北京：中国标准出版社.

中华人民共和国国家标准 JTJ213-2013. 海港水文规范［S］. 2013. 北京：中国标准出版社.

中华人民共和国国家标准 SL435-2008. 海堤工程设计规范［S］. 2008. 北京：中国标准出版社.

中华人民共和国国务院令第 615 号. 海洋观测预报管理条例［S］. 2012.

Assalek J. A. 2010. Coastal trapping and funneling effects on storm surges in the meghna estuary in relation to cyclones hitting Noakhali Cox's Bazar Coast of Bangladesh [J]. Journal of Physical Oceanography, 28 (28), 227-249.

Cavaleri L, Rizzoli P M. 1981. Wind wave prediction in shallow water: Theory and applications [J]. Journal of Geophysical Research Oceans, 86 (C11), 10961-10974.

Church J A, White N J. 2011. Sea-level rise from the late 19th to the early 21st century [J]. Surveys in Geophysics, 32 (4), 585-602.

Domingues C M, Church J A, White N J, et al. 2008. Improved estimates of upper-ocean warming and multi-decadal sea-level rise [J]. Nature, 453 (7198), 1090-1093.

Dudhia J. 1989. Numerical study of convection observed during the winter monsoon experiment using a mesoscale two-dimensional model [J]. Journal of Atmospheric Sciences, 46 (46), 3077-3107.

Eldeberky Y, Battjes J A. 1996. Spectral modeling of wave breaking: Application to Boussinesq equations [J]. Journal of Geophysical Research Oceans, 101 (C1), 1253-1264.

Gelci R, Cazalé H, Vassal J. 1957. Prévision de la houle. La méthode des densités spectroangulaires, 9, 416-435.

Grell G A, Dévényi D. 2002. A generalized approach to parameterizing convection combining ensemble and data assimilation techniques [J]. Geophysical Research Letters, 29 (6), 587– 590.

Hasselmann K. 1973. Measurements of wind-wave growth and swell decay during the Joint North Sea Wave Project (JONSWAP) [J]. Dtsch. hydrogr. z, 12 (2), 1-95.

Hasselmann S, Hasselmann K. 1985. Computations and parameterizations of nonlinear energy transfer in a gravity-wave spectrum. Part I: A new method for efficient nonlinear transfer integral.

Hicks B B, Dyer A J. 1970. Measurements of eddy - fluxes over the sea from an off - shore oil rig [J]. Quarterly Journal of the Royal Meteorological Society, 96 (409), 523-528.

Hong S Y, Noh Y, Dudhia J. 2006. A new vertical diffusion package with an explicit treatment of entrainment processes [J]. Monthly Weather Review, 134 (9), 2318.

J. A. Battjes J. P. F. M. J. 1978. Energy loss and set-up due to breaking of random waves [J]. Asce, 1 (16), 569-587.

Janssen P. A. E. M. 1989. Wave-induced stress and the drag of air flow over sea waves [J]. Journal of Physical Oceanography, 19 (6), 745-772.

Janssen P. A. E. M. 1991. Quasi-linear theory of wind-wave generation applied to wave forecasting [J]. Journal of Physical Oceanography, 21 (21), 1631-1642.

Jelesnianski C P. 1967. Numerical Computations of Storm Surges Without Bottom Stress [J]. Monthly Weather Review, 94 (6), 740.

Komen G J, Hasselmann K. 1984. On the existence of a fully developed wind-sea spectrum [J]. Journal of Physical Oceanography, 14 (8), 1271-1285.

Lin. C. C. 1983. The rate of crystallization of poly (ethylene terephthalate) by differential scanning calorimetry, 113– 116 pp.

Madsen P A, Sørensen O R. 1992. A new form of the Boussinesq equations with improved linear dispersion characteristics. Part 2: A slowly-varying Bathymetry [J]. Coastal Engineering, 18, 183-204.

Miles J W. 1957. On the generation of surface waves by shear flows [J]. Journal of Fluid Mechanics, 3 (2), 185-204.

Orton P, Georgas N, Blumberg A, et al. 2012. Detailed modeling of recent severe storm tides in estuaries of the New York City region [J]. Journal of Geophysical Research Oceans, 117 (C9), 771-782.

Phillips O M. 1957. On the generation of waves by turbulent wind [J]. Journal of Fluid Mechanics, 2 (5), 417-445.

Rahmstorf S. 2007. A semi-empirical approach toprojecting future sea-level rise [J]. Science, 315, 368-370.

Rutledge S A, Hobbs P V. 1984. The mesoscale and microscale structure and organization of clouds and precipitation in midlatitude cyclones. XII: a diagnostic modeling study of precipitation development in Narrow Cold-Frontal Rainbands [J]. J. atmos. sci, 41 (6), 2949-2972.

Sverdrup H U, Munk W H. 1947. Wind, sea and swell. Theory of relations for forecasting, 601.

Wu L, Wang B. 2004. Assessing Impacts of Global Warming on Tropical Cyclone Tracks [J]. Journal of Climate, 17 (8), 1686-1698.